Einführung in die Statistische Physik und Thermodynamik

Grundlagen und Anwendungen

von
Dr. habil. Walter Grimus

Oldenbourg Verlag München

Dr. habil. Walter Grimus studierte Physik und Mathematik an der Universität Wien, wo er 1978 mit einer Arbeit über Teilchenphysik promovierte. Er war zwei Jahre am CERN tätig, habilitierte sich 1988 in Theoretischer Physik und ist seitdem außerordentlicher Universitäts-professor an der Universität Wien.
E-mail: walter.grimus@univie.ac.at

Zum Titelbild:
Mit der Rotation des Wasserstoffmoleküls assoziierte Wärmekapazitäten. Für Details siehe Unterkapitel 5.5.

Bibliografische Information der Deutschen Nationalbibliothek

Die Deutsche Nationalbibliothek verzeichnet diese Publikation in der Deutschen Nationalbibliografie; detaillierte bibliografische Daten sind im Internet über <http://dnb.d-nb.de> abrufbar.

© 2010 Oldenbourg Wissenschaftsverlag GmbH
Rosenheimer Straße 145, D-81671 München
Telefon: (089) 45051-0
oldenbourg.de

Lektorat: Kristin Berber-Nerlinger
Herstellung: Anna Grosser
Coverentwurf: Kochan & Partner, München
Gedruckt auf säure- und chlorfreiem Papier
Gesamtherstellung: Grafik + Druck GmbH, München

ISBN 978-3-486-70205-7

Vorwort

Dieses Buch ist aus einer 4-stündigen einsemestrigen Vorlesung über Statistische Physik und Thermodynamik entstanden und setzt Grundkenntnisse der klassischen Mechanik, Elektrodynamik und besonders der Quantenmechanik voraus. Das ursprüngliche Vorlesungsmanuskript ist um eine Reihe von Themen erweitert worden, bzw. einige Themen werden detaillierter dargestellt. Das Buch enthält also beträchtlich mehr Material, als man in einem Semester vortragen kann.

Neben den Konzepten der Statistischen Physik liegt der Schwerpunkt des Buches auf dem Gleichgewicht von Systemen nichtwechselwirkender Teilchen, wo die Schönheit der Statistischen Physik voll zum Ausdruck kommt, ohne wesentlich durch technische Schwierigkeiten getrübt zu werden. In diesem Sinne werden von manchen Themen diffiziler Natur nur die Grundlagen bzw. einige ausgewählte Aspekte besprochen. Das trifft z.B. auf Phasenübergänge zweiter Ordnung und die Diskussion von Nichtgleichgewichtssystemen zu. In solchen Fällen wird auf geeignete Literatur verwiesen. Das Buch ist auch zum Selbststudium geeignet, vorausgesetzt man besitzt die oben erwähnten Kenntnisse.

Bei der numerischen Auswertung von Formeln werden für Größen wie Längen, Massen und Energien dem Problem angepasste Einheiten verwendet. Z.B. wird für die Energie im atomaren Bereich die Einheit Elektronvolt, im makroskopischen Bereich Joule benützt. Für den Druck wird neben Pascal auch $1\,\mathrm{bar} = 10^5\,\mathrm{Pa}$ verwendet. Um elektrodynamische Zusammenhänge darzustellen, halte ich mich an das in der theoretischen Physik bevorzugte Gaußsche System. Bei den im Buch vorkommenden Fällen ist die Transformation auf SI-Einheiten fast durchwegs trivial. Dort, wo das nicht der Fall ist, wird die Umrechnung erläutert. Mathematische Sachverhalte, die für die Erörterung von physikalischen Problemen notwendig sind, werden ohne Beweis in Form von Theoremen dargeboten und dadurch von der physikalischen Argumentation abgegrenzt.

Bei der Abfassung des Buches habe ich mir von vielen Lehrbüchern Anregungen geholt. Folgende Bücher möchte ich besonders hervorheben: F. Reif, Fundamentals of Statistical and Thermal Physics, T. Fließbach, Statistische Physik, und Yu.B. Rumer und M.Sh. Ryvkin, Statistical Physics and Kinetics. Ganz besonders möchte ich in diesem Zusammenhang die Vorlesung „Thermodynamik, Theoretische Physik 4" von Prof. Peter Hertel erwähnen, die er im Wintersemester 1974/75 an der Universität Wien gehalten hat. Mit dieser Vorlesung hat er mein Interesse an der Statistischen Physik geweckt und damit einige Teile des Buches beeinflusst.

Bei Regina Hitzenberger, Martin Neumann, Eduard Oberaigner und Jakob Yngvason bedanke ich mich für wertvolle Diskussionen und Hinweise und bei Herrn Patrick Ludl für das Korrekturlesen des Vorlesungsmanuskripts. Besonderer Dank gebührt meiner Frau für ihre unerschütterliche Unterstützung während der langen Zeit der Abfassung des Buches.

Wien, Juli 2010   Walter Grimus

Inhaltsverzeichnis

Einleitung

Die Statistische Mechanik, als deren Begründer James Clark Maxwell, Ludwig Boltzmann und Josiah Willard Gibbs angesehen werden, ist eine physikalische Disziplin, die sich mit makroskopischen Systemen beschäftigt und versucht, deren Gesetzmäßigkeiten aus mikroskopischen Befunden herzuleiten. Die Thermodynamik, die sich ebenfalls mit der Beschreibung makroskopischer Systeme beschäftigt, ist älter als die Statistische Mechanik. Sie ist eine empirische, phänomenologische Theorie und stellt eine bedeutende und großartige Leistung der klassischen Physik dar. Das Gedankengebäude der Thermodynamik ist relativ abstrakt, jedoch finden ihre grundlegenden Konzepte wie Wärme, Entropie und Temperatur in der Statistischen Physik eine natürliche Begründung bzw. erfahren durch die Mikrophysik, also die Physik der Atome, Moleküle, Photonen, etc., eine konkrete Deutung. Die Begriffe „Statistische Mechanik" und „Statistische Physik" werden heutzutage meistens synonym verwendet, jedoch wird in diesem Buch der zweite Begriff bevorzugt, da er eine allgemeinere, von der klassischen Mechanik losgelöste Bedeutung nahelegt.

Die fundamentale Theorie der Mikrophysik ist die Quantenmechanik bzw. die Quantenfeldtheorie. Kennt man für ein Problem die mikroskopischen Wechselwirkungen, kann man den entsprechenden Hamiltonoperator angeben und zumindest im Prinzip das Problem lösen. Allerdings wäre selbst eine exakte Lösung im Fall eines makroskopischen Systems relativ sinnlos wegen der Überfülle von Informationen, mit denen man im makroskopischen Bereich wenig anfangen kann, wo – besonders im Fall des Gleichgewichts – wenige Parameter zur Beschreibung eines Systems genügen. Der Schritt von der Mikrophysik zur Makrophysik kommt natürlich nicht ohne Zusatzannahmen aus, wie im Folgenden dargelegt wird.

Das vorliegende Buch beschäftigt sich fast ausschließlich mit dem thermischen Gleichgewicht. Nur im letzten Teil, in Kapitel 7, werden einige Konzepte für die Beschreibung des Verhaltens von makroskopischen Systemen vorgestellt, die sich nicht im Gleichgewicht befinden, sondern sich dem Gleichgewicht annähern oder durch einen stationären Zustand in der Nähe des Gleichgewichts beschrieben werden können.

Bei der Beschreibung des Gleichgewichts gehen wir von den Eigenzuständen des Hamiltonoperators eines Systems aus, den sogenannten Mikrozuständen. Der Übergang zum Makrozustand (Ensemble) des Systems wird durch eine Wahrscheinlichkeitsaussage vollzogen, nämlich durch die Angabe der Wahrscheinlichkeitsverteilung, mit der die Mikrozustände im Ensemble vorkommen. Der spezielle Charakter des Gleichgewichtszustands wird durch folgende Punkte verdeutlicht:

- Der Hamiltonoperator, nach dem die Mikrozustände klassifiziert werden, ist im Allgemeinen idealisiert und braucht nicht die Wechselwirkung, die das System ins

Gleichgewicht gebracht hat, zu beinhalten. D.h., die Vorgeschichte des Systems ist irrelevant für die Beschreibung des Gleichgewichts. Ein typischer Fall ist das ideale Gas, wo man gleichzeitig die Annahme des Gleichgewichts und die der Wechselwirkungsfreiheit der Gasmoleküle macht.

- Die Annahme, auch Fundamentalpostulat genannt, die die Verbindung vom Hamiltonoperator bzw. den Mikrozuständen zum Makrozustand herstellt, ist von bestechender Einfachheit und physikalischer Intuition: In einem *isolierten* System kommen alle mit den vorgegebenen makroskopischen Parametern verträglichen Mikrozustände mit gleicher Wahrscheinlichkeit vor.

- Die für die Anwendungen relevanten Makrozustände leiten sich aus dem Fundamentalpostulat her und sind somit universelle Funktionen des im Gleichgewicht relevanten Hamiltonoperators.

In Kapitel 1 werden diese Punkte detaillierter betrachtet. Wie bei der Thermodynamik, nur diesmal auf der Ebene der Mikrophysik, fassen die genannten Punkte Erfahrungstatsachen der Statistischen Physik zusammen, auf die ihr Erfolg beruht.

Der Zusammenhang zwischen der Entropie S und der Wahrscheinlichkeitsrechnung wurde von Ludwig Boltzmann hergestellt [1], indem er das Fundamentalpostulat einführte. Er bediente sich dabei der Diskretisierung der klassischen Variablen eines Systems und der Anzahl der Kombinationen, bei Boltzmann „Komplexionen" genannt, welche einen vorgegebenen Makrozustand realisieren. Die Größe der diskreten Volumina im Phasenraum blieb bei Boltzmann frei, denn dazu brauchte man erst einmal eine neue Naturkonstante, das Plancksche Wirkungsquantum. Nach einem phänomenologischen Ansatz, um die Wiensche Strahlungsformel für die Spektralverteilung eines schwarzen Strahlers zu modifizieren und dadurch den experimentellen Befunden anzupassen [2], griff Max Planck die Idee der Boltzmannschen Komplexionen auf und konnte mit deren Hilfe seinen phänomenologischen Ansatz auf eine theoretische Basis stellen [3]; dabei führte er eine neue Naturkonstante, das Wirkungsquantum $h = 2\pi\hbar$ ein, um der Frequenz ν eines Photons eine diskrete Energie $E_\nu = h\nu$ zuzuordnen. In derselben Arbeit führte er auch die Konstante k ein, die heute nach Boltzmann benannt ist. In einer unmittelbar darauf folgenden Publikation [4] brachte Planck schließlich den Boltzmannschen Zusammenhang zwischen Entropie und Anzahl der Komplexionen auf die Form $S = k \ln W$, wobei in der modernen Sprache W die Anzahl der Zustände des mikrokanonischen Ensembles ist; in den heutigen Lehrbüchern verwendet man meistens Ω statt W.

Durch Planck und seine Theorie des Photonengases hat also das Wirkungsquantum h Eingang in die Statistische Physik gefunden. Das Verdienst, dem Wirkungsquantum eine allgemeine Bedeutung in der Statistischen Physik zu geben, weil es für Gase von massiven Teilchen die Diskretisierung des Phasenraumvolumens festlegt, gebührt Hugo Tetrode und Otto Sackur. Ausgangspunkt ihrer Überlegungen war das Nernstsche Wärmetheorem [5], welches heute meistens dritter Hauptsatz der Thermodynamik genannt wird; vereinfacht besagt dieser Satz, dass $S = 0$ am absoluten Nullpunkt der Temperatur gilt. Durch diese Erkenntnis von Walther Nernst ist es möglich, Entropien über Phasengrenzen hinweg und zwischen verschiedenen Stoffen zu vergleichen. Insbesondere ist dadurch die Entropie eines einatomigen homogenen Stoffes absolut, d.h. ohne freie Konstante, festgelegt. Wenn man genügend viele kalorische Daten in der festen und flüssigen Phase (Wärmekapazitäten und latente Wärmen) zur Verfügung hat, kann man daraus den absoluten Wert der Entropie in der Gasphase dieses Stoffes bestimmen, mit der nach dem Boltzmannschen Verfahren berechneten Entropie vergleichen und dadurch auf die Größe der „Elementarzelle" im Phasenraum schließen. Tetrode und Sackur haben das anhand von Quecksilberdaten durchgeführt und auf diese Weise *empirisch* gefunden, dass die Diskretisierung des Phasenraumes durch $\Delta q \Delta p = h$ bestimmt ist [6, 7], wobei q und p zueinander konjugierte Variablen sind. Die Formel für den absoluten Wert der Entropie des einatomigen idealen Gases wird daher Sackur-Tetrode-Gleichung genannt.

Das vorliegende Buch hat zum Ziel, ausgehend von der Quantenmechanik die Konzepte der Statistischen Physik kurz und bündig zu erklären und auf Phänomene anzuwenden. Die klassische Statistische Mechanik erscheint als klassischer Limes der Quantenmechanik. Weiters werden auch die wesentlichen allgemeinen thermodynamischen Überlegungen durchgeführt und darüber hinaus solche, die zum Verständnis der betrachteten Phänomene wichtig sind. Besonderer Wert wird auf die Motivation und Erläuterung der Annahmen gelegt, auf denen die Berechnungen basieren. Numerische Betrachtungen werden als wichtiger Teil der Beschreibung und des Verständnisses der diskutierten Phänomene gesehen.

In Kapitel 1 formulieren wir – nach einer kurzen Zusammenfassung der wesentlichen Punkte der Quantenmechanik – das Fundamentalpostulat. Damit stellen wir die wichtigsten Begriffe der Thermodynamik wie Gleichgewicht, Entropie, Temperatur, Wärme und Arbeit auf eine statistische Grundlage und führen schließlich die Ensembles ein. Kapitel 2 entwickelt aus den in Kapitel 1 eingeführten Begriffen die Grundzüge der Thermodynamik, z.B. die Hauptsätze, die thermodynamischen Potentiale und die Geichgewichtsbedingungen. Wenn Teilchen zwischen zwei Komponenten eines Systems ausgetauscht werden können, dann ist für die Diskussion des Gleichgewichts die Gleichheit der chemischen Potentiale von herausragender Bedeutung und vielseitig anwendbar, was schon in Kapitel 2 betont und später bei den Anwendungen klar zum Ausdruck kommen wird. Der Thermodynamik von Gasen ist ein eigenes Kapitel 3 gewidmet, da dieser Aggregatzustand durch seine Einfachheit eine große Rolle in der Thermodynamik spielt. In Kapitel 4 arbeiten wir im Detail den Zusammenhang zwischen Statistischer Physik und Thermodynamik heraus, wobei die Berechnung der thermodynamischen Potentiale aus den Zustandssummen das zentrale Thema darstellt. Auch der klassische Limes der Quantenstatistischen Physik wird hier diskutiert. Kapitel 5 ist das größte Kapitel des Buches und zeigt, dass man in sehr vielen Fällen und bei verschiedensten Phänomenen mit der Annahme von nichtwechselwirkenden Teilchen schon weitreichende Aussagen herleiten kann. Im Gegensatz dazu behandelt Kapitel 6, das sich mit einigen Phänomenen wechselwirkender Teilchen beschäftigt, nur wenige Themen, da hier die Methoden von Fall zu Fall recht verschieden und aufwendig sind. Dasselbe trifft auch auf Kapitel 7 zu, das sich mit Systemen in der Nähe des Gleichgewichts befasst; da es sich dabei um ein Gebiet handelt, das um Vieles umfangreicher und komplexer als die Statistische Physik des Gleichgewichts ist, basiert die im Buch getroffene Auswahl der Themen auf dem Wunsch der Einfachheit und Anwendbarkeit.

Jedes Kapitel schließt mit einigen Übungsaufgaben, deren Lösungen am Ende des Buches zu finden sind.

1 Grundlagen der Statistischen Physik

1.1 Zustände in der Quantenmechanik

1.1.1 Zustände, Observable, Erwartungswerte

Zustandsvektoren:

In der Quantenmechanik ist ein Zustandsvektor ψ ein normierter Vektor aus einem Hilbertraum ($\|\psi\| = 1$). Natürlich machen solche Vektoren für die Physik nur dann Sinn, wenn sie zumindest in einer Näherung ein physikalisches System beschreiben, d.h., wenn die Erwartungswerte von relevanten Observablen, die mathematisch durch hermitische Operatoren auf dem Hilbertraum dargestellt werden, die Resultate von Messungen annähern.

Beispiele:

i. Ein Teilchen ohne Spin wird durch seine Wellenfunktion $\psi(\vec{x})$ beschrieben, wobei ψ die Normierungsbedingung $\|\psi\|^2 = \int \mathrm{d}^3x \, |\psi(\vec{x})|^2 = 1$ erfüllt. Observable sind $\vec{X}$ (Ort), $\vec{P}$ (Impuls) und Funktionen davon.

ii. Ein Spin (Spin 1/2) wird durch $\psi = \begin{pmatrix} a \\ b \end{pmatrix} \in \mathbb{C}^2$ mit $\|\psi\|^2 = |a|^2 + |b|^2 = 1$ beschrieben. Die dazugehörigen Observablen (Spinoperatoren) sind $\hbar\vec{\sigma}/2 = \vec{S}$, wobei die σ_j ($j = 1, 2, 3$) die Pauli-Matrizen sind.

iii. Für ein Teilchen mit Spin werden die beiden vorigen Zustandsvektoren kombiniert zu $\psi(\vec{x}) = \begin{pmatrix} \psi_1(\vec{x}) \\ \psi_2(\vec{x}) \end{pmatrix}$ mit $\|\psi\|^2 = \int \mathrm{d}^3x \left(|\psi_1(\vec{x})|^2 + |\psi_2(\vec{x})|^2 \right) = 1$. Observable sind $\vec{X}$, $\vec{P}$, $\vec{S}$ und Funktionen davon.

Observablenalgebra:

Die Kommutatorrelationen

$$[X_i, X_j] = 0, \quad [P_i, P_j] = 0, \quad [X_i, P_j] = i\hbar\delta_{ij}\mathbb{1}, \tag{1.1}$$

$$[S_i, S_j] = i\epsilon_{ijk}\hbar S_k \tag{1.2}$$

definieren die Observablenalgebra für ein Teilchen mit Spin. Den nichthermitischen Elementen der Observablenalgebra kann natürlich keine physikalische Messung entsprechen. Für die Kommutatorrelationen des Spins haben wir die Formel

$$\sigma_i\sigma_j = \delta_{ij}\mathbb{1} + i\epsilon_{ijk}\sigma_k \tag{1.3}$$

benützt, wobei δ_{ij} das Kronecker-Symbol und ϵ_{ijk} der total antisymmetrische Tensor
dritter Stufe ist ($\epsilon_{123} = 1$). Die Observablenalgebra für den Spin besteht aus allen
2×2-Matrizen, da sie wegen $\vec{S}^2 = (3\hbar^2/4)\mathbb{1}$ auch die Einheitsmatrix enthält.

Erwartungswerte:
Den Erwartungswert einer Observablen A in einem System, das durch den Zustandsvektor ψ beschrieben wird, erhält man als

$$w(A) \equiv \langle \psi | A\psi \rangle. \tag{1.4}$$

Beschreibt ψ das System adäquat, dann ist der Erwartungswert $w(A)$ die Vorhersage
für die Messung von A am System.

Der Zustand w – als Abbildung der Observablenalgebra in die komplexen Zahlen [8] –
hat folgende Eigenschaften:

  i) $w(\alpha A + \beta B) = \alpha\, w(A) + \beta\, w(B)$ mit α, $\beta \in \mathbb{C}$ (Linearität),

 ii) $w(A^\dagger A) \geq 0$ (Positivität),

iii) $w(\mathbb{1}) = 1$ (Normierung).

Die allgemeine Definition und Form eines Zustands:
Die soeben erwähnten drei Eigenschaften legen nahe, diese für die allgemeine Definition
eines Zustands zu benützen. Dann kann man Folgendes zeigen [8]. Zu jeder Abbildung
w, die die obigen drei Eigenschaften erfüllt, gibt es eine Indexmenge I (endlich oder
unendlich), Zahlen $\rho_r > 0$ mit $\sum_{r\in I}\rho_r = 1$ und ein Orthonormalsystem (ON-System)
ψ_r ($r \in I$), so dass $w(A)$ gegeben ist durch

$$w(A) = \sum_{r\in I}\rho_r\langle\psi_r|A\psi_r\rangle \tag{1.5}$$

für alle A.
Reiner Zustand: I hat nur ein Element und das dazugehörige ρ_r muss daher eins sein.
Zur Beschreibung des Zustands genügt ein Zustandsvektor. Der Erwartungswert einer
Observablen ist also wie in Gl. (1.4) gegeben. Das ist der übliche Fall in der Quanten-
mechanik.
Gemischter Zustand: I enthält mindestens zwei Elemente. Ein gemischter Zustand ist
also ein gewichtetes Mittel von reinen Zuständen.

Für endlichdimensionale Hilberträume kann man leicht einen Beweis für Gl. (1.5) skiz-
zieren. In diesem Fall kann man einfach den Raum $\mathbb{C}^d$ betrachten ($d \in \mathbb{N}$), und jede
Observable ist eine Matrix. Wegen der Linearität lässt sich $w(A)$ als

$$w(A) = \sum_{k,\ell=1}^{d} \rho_{k\ell}A_{\ell k} \tag{1.6}$$

schreiben. Nimmt man weiters spezielle Observable der Form $A_{k\ell} = b_k b_\ell^*$ mit Einheits-
vektoren $b \in \mathbb{C}^d$, gilt $A^\dagger A = A^2 = A$. Eigenschaft ii) gibt dann $b^\dagger\rho b \geq 0$, also ist

ρ eine positive Matrix und damit auch hermitisch, da durch einen antihermitischen Anteil von ρ im Allgemeinen $b^\dagger \rho b$ komplex sein würde. Wegen der Positivität sind alle Eigenwerte ρ_r von ρ größer oder gleich Null. Wegen Eigenschaft iii) gilt außerdem $\sum_{r=1}^{d} \rho_r = 1$. Mit der ON-Basis $\{\psi_r\}$ von Eigenvektoren von ρ haben wir die Darstellung $\rho = \sum_{r=1}^{d} \rho_r \psi_r \psi_r^\dagger$ und

$$w(A) = \sum_{r=1}^{d} \rho_r (\psi_r)_k (\psi_r)_\ell^* A_{\ell k} = \sum_{r=1}^{d} \rho_r \langle \psi_r | A \psi_r \rangle \tag{1.7}$$

für eine beliebige Observable A.

Die Dichtematrix:

Ein Projektor P auf einem Hilbert-Raum ist ein linearer Operator mit den Eigenschaften $P^2 = P$, $P^\dagger = P$. Mit einem Zustandssvektor kann man folgenden Projektor definieren:

$$P_\psi \equiv |\psi\rangle\langle\psi| \quad \text{mit} \quad P_\psi \phi = \psi\langle\psi|\phi\rangle. \tag{1.8}$$

Die Koeffizienten ρ_r und das ON-System $\{\psi_r\}$ im Erwartungswert Gl. (1.5) definieren die *Dichtematrix*

$$\rho = \sum_{r\in I} \rho_r |\psi_r\rangle\langle\psi_r|. \tag{1.9}$$

Sei $\{\varphi_i\}$ ein vollständiges ON-System, also eine ON-Basis eines Hilbert-Raums. Dann definiert man die Spur eines Operators A als

$$\text{Sp}\, A = \sum_i \langle\varphi_i | A\varphi_i\rangle. \tag{1.10}$$

Es lässt sich leicht zeigen, dass die Definition unabhängig von der gewählten ON-Basis ist. Die Spur hat folgende Eigenschaften:

$$\text{Sp}\,(\alpha A + \beta B) = \alpha\,\text{Sp}\,A + \beta\,\text{Sp}\,B, \quad \text{Sp}\,(AB) = \text{Sp}\,(BA). \tag{1.11}$$

Gl. (1.5) lässt sich somit umschreiben als

$$w(A) = \text{Sp}\,(\rho A). \tag{1.12}$$

1.1.2 Beispiele für gemischte Zustände

Kathodenstrahlen und Spin des Elektrons:

In Kathodenstrahlen sind die Spins zufällig verteilt. Es sei ψ ein beliebiger Zustandsvektor aus $\mathbb{C}^2$ und A eine beliebige Spin-Observable:

$$\psi = \begin{pmatrix} \cos\alpha \\ \sin\alpha\, e^{i\beta} \end{pmatrix} e^{i\gamma}, \quad A = \begin{pmatrix} A_{11} & A_{12} \\ A_{21} & A_{22} \end{pmatrix}. \tag{1.13}$$

Dann erhält man

$$\langle\psi|A\psi\rangle = \cos^2\alpha\, A_{11} + \sin^2\alpha\, A_{22} + \cos\alpha\sin\alpha\, e^{i\beta} A_{12} + \cos\alpha\sin\alpha\, e^{-i\beta} A_{21}. \tag{1.14}$$

Da die Richtung der Elektronspins zufällig ist, mittelt man bei einer Messreihe über α und β. Das Ergebnis einer Spinmessung ist also

$$\int_0^{2\pi} \frac{d\alpha}{2\pi} \int_0^{2\pi} \frac{d\beta}{2\pi} \langle\psi|A\psi\rangle = \frac{1}{2}\left(A_{11} + A_{22}\right). \tag{1.15}$$

Daraus folgt, dass die Dichtematrix durch

$$\rho = \frac{1}{2}\Big(|\uparrow\rangle\langle\uparrow| + |\downarrow\rangle\langle\downarrow|\Big) \quad \text{mit} \quad \uparrow \equiv \begin{pmatrix} 1 \\ 0 \end{pmatrix}, \quad \downarrow \equiv \begin{pmatrix} 0 \\ 1 \end{pmatrix} \tag{1.16}$$

gegeben ist. Diese Dichtematrix ist einfach $\rho = \frac{1}{2}\mathbb{1}$, weil die beiden Vektoren $\uparrow$, $\downarrow$ eine ON-Basis bilden.

Systeme bestehend aus zwei Teilsystemen:
Gegeben sei das Gesamtsystem $\mathcal{A}_{\text{total}} = \mathcal{A} \cup \mathcal{A}'$, wobei $\{\varphi_m\}$ eine ON-Basis im Teilsystem $\mathcal{A}$ und $\{\varphi_n'\}$ eine ON-Basis im Teilsystem $\mathcal{A}'$ ist. Das System sei in einem reinen Zustand und werde durch den Zustandsvektor

$$\psi = \sum_{m,n} c_{mn}\, \varphi_m \otimes \varphi_n' \quad \text{mit} \quad \sum_{m,n} |c_{mn}|^2 = 1 \tag{1.17}$$

beschrieben. Wir betrachten nun den Fall, dass nur Messungen am Teilsystem $\mathcal{A}$ durchgeführt werden, d.h., nur Observable der Gestalt $A \otimes \mathbb{1}$ werden in Betracht gezogen. Dann sieht der Zustand des Systems im Allgemeinen gemischt aus, bzw. durch Messung von Observablen der Gestalt $A \otimes \mathbb{1}$ allein kann man im Allgemeinen nicht feststellen, dass das System eigentlich in einem reinen Zustand ist.

Der Nachweis dieser Behauptung erfolgt in drei Schritten:
Schritt 1:

$$\begin{aligned} \langle\psi|A \otimes \mathbb{1}\psi\rangle &= \sum_{m,n,p,q} c_{mn}^* c_{pq}\langle\varphi_m \otimes \varphi_n'|(A \otimes \mathbb{1})\,\varphi_p \otimes \varphi_q'\rangle \\ &= \sum_{m,n,p,q} c_{mn}^* c_{pq}\langle\varphi_m|A\varphi_p\rangle\langle\varphi_n'|\varphi_q'\rangle \\ &= \sum_{m,p} M_{mp}\langle\varphi_m|A\varphi_p\rangle, \end{aligned}$$

wobei die Matrix M definiert ist als

$$M_{mp} = \sum_n c_{mn}^* c_{pn}.$$

Schritt 2: M erfüllt

$$M_{mp} = M_{pm}^*, \quad \text{Sp}\, M = 1, \quad M \geq 0$$

und kann durch Eigenvektoren v_r mit Eigenwerten ρ_r diagonalisiert werden:

$$Mv_r = \rho_r v_r \quad \text{mit} \quad \rho_r \geq 0, \quad \sum_r \rho_r = 1.$$

Damit hat man

$$M_{mp} = \sum_r \rho_r v_{rm} v_{rp}^*.$$

Schritt 3:

$$\langle \psi | A \otimes \mathbb{1} \psi \rangle = \sum_{m,p} \sum_r \rho_r \langle v_{rm}^* \varphi_m | A\, v_{rp}^* \varphi_p \rangle = \sum_r \rho_r \langle \psi_r | A \psi_r \rangle$$

mit der ON-Basis $\{\psi_r = \sum_m v_{rm}^* \varphi_m\}$.

Wir illustrieren den hergeleiteten Sachverhalt durch folgendes Beispiel. Wir betrachten ein Teilchen mit Spin, die Teilsysteme $\mathcal{A}$ und $\mathcal{A}'$ seien der Wellenfunktion bzw. dem Spin zugeordnet. Angenommen, es werden keine Spinmessungen durchgeführt. Dann ist die Observable A eine Funktion f von $\vec{X}$, $\vec{P}$ und

$$\langle \psi | A \psi \rangle = \int \mathrm{d}^3 x \, (\psi_1^* f \psi_1 + \psi_2^* f \psi_2), \qquad (1.18)$$

wobei ψ im Beispiel iii. von Kapitel 1.1.1 erklärt ist. Nun machen wir die vereinfachende Annahme $\langle \psi_1 | \psi_2 \rangle = 0$ und erhalten das ON-System $\{\varphi_1, \varphi_2\}$ durch $\|\psi_i\| = \lambda_i$ und $\varphi_i = \psi_i/\lambda_i$. Damit schreibt man Gl. (1.18) um in

$$\langle \psi | A \psi \rangle = \lambda_1^2 \langle \varphi_1 | f \varphi_1 \rangle + \lambda_2^2 \langle \varphi_2 | f \varphi_2 \rangle \quad \text{mit} \quad \lambda_1^2 + \lambda_2^2 = 1. \qquad (1.19)$$

Also sieht man effektiv einen gemischten Zustand mit der Dichtematrix

$$\rho = \sum_{i=1,2} \rho_i |\varphi_i\rangle\langle\varphi_i| \quad \text{und} \quad \rho_i = \lambda_i^2. \qquad (1.20)$$

Eine relative Phase zwischen ψ_1 und ψ_2 ist ohne Spinobservable unmessbar.

1.1.3   Die Zeitentwicklung

Das Schrödinger-Bild ist definiert durch die Zeitentwicklung

$$i\hbar\dot{\psi}(t) = \widehat{H}\psi(t) \quad \text{bzw.} \quad \psi(t) = \exp(-it\widehat{H}/\hbar)\psi(0), \qquad (1.21)$$

wobei $\psi(0)$ ein beliebiger Zustandsvektor und $\widehat{H}$ der Hamiltonoperator ist. Daher erhält man die Zeitentwicklung eines Erwartungswerts als

$$w_t(A) = \sum_{r \in I} \rho_r \langle \psi_r(t) | A \psi_r(t) \rangle. \qquad (1.22)$$

Die Zeitentwicklung der Dichtematrix ist somit gegeben durch

$$\rho(t) = \sum_{r \in I} \rho_r |\psi_r(t)\rangle\langle\psi_r(t)| = \exp(-it\widehat{H}/\hbar)\rho(0)\exp(it\widehat{H}/\hbar). \qquad (1.23)$$

Durch Ableitung dieser Gleichung erhält man die zur Schrödinger-Gleichung äquivalente Gleichung

$$\dot{\rho}(t) = \frac{i}{\hbar}\,[\rho(t), \widehat{H}] \qquad (1.24)$$

für die Zeitentwicklung der Dichtematrix. Die Zeitentwicklung ändert nicht die Koeffizienten ρ_r. Ist also das System anfangs in einem reinen (gemischten) Zustand, dann bleibt das System für alle Zeiten in einem reinen (gemischten) Zustand.

1.2   Statistische Beschreibung eines Systems

Makroskopische Systeme:

Ein makroskopisches System besteht aus sehr vielen Teilchen, z.B. aus N_A Teilchen, wobei $N_A = 6.0221415(10) \times 10^{23} \, \text{mol}^{-1}$ die Loschmidt- bzw. Avogadro-Zahl ist [9]. Diese Zahl ist unmittelbar mit der *atomaren Masseneinheit* verknüpft, welche definiert ist durch $1 \, \text{u} = \text{Masse}(^{12}\text{C-Atom})/12$. Da $1 \, \text{mol}$ einer Substanz N_A Moleküle hat, gilt $1 \, \text{u} = 1 \, \text{g}/(N_A \times 1\text{mol})$.

Makroskopische Systeme werden durch sehr wenige Parameter im Vergleich zur Zahl der Freiheitsgrade beschrieben, denn die Zahl der Freiheitsgrade ist proportional zu N, der Anzahl der Teilchen. Parameter zur Beschreibung makroskopischer Systeme sind z.B. Energie, Druck, Volumen, etc.

Der Hamiltonoperator $\widehat{H}$ enthält *externe Parameter* Y_i. Im minimalen Fall sind das N und das Volumen V des Systems. Es gibt viele Möglichkeiten für weitere externe Parameter: Das System kann mehrere Teilchensorten enthalten, dann ist die Anzahl jeder Teilchensorte ein eigener externer Parameter; dasselbe gilt für das Volumen V, das aus Teilvolumina bestehen kann, über deren Grenzen nur auf bestimmte Weise physikalische Wechselwirkungen stattfinden können; auf das System können externe Magnetfelder $\vec{\mathcal{H}}$ oder externe elektrische Felder wirken, und so weiter. Wir nehmen immer an, dass das System auf ein endliches Raumgebiet $\mathcal{V}$ eingeschränkt ist, dessen Volumen V daher ebenfalls endlich ist. Formal hat der Hamiltonoperator folgende Gestalt:

$$\widehat{H} = \widehat{H}_{\text{kin}} + \widehat{H}_{\text{int}} + \widehat{H}_B, \tag{1.25}$$

ist also eine Summe aus kinetischer Energie, der Wechselwirkungsenergie der Teilchen untereinander und mit äußeren Feldern, und dem Term $\widehat{H}_B$, welcher die Randbedingung formalisiert; gilt $\vec{x}_j \notin \mathcal{V}$ für den Koordinatenvektor $\vec{x}_j$ *eines* Teilchens, dann wird $\widehat{H}_B$ der Wert ∞ zugeordnet, liegen die Koordinatenvektoren *aller* Teilchen in $\mathcal{V}$, dann hat $\widehat{H}_B$ den Wert Null.

Nun besprechen wir einige für den Aufbau der Statistischen Physik sehr wichtige Begriffe.

Isoliertes System: Für ein solches idealisiertes System ist keine Wechselwirkung mit der Umgebung möglich, insbesondere kein Energie- oder Teilchenaustausch.

Mikrozustände: Eigenzustände ψ_r des Hamiltonoperators nennt man Mikrozustände. Für ein isoliertes System verlangen wir zusätzlich, dass die Eigenwerte E_r in einem vorgegebenen Energieintervall liegen, also $\widehat{H}\psi_r = E_r\psi_r$ mit $E_r \in [U - \Delta U, U]$. Diese Festsetzung erlaubt, für $\Delta U \ll U$ dem isolierten System eine wohldefinierte Energie zuzuweisen. Weil wir ein endliches Volumen betrachten, sind die Eigenwerte von $\widehat{H}$ diskret. Die Länge ΔU des Energieintervalls soll außerdem viel größer als der Abstand zwischen benachbarten Energieniveaus sein, es sollen also sehr viele Energieniveaus im vorgegebenen Intervall liegen.

Makrozustand: Er ist definiert durch die externen Parameter $\mathbf{Y} = \{Y_i\}$ und das Energieintervall $[U - \Delta U, U]$.

Gleichgewichtszustand eines makroskopischen Systems:

Ein Gleichgewichtszustand ist stationär, d.h., die dazugehörige Dichtematrix hat die Gestalt

$$\rho = \sum_r \rho_r |\psi_r\rangle\langle\psi_r| \quad \text{mit} \quad \widehat{H}\psi_r = E_r\psi_r \quad \Rightarrow \quad \dot{\rho} = 0. \tag{1.26}$$

Die Eigenschaft „stationär" genügt nicht für das Gleichgewicht! Dieses wird durch das sogenannte *Fundamentalpostulat* beschrieben [10, 11, 12, 13]:

FUNDAMENTALPOSTULAT DER STATISTISCHEN PHYSIK:
Im Gleichgewicht kommen alle im Makrozustand enthaltenen Mikrozustände eines isolierten Systems mit gleicher Wahrscheinlichkeit vor.

Im Weiteren verwenden wir die Abkürzung FP für das Fundamentalpostulat. Dem statistischen Gleichgewicht entspricht ein gemischter quantenmechanischer Zustand bzw. eine Dichtematrix, die durch folgende mathematische Formulierung des FPs festgelegt ist:

FP: Es sei $I = \{r|E_r \in [U - \Delta U, U]\}$ und
Ω = Anzahl der Mikrozustände = Anzahl der Indizes in I.
Dann wird das Gleichgewicht beschrieben durch die Dichtematrix

$$\rho_{\text{MK}} = \frac{1}{\Omega} \sum_{r \in I} |\psi_r\rangle\langle\psi_r| \quad \text{bzw.} \quad \rho_r = \begin{cases} 1/\Omega \text{ für } r \in I, \\ 0 \text{ sonst.} \end{cases}$$

Das FP *definiert* das Gleichgewicht. Die Rechtfertigung für das FP ist durch das Experiment gegeben; in fast allen Fällen erhält man mit dem FP eine erfolgreiche Beschreibung des Gleichgewichts. Den Zustand, der durch ρ_{MK} festgelegt ist, nennt man *mikrokanonisches Ensemble*. Ein wichtiger Punkt ist, dass sich das FP auf *isolierte* Systeme bezieht. Ist ein System durch eine Wechselwirkung mit der Umgebung im Gleichgewicht, muss auch diese in die Anwendung des FPs einbezogen werden. Die Anzahl der Zustände Ω ist eine Funktion $\Omega(U, \Delta U, \mathbf{Y})$.

Nun stellen wir einige Betrachtungen über das Verhältnis von Quantenmechanik zur Statistischen Physik an. Die Quantenmechanik ist eine fundamentale Theorie und sollte auch makroskopische Systeme beschreiben. Man kann sich daher folgende Fragen stellen: Unter welchen Annahmen folgt das FP aus der Quantenmechanik? Welche dieser Annahmen haben physikalischen (und nicht nur rein mathematischen) Inhalt? Klarerweise gilt das FP nur für makroskopische Systeme. Um ein makroskopisches System zu erhalten, kann man die Teilchendichte $\rho \equiv N/V$ konstant halten und N bzw. V sehr groß werden lassen. Lässt man die Zeitentwicklung bei $t = 0$ in einem reinen Zustand starten, wird im Allgemeinen das System nicht im Gleichgewicht sein. Erst nach einer Zeit $t \gg \tau_r$ wird sich das Gleichgewicht einstellen, wobei τ_r die Relaxationszeit des Systems ist. D.h., τ_r ist die typische Zeit, die ein System braucht, um nach einer plötzlichen Störung wieder ins Gleichgewicht zu kommen. Es ist auch möglich, dass ein System für verschiedene Freiheitsgrade verschiedene Relaxationszeiten hat. Das FP besagt, dass der Gleichgewichtszustand ein gemischter Zustand ist. Der Übergang vom reinen Zustand bei $t = 0$ zum gemischten Gleichgewichtszustand kann nicht durch die Schrödinger-Gleichung zustande kommen. Für den Übergang von einem reinen Zustand zum mikrokanonischen Ensemble im Fall eines abgeschlossenen makroskopischen Systems hat man unter anderem folgende mögliche Begründungen angegeben:

- Anzahl der Observablen $\ll$ Anzahl der Freiheitsgrade $\Rightarrow$ Effektiv sieht man einen gemischten Zustand (siehe voriges Unterkapitel).

- Makroskopische Messungen dauern eine endliche Zeit $\tau_M \gg \delta\tau$, wobei $\delta\tau$ die typische Zeit ist, in der eine Wechselwirkung stattfindet. D.h., effektiv beobachtet man nicht den Zustand zur Zeit t, sondern den in einem Zeitintervall der Länge τ_M gemittelten Zustand.

- Ein System ist nie vollständig isolierbar, insbesondere wenn es makroskopisch ist und daher die Energieniveaus des Systems extrem nahe beisammen liegen und schon eine sehr kleine Störung aus der Umgebung oder eine nichtberücksichtigte Wechselwirkung der Teilchen untereinander Übergänge zwischen verschiedenen Mikrozuständen bewirken können.

Jeder dieser Punkte kann in gewissen Fällen für die Herleitung des FPs aus der Quantenmechanik herangezogen werden. Es ist allerdings fraglich, ob eine *allgemeingültige physikalische Herleitung* überhaupt existiert. Z.B. können in einem System mehrere Relaxationszeiten von völlig verschiedener Größenordnung vorhanden sein, so dass eine gemeinsame Begründung des Gleichgewichts unwahrscheinlich ist. Damit verbunden ist das Faktum, dass manche metastabile Zustände außerordentlich langlebig sind, man denke z.B. an Diamant bei Raumtemperatur und normalem Atmosphärendruck; trotzdem werden auch solche metastabile Zustände im Rahmen der Statistischen Physik gut beschrieben.

Betrachten wir den dritten Punkt der obigen Aufzählung etwas genauer. Wir können den totalen Hamiltonoperator aufspalten in $\widehat{H}_{\text{tot}} = \widehat{H} + \widehat{H}'_S + \widehat{H}''_S$, wobei die Klassifikation der Mikrozustände nach $\widehat{H}$ erfolgt, eine äußere Störung (Wechselwirkung mit der Umgebung durch die Gefäßwand) durch $\widehat{H}'_S$ beschrieben wird und eine innere Störung durch $\widehat{H}''_S$; dabei verstehen wir unter einer inneren Störung eine Restwechselwirkung der Teilchen, die nicht in $\widehat{H}$ enthalten ist und daher nicht zur Bestimmung von ρ_{MK} herangezogen wird. Trotzdem kann, auch wenn die Vernachlässigung von $\widehat{H}''_S$ für die Bestimmung des Gleichgewichts eine gute Näherung ist, die Annäherung an das Gleichgewicht durch $\widehat{H}''_S$ erfolgen. Ein typisches Beispiel ist das ideale Gas, wo man per Definition die Wechselwirkung zwischen den Molekülen vernachlässigt, obwohl ohne Stöße zwischen den Gasmolekülen im Allgemeinen die Relaxation zum Gleichgewicht nicht richtig beschrieben wird. Es ist plausibel, dass man in vielen Fällen eine Hierarchie von typischen Zeiten hat dergestalt, dass $\delta\tau \ll \tau_M \ll \tau_r \ll \tau_G$ gilt, wobei τ_G die Zeitspanne sein soll, ab der man von Gleichgewicht sprechen kann. Eine durch Messung bzw. Rechnung nachvollziehbare Entwicklung zum Gleichgewicht hat man im Allgemeinen erst für Zeiten, wenn die Relaxation zum Gleichgewicht einsetzt. Für eine weitergehende Diskussion siehe [12]. Falls $\tau_M \gg \tau_r$ gilt, ist natürlich nur der Gleichgewichtszustand relevant. Einige Aspekte der Entwicklung zum Gleichgewicht werden in Kapitel 7 dagelegt. Wir gehen vorläufig vom FP aus und betrachten, außer eben in Kapitel 7, immer das Gleichgewicht.

Zum Abschluss dieses Unterkapitels noch eine Präzisierung der Begriffe Thermodynamik und Statistische Physik:
Die *Thermodynamik* ist die Theorie der Makrozustände. Die *Statistische Physik* beschreibt, wie man mit Hilfe des FPs die makroskopischen Gesetze der Thermodynamik aus der Betrachtung der Mikrozustände herleitet.

1.3 Nichtwechselwirkende Teilchen in einem Kasten

Wir betrachten zuerst ein besonders einfaches Beispiel für die Berechnung der Anzahl der Zustände Ω, nämlich nichtwechselwirkende Teilchen ohne innere Freiheitsgrade in einem Kasten. Das entspricht dem Fall des einatomigen idealen Gases in einem quaderförmigen Volumen mit Kantenlängen L_1, L_2 und L_3. Die Freiheitsgrade der Teilchen bestehen nur aus den Translationen.

Die Wellenfunktion eines einzelnen Teilchens im Kasten erhält man durch Lösen des Eigenwertproblems des Hamiltonoperators:

$$-\frac{\hbar^2}{2m}\Delta\psi = E\psi \quad \text{mit} \quad 0 \le x_i \le L_i. \tag{1.27}$$

Mit dem Volumen $V = L_1 L_2 L_3$ und der Randbedingung $\psi = 0$ am Kastenrand findet man

$$\psi_{\mathbf{n}}(\vec{x}) = \sqrt{\frac{8}{V}}\prod_{i=1}^{3}\sin\left(\frac{n_i\pi x_i}{L_i}\right) \quad \text{mit} \quad E_{\mathbf{n}} = \frac{\hbar^2\pi^2}{2m}\left[\left(\frac{n_1}{L_1}\right)^2 + \left(\frac{n_2}{L_2}\right)^2 + \left(\frac{n_3}{L_3}\right)^2\right]. \tag{1.28}$$

Wir benützen die Notation $\mathbf{n} \equiv (n_1, n_2, n_3)$. Diese Eigenfunktionen bilden eine ON-Basis und wir haben daher die Normierung $\langle\psi_{\mathbf{n}}|\psi_{\mathbf{n}'}\rangle = \delta_{\mathbf{nn}'}$.

Nun betrachten wir N Teilchen und führen die Bezeichnung

$$\boldsymbol{\kappa}_\alpha \equiv \left(\frac{n_{\alpha 1}}{L_1}, \frac{n_{\alpha 2}}{L_2}, \frac{n_{\alpha 3}}{L_3}\right) \ (\alpha = 1, \cdots, N), \quad \boldsymbol{\kappa} \equiv (\boldsymbol{\kappa}_1, \cdots, \boldsymbol{\kappa}_N) \tag{1.29}$$

ein. Dann erfüllen die Mikrozustände die Bedingung

$$U - \Delta U \le \frac{\hbar^2\pi^2}{2m}\boldsymbol{\kappa}^2 \le U \quad \text{bzw.} \quad \frac{2m(U-\Delta U)}{\hbar^2\pi^2} \le \boldsymbol{\kappa}^2 \le \frac{2mU}{\hbar^2\pi^2}. \tag{1.30}$$

Um die Anzahl der Zustände zu bekommen, brauchen wir das Volumen einer n-dimensionalen Kugel.

Theorem 1

Eine n-dimensionale Kugel mit Radius R hat das Volumen

$$V_n(R) = \frac{R^n \pi^{n/2}}{\Gamma\left(\frac{n}{2}+1\right)}.$$

(1.31)

Jedes κ beschreibt einen N-Teilchenzustand und besetzt im $3N$-dimensionalen Raum eine Zelle mit Volumen $1/V^N$ in einer Kugelschale $R_1^2 \leq \kappa^2 \leq R_2^2$, wobei die Radien, welche die Dimension einer inversen Länge haben, von der zweiten Formel in Gl. (1.30) abgelesen werden. Damit können wir

$$\tilde{\Omega} = \frac{1}{2^{3N}} V^N \left[\left(\frac{2mU}{\hbar^2\pi^2}\right)^{3N/2} - \left(\frac{2m(U-\Delta U)}{\hbar^2\pi^2}\right)^{3N/2} \right] \frac{\pi^{3N/2}}{\Gamma\left(\frac{3N}{2}+1\right)}$$

(1.32)

Zustände in der erwähnten Kugelschale unterbringen. Der Faktor $1/2^{3N}$ kommt daher, dass jede der $3N$ Komponenten von κ positiv sein muss. Bei der Herleitung von Gl. (1.32) haben wir implizit angenommen, dass $\tilde{\Omega} \gg 1$ gilt, dass also sehr viele Zellen in der Kugelschale Platz haben. Denn bei der Abzählung bauen wir ja die Kugelschale mit quaderförmigen Zellen näherungsweise nach, was eine umso bessere Näherung ist, je mehr Zellen in die Kugelschale hineinpassen.

Berücksichtigen wir noch einen Faktor $1/N!$, weil Atome ununterscheidbar sind, und definieren wir $\Omega = \tilde{\Omega}/N!$, so bekommen wir

$$\Omega = \frac{V^N}{(2\pi)^{3N}} \times \frac{\pi^{3N/2}}{\Gamma\left(\frac{3N}{2}+1\right)} \times \left(\frac{2mU}{\hbar^2}\right)^{3N/2} \left(1 - \left(1-\frac{\Delta U}{U}\right)^{3N/2}\right) \frac{1}{N!}.$$

(1.33)

Die Größe des Energieintervalls ΔU ist willkürlich und sollte daher keine physikalische Relevanz haben. Angenommen, wir setzen $\Delta U/U \geq 10^{-10}$ und $N \sim 10^{23}$, dann erhalten wir die Abschätzung

$$\left(1-\frac{\Delta U}{U}\right)^{3N/2} = \exp\left(\frac{3N}{2}\ln\left(1-\frac{\Delta U}{U}\right)\right)$$

$$= \exp\left(-\frac{3N}{2}\left(\frac{\Delta U}{U} + \frac{1}{2}\left(\frac{\Delta U}{U}\right)^2 + \cdots\right)\right)$$

$$< \exp\left(-\frac{3N}{2}\left(\frac{\Delta U}{U}\right)\right) \sim 10^{-10^{13}}.$$

(1.34)

Damit ist für makroskopische Systeme und für alle praktischen Zwecke die Größe Ω unabhängig von ΔU. Dies gilt sogar für ein so kleines ΔU mit $\Delta U/U = 10^{-10}$, welches sicher unterhalb einer realistischen Messgenauigkeit liegt, und daher umso mehr für größere Energieintervalle ΔU.

Nun verwenden wir die Stirlingsche Formel für die Gammafunktion.

Theorem 2

Für alle $x > 0$ existiert ein ϑ mit $0 < \vartheta < 1$, so dass

$$\Gamma(x+1) = \sqrt{2\pi x}\, x^x\, e^{-x+\vartheta/(12\,x)}.$$

Für $x \in \mathbb{N}$ gilt $\Gamma(x+1) = x!$. Die Stirlingsche Formel liefert für große x

$$\Gamma(x+1) \simeq \sqrt{2\pi x}\, \left(\frac{x}{e}\right)^x.$$

Damit bekommen wir

$$\Omega \simeq \left(\frac{U}{N}\right)^{3N/2} \left(\frac{V}{N}\right)^N \left(\frac{m e^{5/3}}{3\pi \hbar^2}\right)^{3N/2} \frac{1}{\sqrt{6}\,\pi N}. \tag{1.35}$$

Im Logarithmus ist der letzte Faktor vernachlässigbar und wir erhalten das relativ einfache Endresultat

$$\ln \Omega = N \left\{ \frac{3}{2} \ln \frac{U}{N} + \ln \frac{V}{N} + \mathcal{K} \right\} \quad \text{mit} \quad \mathcal{K} = \frac{3}{2} \ln \frac{m}{3\pi \hbar^2} + \frac{5}{2}. \tag{1.36}$$

Noch eine Bemerkung zur Gültigkeit von Gl. (1.36). Wir haben bei der Abzählung der Zustände implizit angenommen, dass Einteilchenniveaus, die mehrfach besetzt sind, keine Rolle spielen. Sonst wäre der Faktor $1/N!$ nicht richtig. D.h., Gl. (1.36) ist nur für verdünnte Gase richtig.

Man kann zeigen, dass auch für wechselwirkende Teilchen in einem endlichen Raumgebiet näherungsweise $\Omega \sim U^{\alpha N}$ gilt, wobei α von der Größenordnung eins ist.

1.4 Energieänderung eines makroskopischen Systems

Wir betrachten ein mikrokanonisches Ensemble mit Mikrozuständen ψ_r und Energieeigenwerten $E_r(\mathbf{Y})$. Dann lässt sich eine infinitesimale Energieänderung folgendermaßen aufspalten:

$$dU = đQ + đA, \tag{1.37}$$

$đQ =$ Energieänderung ohne Änderung der externen Parameter $\equiv$ Wärme,

$đA =$ Energieänderung durch Änderung der externen Parameter $\mathbf{Y} \equiv$ Arbeit.

Ein Wort zur Schreibweise: $đQ$, $đA$ sind keine exakten Differentiale, d.h., zu $đQ$ gibt es keine Funktion F_Q, so dass $dF_Q = đQ$. Dasselbe gilt für $đA$. Das Differential dU der inneren Energie ist selbstverständlich ein exaktes Differential. Geht man von einem Anfangszustand i zu einem Endzustand f über einen Weg C_{fi} im Raum der Parameter, die das System beschreiben, so ist die Energiedifferenz durch $U_f - U_i$ gegeben und daher

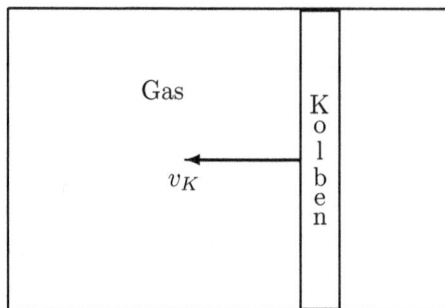

Abbildung 1.1: *Ein Kolben wird mit Geschwindigkeit v_K in einen Gasbehälter hineingedrückt.*

vom Weg C_{fi} unabhängig. Hingegen ist die entlang von C_{fi} zugeführte Wärme und die am System geleistete Arbeit sehr wohl vom Weg abhängig, deren Summe aber nicht, da sie mit dem Wegintegral über dU identisch ist.

Dieser Sachverhalt lässt sich mathematisch einfach verstehen. Betrachten wir eine Funktion $f(x_1, \ldots, x_n)$ und deren exaktes Differential

$$\mathrm{d}f = \sum_{i=1}^{n} \frac{\partial f}{\partial x_i} \, \mathrm{d}x_i.$$

Spalten wir dieses Differential in zwei Differentialformen auf, d.h., wir schreiben

$$\mathrm{d}f = \omega_a + \omega_b \quad \text{mit} \quad \omega_a = \sum_{i=1}^{r} \frac{\partial f}{\partial x_i} \, \mathrm{d}x_i, \quad \omega_b = \sum_{i=r+1}^{n} \frac{\partial f}{\partial x_i} \, \mathrm{d}x_i,$$

so werden im Allgemeinen ω_a und ω_b *nicht* exakt und die Integrale über diese Differentialformen wegabhängig sein, jedoch ist $\int(\omega_a + \omega_b) = \int \mathrm{d}f$ selbstverständlich wegunabhängig.

Quasistatischer Prozess:

In diesem Fall nimmt man an, dass der Prozess so langsam vor sich geht, dass das System dabei beliebig nahe am Gleichgewicht bleibt. Ein Beispiel ist ein Gasbehälter mit einem Kolben wie in Abb. 1.1; drückt man den Kolben mit einer Geschwindigkeit v_K, die sehr viel kleiner als die Schallgeschwindigkeit des Gases ist, hinein, dann bleibt das System dabei im Gleichgewicht. Gleichung (1.37) gilt für quasistatische Prozesse.

Adiabatische Zustandsänderung:

Bei einer solchen Zustandsänderung ist das System wärmeisoliert. Oft hat man Zustandsänderungen, die gleichzeitig adiabatisch und quasistatisch vor sich gehen; in diesem Fall gilt đ$Q = 0$ und d$U = $ đA.

Verallgemeinerte Kräfte:

Weil man für praktische Zwecke U mit $\widehat{H} = \mathrm{Sp}\,(\rho\widehat{H}) = \sum_{r\in I} E_r/\Omega$ identifizieren kann, falls $\Delta U/U \ll 1$ ist, lässt sich Gl. (1.37) formal auch so herleiten [14]:

$$\mathrm{d}U = \mathrm{d}\left(\mathrm{Sp}\,(\rho\widehat{H})\right) = \mathrm{Sp}\,(\mathrm{d}\rho\,\widehat{H}) + \mathrm{Sp}\,(\rho\,\mathrm{d}\widehat{H}) \;\Rightarrow\; đQ \equiv \mathrm{Sp}\,(\mathrm{d}\rho\widehat{H}), \quad đA \equiv \mathrm{Sp}\,(\rho\,\mathrm{d}\widehat{H}). \tag{1.38}$$

Damit hat man folgende Darstellung für $đA$:

$$đA = \mathrm{Sp}\,(\rho\,\mathrm{d}\widehat{H}) = \frac{1}{\Omega}\sum_{r\in I}\mathrm{d}E_r(\mathbf{Y}) = \frac{1}{\Omega}\sum_{r\in I}\sum_i \frac{\partial E_r(\mathbf{Y})}{\partial Y_i}\mathrm{d}Y_i = \sum_i K_i\mathrm{d}Y_i \tag{1.39}$$

mit den verallgemeinerten Kräften

$$K_i = \frac{1}{\Omega}\sum_{r\in I}\frac{\partial E_r(\mathbf{Y})}{\partial Y_i} = \frac{\partial U}{\partial Y_i}. \tag{1.40}$$

Druck und Volumen:

Betrachten wir wieder Abb. 1.1. Angenommen, das Gas habe den Druck p und der Kolben werde ein kleines Stück Δx hineingedrückt. Die am System geleistete Volumsarbeit ist gegeben durch $\Delta A_V = p\,\mathcal{F}\Delta x = -p\,\Delta V$, wobei $\mathcal{F}$ die Querschnittsfläche des Kolbens ist. Damit erhalten wir

$$đA_V = -p\,\mathrm{d}V \quad \text{und} \quad \frac{\partial U}{\partial V} = -p. \tag{1.41}$$

Nehmen wir das ideale einatomige Gas als Beispiel. Die entsprechenden Energieeigenwerte sind in Gl. (1.28) angegeben. Wenn wir die Kantenlänge L_i des Kastens ändern, erhalten wir

$$\frac{\partial E_\mathbf{n}}{\partial L_i} = -\frac{2}{L_i}\times\frac{\hbar^2\pi^2}{2m}\left(\frac{n_i}{L_i}\right)^2 \Rightarrow đA_V = -\frac{2}{3}U\frac{\mathrm{d}L_i}{L_i} = -\frac{2}{3}\frac{U}{V}\mathrm{d}V, \quad p = \frac{2}{3}\frac{U}{V}. \tag{1.42}$$

Dabei haben wir die Erfahrung ausgenützt, dass in jedem der drei translatorischen Freiheitsgrade im Mittel dieselbe kinetische Energie $U/3$ vorhanden ist. In Unterkapitel 5.12 wird die Formel für p in Gl. (1.42) ganz allgemein für Gase ohne innere Freiheitsgrade hergeleitet.

Chemisches Potential und Teilchenzahl:

Die zur Teilchenzahl N gehörende verallgemeinerte Kraft wird chemisches Potential genannt und mit μ bezeichnet:

$$\mu \equiv \frac{\partial U}{\partial N}. \tag{1.43}$$

Kommen in einem System mehrere Teilchensorten i mit Teilchenzahlen N_i vor, dann gibt es für jede Teilchensorte ein chemisches Potential μ_i. Das chemische Potential hat zwar keine so anschauliche Bedeutung wie der Druck, jedoch werden wir sehen, dass diese Größe bei Prozessen mit Teilchenaustausch eine entscheidende Rolle spielt.

1.5 Entropie und Temperatur

1.5.1 Gleichgewicht und Randbedingungen

Wir betrachten ein isoliertes System $\mathcal{A}$ und $\Omega(y)$ sei die Anzahl der Zustände in Abhängigkeit von einem Parameter y, welcher z.B. ein externer Parameter oder eine Energie sein kann. Zur Zeit $t < t_0$ sei $y = y_0$ fixiert und wir bezeichnen das System in seinem Anfangszustand $\mathcal{A}_i$, wobei der Index i für initial steht. Nun nehmen wir an, dass für Zeiten $t > t_0$ der Parameter y frei variieren kann und sich das System für $t - t_0 \gg \tau_r$, wobei τ_r die Relaxationszeit des Systems nach Lösen der Fixierung $y = y_0$ ist, wieder in einem Gleichgewichtszustand $\mathcal{A}_f$ befindet; der Index f bedeutet final. Weil der Parameter y für $t > t_0$ frei ist, kann er als Observable aufgefasst werden. Sind die Einstellungen $y = y_1, \ldots, y_\ell$ erlaubt und wenden wir das Fundamentalpostulat auf $\mathcal{A}_f$ an, so ist $y = y_k$ mit Wahrscheinlichkeit $P_k = \Omega(y_k)/\Omega_f$; dabei ist $\Omega_f = \sum_{k=1}^{\ell} \Omega(y_k)$. Der Erwartungswert von y ist $\bar{y} = \sum_{k=1}^{\ell} y_k P_k$. Ist y nicht diskret sondern kontinuierlich, wird die Summation durch eine Integration ersetzt.

Das Wesentliche an makroskopischen Systemen ist, dass das Maximum von $\Omega(y)$ sehr ausgeprägt ist. Liegt das Maximum bei $y = \bar{y}$, bedeutet das, dass bei gleicher Wahrscheinlichkeit der Mikrozustände von $\mathcal{A}_f$ praktisch alle Mikrozustände bei $y \simeq \bar{y}$ liegen.

Betrachten wir als Beispiel

$$\Omega(y) = K y^{\nu_1} (L - y)^{\nu_2} \quad \Rightarrow \quad \bar{y} = \frac{\nu_1}{\nu_1 + \nu_2} L. \tag{1.44}$$

Dabei haben wir K als unabhängig von y angenommen und $0 \leq y \leq L$. Für sehr große Zahlen ν_1, ν_2 ($\nu \equiv \nu_1 + \nu_2$) erhält man näherungsweise – durch Entwicklung von $\ln \Omega(y)$ um das Maximum $\bar{y}$ – das Resultat

$$\Omega(y) \simeq \Omega(\bar{y}) \exp\left(-\frac{1}{2} \left(\frac{(y - \bar{y})}{\Delta y} \right)^2 \right) \quad \text{mit} \quad \Delta y = \frac{L}{\nu \sqrt{\frac{1}{\nu_1} + \frac{1}{\nu_2}}} \tag{1.45}$$

und

$$\Omega_f \simeq \Omega(\bar{y}) \int dy \exp\left(-\frac{1}{2} \left(\frac{(y - \bar{y})}{\Delta y} \right)^2 \right) = \sqrt{2\pi} \, \Delta y \, \Omega(\bar{y}). \tag{1.46}$$

Für $\nu_{1,2}$ von der Größenordnung N_A ist $\Delta y/\bar{y} \propto 1/\sqrt{\nu}$ extrem klein. Da Gl. (1.45) eine Gauß-Verteilung ist, liegt y mit einer Wahrscheinlichkeit von 99.7% innerhalb von $\bar{y} \pm 3\Delta y$. Für alle praktischen Zwecke ist auch $\bar{y} \pm 10\Delta y$ nicht von $\bar{y}$ zu unterscheiden, wenn wir ein makroskopisches System haben. Dann ist aber die Wahrscheinlichkeit, dass y außerhalb von $\bar{y} \pm 10\Delta y$ liegt, schon kleiner als 10^{-22}. Die Konklusion ist daher, dass *für alle praktischen Zwecke $y = \bar{y}$ erfüllt ist.*

Betrachten wir als Beispiel ein ideales einatomiges Gas in zwei Behältern, die durch eine wärmedurchlässige Wand getrennt, sonst aber von der Umgebung isoliert sind – siehe Abb. 1.2. Wegen Energieerhaltung haben wir $U = U_1 + U_2$, wobei U die Gesamtenergie ist. Mit $y = U_1$, der Energie im linken Teilsystem, und $\Omega(y) \propto U_1^{3N_1/2} U_2^{3N_2/2}$ –

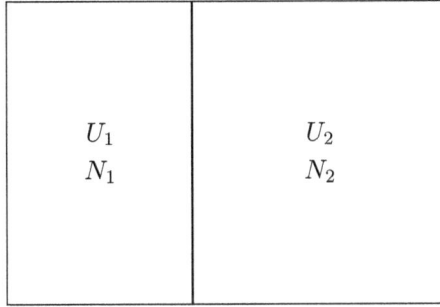

Abbildung 1.2: *Das System besteht aus zwei Teilsystemen und erlaubt Energieaustausch in Form von Wärme durch die Trennwand.*

siehe Gl. (1.35) – bekommen wir für $\mathcal{A}_f$ durch Anwendung von Gl. (1.44) das folgende Resultat für die Aufteilung der Energien auf die Teilsysteme:

$$\frac{\bar{U}_1}{N_1} = \frac{\bar{U}_2}{N_2}. \tag{1.47}$$

Die eben durchgeführte Diskussion legt nahe, das FP folgendermaßen zu erweitern:

FP': Angenommen, ein isoliertes System $\mathcal{A}_i$ sei in einem Gleichgewichtszustand und es werden Randbedingungen gelöst oder entfernt. Nach dem Erreichen des neuen Gleichgewichts ist das System $\mathcal{A}_f$ dadurch charakterisiert, dass alle von $\mathcal{A}_i$ aus erreichbaren Mikrozustände gleich wahrscheinlich sind.

Mit der vorigen Diskussion bedeutet das, dass nach dem Lösen der Randbedingung $y = y_0$ im neuen Gleichgewichtszustand der Wert des Parameters y durch das Maximum von $\Omega(y)$ gegeben ist.

Da der Logarithmus eine monoton wachsende Funktion ist, kann man statt des Maximums von $\Omega(y)$ das von $\ln \Omega(y)$ bestimmen.

Irreversibler Prozess:
Ein irreversibler Prozess ist definiert durch $\Omega_i < \Omega_f$ nach Lösen oder Entfernung einer Randbedingung. Ein Beispiel, wiederum für ein ideales einatomiges Gas, ist in Abb. 1.3 angegeben: Sind anfangs alle N Atome im Volumen V_1, verteilen sie sich nach Herausziehen der Trennwand auf das Gesamtvolumen, denn es gilt $\Omega_f/\Omega_i = (V_1 + V_2)^N/V_1^N \gg 1$.

1.5.2 Makroskopische Systeme im thermischen Kontakt

Wir betrachten noch einmal das in Abb. 1.2 charakterisierte System und die zeitliche Abfolge, wie sie in Abschnitt 1.5.1 beschrieben wurde. Nachdem sich das Gleichgewicht durch Wärmeaustausch eingestellt hat, können wir das mikrokanonische Ensemble in

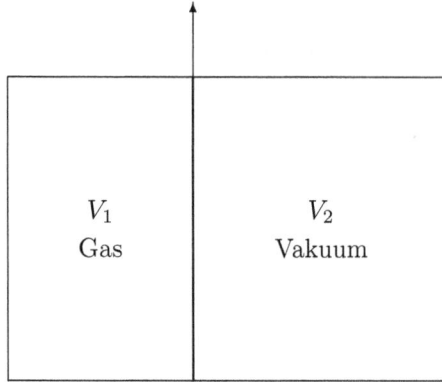

Abbildung 1.3: *Das Gesamtsystem ist isoliert, Gas ist anfänglich nur im linken Behälter. Nach dem Herausziehen der Trennwand stellt sich der Gleichgewichtszustand $\mathcal{A}_f$ ein.*

$\mathcal{A}_1 \cup \mathcal{A}_2$ folgendermaßen beschreiben. Wenn die Mikrozustände in $\mathcal{A}_1$ mit ψ_r und die Energieeigenwerte mit E_r und jene von $\mathcal{A}_2$ mit $\psi'_{r'}$ und $E'_{r'}$ bezeichnet werden, dann sind die Mikrozustände in $\mathcal{A}_1 \cup \mathcal{A}_2$ durch $\psi_r \otimes \psi'_{r'}$ mit Energieeigenwerten $E_r + E'_{r'}$ gegeben. Definieren wir

$$I = \{(r, r') | U - \Delta U \le E_r + E'_{r'} \le U\} \tag{1.48}$$

und sei Ω die Anzahl der Paare $(r, r') \in I$, so erhalten wir

$$\rho_{\mathrm{MK}}(\mathcal{A}_1 \cup \mathcal{A}_2) = \frac{1}{\Omega} \sum_{(r,r') \in I} |\psi_r \otimes \psi'_{r'}\rangle\langle\psi_r \otimes \psi'_{r'}|. \tag{1.49}$$

Welche Energien tragen wesentlich in dieser Summe bei? Da ΔU, sofern es nicht zu klein gewählt wird, für die Beschreibung des Systems irrelevant ist, können wir folgendermaßen die Anzahl der Zustände in $\mathcal{A}_1 \cup \mathcal{A}_2$ abzählen. Angenommen, in $\mathcal{A}_1$ sei die Energie U_1 vorhanden. Dann ist in dieser Situation die Anzahl der Zustände im Gesamtsystem gegeben durch $\Omega_1(U_1)\Omega_2(U - U_1)$, und insgesamt haben wir

$$\Omega(U) = \sum_{U_1} \Omega_1(U_1)\Omega_2(U - U_1). \tag{1.50}$$

Wie wir schon im vorigen Abschnitt diskutiert haben, kommt der einzig relevante Beitrag in $\rho_{\mathrm{MK}}(\mathcal{A}_1 \cup \mathcal{A}_2)$ vom Maximum von $\Omega_1(U_1)\Omega_2(U - U_1)$. Wird das Maximum bei $\bar{U}_1$ angenommen, gilt jedoch

$$\frac{\partial}{\partial U_1} \ln \Omega_1(U_1)\bigg|_{\bar{U}_1} = \frac{\partial}{\partial U_2} \ln \Omega_2(U_2)\bigg|_{\bar{U}_2}. \tag{1.51}$$

Dabei haben wir $\bar{U}_2 = U - \bar{U}_1$ definiert.

Dieser Sachverhalt legt die Definition von zwei physikalischen Größen nahe:

$$\text{Entropie:} \quad S(U, \mathbf{Y}) = k \ln \Omega(U, \mathbf{Y}), \tag{1.52}$$

$$\text{Temperatur:} \quad \left.\frac{\partial S}{\partial U}\right|_{\mathbf{Y}} = \frac{1}{T}. \tag{1.53}$$

Die so definierte Temperatur heißt *absolute Temperatur*, die Konstante k, ein „historisches Relikt", heißt Boltzmann-Konstante. Die Festlegung von k wird später besprochen. Wie wir gerade hergeleitet haben, hat die Temperatur T folgende wichtige Eigenschaft:

> Zwei makroskopische Systeme im thermischen Gleichgewicht haben
> dieselbe Temperatur.

Wie schon früher erwähnt, gilt allgemein $\Omega(U) \sim U^{\alpha N}$ bzw. $S \sim kN\alpha \ln U$, wobei α eine positive Zahl von der Größenordnung eins ist. Daher ist $\partial S / \partial U = 1/T \sim kN\alpha/U$ positiv und ebenso $\partial T / \partial U \sim 1/(kN\alpha)$. Also ist anzunehmen, dass allgemein die Ungleichungen

$$T > 0, \quad \frac{\partial T}{\partial U} > 0 \tag{1.54}$$

gelten. In Ausnahmefällen, wenn man nicht alle Freiheitsgrade des Systems betrachtet, können auch negative Temperaturen Sinn machen. Positive Temperaturen erlauben es, bei festgehaltenen externen Parametern die Umkehrfunktion von $S(U, \mathbf{Y})$ zu berechnen:

$$\frac{\partial S}{\partial U} = \frac{1}{T} > 0 \; \Rightarrow \; \exists\, U(S, \mathbf{Y}) \text{ mit } \frac{\partial U}{\partial S} = T. \tag{1.55}$$

1.5.3 Quasistatische Änderungen der Energie

Die Wechselwirkung eines Systems $\mathcal{A}$ sei so langsam, so dass $\mathcal{A}$ beliebig nahe am Gleichgewicht bleibt. Für diesen Fall haben wir soeben Folgendes hergeleitet:

$$
\begin{aligned}
\mathrm{d}U = T\mathrm{d}S + \sum_i K_i \, \mathrm{d}Y_i \quad &\text{bzw.} \quad \mathrm{d}S = \tfrac{1}{T}\left(\mathrm{d}U - \sum_i K_i \, \mathrm{d}Y_i\right), \\
\mathrm{d}Q = T\mathrm{d}S, \quad &\mathrm{d}A = \sum_i K_i \, \mathrm{d}Y_i.
\end{aligned}
\tag{1.56}
$$

Die Relationen in der ersten Zeile dieser Gleichung sind äquivalent. Sehr häufig ist eine Situation mit externen Parametern V und N. In diesem Fall lautet das Differential der Entropie

$$\mathrm{d}S(U, V, N) = \frac{1}{T}\left(\mathrm{d}U + p \, \mathrm{d}V - \mu \, \mathrm{d}N\right). \tag{1.57}$$

Zur Erläuterung von Gl. (1.56) sind einige Bemerkungen angebracht:

1. Wir haben die Entropie S nur im Gleichgewicht definiert! Damit gilt dasselbe auch für $U(S, \mathbf{Y})$ und die Temperatur.

2. Die *natürlichen* Variablen von U sind S und $\mathbf{Y}$, d.h.,

$$\left.\frac{\partial U}{\partial Y_i}\right|_S = K_i \quad \text{bzw.} \quad \left.\frac{\partial S}{\partial Y_i}\right|_U = -\frac{K_i}{T}. \tag{1.58}$$

3. Zur Zeit $t = t_0$ sei das System $\mathcal{A}_i$ im Gleichgewicht. Durch Lösen von Randbedingungen durchlaufe $\mathcal{A}_i$ Nichtgleichgewichtszustände und lande schließlich im Gleichgewichtszustand $\mathcal{A}_f$. Dann sind S_i, S_f und U_i, U_f wohldefiniert, auch wenn der Übergang $\mathcal{A}_i \to \mathcal{A}_f$ nicht quasistatisch erfolgt ist.

Definition des Wärmebads:
Ein Wärmebad oder Wärmereservoir ist ein System $\tilde{A}$ mit Temperatur T, das

1. viel größer ist als das System $\mathcal{A}$, an dem experimentiert wird, und

2. mit $\mathcal{A}$ nur Wärme austauschen kann.

Das bedeutet, dass sich die Temperatur T des Wärmebads nicht ändert, wenn $\mathcal{A}$ aus $\tilde{A}$ die Wärmemenge Q aufnimmt oder Q an $\tilde{A}$ abgibt. Wegen $\ln \tilde{\Omega}(\tilde{U} + Q) \simeq \ln \tilde{\Omega}(\tilde{U}) + Q/(kT)$ erhalten wir

$$\Delta \tilde{U} = Q = T \Delta \tilde{S} \tag{1.59}$$

für die Energieänderung des Wärmereservoirs, wenn es die Wärmemenge Q aufnimmt.

1.5.4 Ideales Gas

Ein ideales mehratomiges Gas hat außer den translatorischen auch innere Freiheitsgrade. Wegen $\Omega = \Omega_{\text{tr}}\Omega_{\text{inn}}$ und weil für verdünnte Gase Ω_{inn} nicht vom Volumen abhängt, gilt

$$S = S_{\text{tr}} + S_{\text{inn}} \quad \text{und} \quad \frac{\partial S_{\text{inn}}}{\partial V} = 0. \tag{1.60}$$

In Gl. (1.36) haben wir S_{tr} bereits als

$$S_{\text{tr}} = kN\left\{\frac{3}{2}\ln\frac{U_{\text{tr}}}{N} + \ln\frac{V}{N} + \mathcal{K}\right\} \quad \text{mit} \quad \mathcal{K} = \frac{3}{2}\ln\frac{m}{3\pi\hbar^2} + \frac{5}{2} \tag{1.61}$$

bestimmt. Diese Gleichung heißt nach ihren Entdeckern *Sackur-Tetrode-Gleichung.* Wegen

$$\frac{\partial S_{\text{tr}}}{\partial U_{\text{tr}}} = \frac{3kN}{2U_{\text{tr}}} = \frac{1}{T} \tag{1.62}$$

kommen wir zum Ergebnis

$$U_{\text{tr}} = \frac{3}{2}NkT. \tag{1.63}$$

Nun leiten wir S nach dem externen Parameter V ab und erinnern uns, dass die zu V gehörige verallgemeinerte Kraft der negativ Druck, also $-p$ ist – siehe Gl. (1.41). Wir verwenden der Reihe nach Gl. (1.60), Gl. (1.61) und Gl. (1.58):

$$\frac{\partial S}{\partial V} = \frac{\partial S_{\mathrm{tr}}}{\partial V} = \frac{kN}{V} = \frac{p}{T}. \tag{1.64}$$

Somit erhalten wir die *thermische Zustandsgleichung des idealen Gases*

$$pV = NkT. \tag{1.65}$$

Nun zwei wichtige Bemerkungen:

1. Quantenmechanik und FP haben uns Gl. (1.65) geliefert, was ein erster und wichtiger Hinweis auf den Erfolg dieses Konzepts für die Statistische Physik ist.

2. Die abstrakte Definition der Temperatur stimmt mit der Temperatur des idealen Gases überein. In den Bereichen, wo ein Gas hinreichend ideal ist, kann man ein solches als Thermometer verwenden: Bei festen Größen V und N erhält man die Temperatur durch Messung des Drucks.

Gleichung (1.63) kann dazu benützt werden, um S_{tr} als Funktion von T zu formulieren. Dann kann Gl. (1.61) mit Hilfe von

$$\lambda \equiv \frac{h}{\sqrt{2\pi m k T}}, \tag{1.66}$$

der *thermischen de Broglie-Wellenlänge* eines Teilchens mit Masse m, relativ einfach geschrieben werden als

$$S_{\mathrm{tr}}(T, V, N) = kN \left\{ \ln \frac{V}{N\lambda^3} + \frac{5}{2} \right\}. \tag{1.67}$$

Übrigens ist, wie wir später explizit sehen werden, im Gleichgewicht die Temperatur T universell für translatorische und innere Freiheitsgrade.

1.6   Systeme im Kontakt mit der Umgebung

1.6.1   Wärmeaustausch

Das System $\mathcal{A}$ sei im Kontakt mit dem Wärmebad $\tilde{\mathcal{A}}$, dessen Temperatur T ist – siehe Abb. 1.4. Die Mikrozustände von $\tilde{\mathcal{A}} \cup \mathcal{A}$ sind gegeben durch $\tilde{\psi}_{\tilde{r}} \otimes \psi_r$, die Gesamtenergie ist $U_0 = \tilde{U} + U$ mit $U \ll \tilde{U}$. Die Wahrscheinlichkeit ρ_r, dass der Zustand ψ_r in $\mathcal{A}$ auftritt, folgt aus dem FP:

$$\rho_r \propto \tilde{\Omega}(U_0 - E_r), \quad \sum_r \rho_r = 1. \tag{1.68}$$

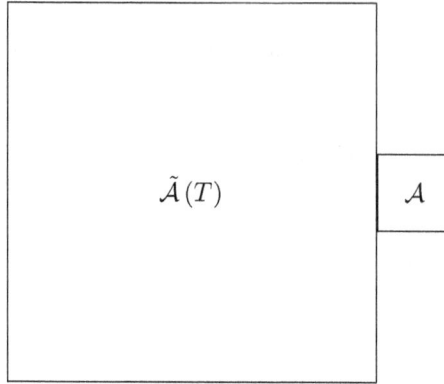

Abbildung 1.4: *System $\mathcal{A}$ im Kontakt mit einem Wärmebad $\tilde{\mathcal{A}}$, welches die Temperatur T hat.*

Wegen $E_r \ll U_0$ kann man folgende Entwicklung machen:

$$\ln \tilde{\Omega}(U_0 - E_r) \simeq \ln \tilde{\Omega}(U_0) - E_r \left. \frac{\partial \ln \tilde{\Omega}(\tilde{U})}{\partial \tilde{U}} \right|_{\tilde{U}=U_0} = \ln \tilde{\Omega}(U_0) - \beta E_r \quad \text{mit} \quad \beta = \frac{1}{kT},$$

$$(1.69)$$

wobei wir die Definition der Temperatur aus Gl. (1.53) angewendet haben. Damit erhalten wir die vollständige Beschreibung des Gleichgewichtszustands für das System $\mathcal{A}$:

$$\rho_r = \frac{e^{-\beta E_r}}{Z}, \quad Z = \sum_r e^{-\beta E_r} \; \Rightarrow \; \rho_{\mathrm{K}} = \sum_r \rho_r \, |\psi_r\rangle\langle\psi_r|. \qquad (1.70)$$

Die Größe Z heißt *kanonische Zustandssumme*, den durch Dichtematrix ρ_K festgelegten Zustand ρ_{K} nennt man *kanonisches Ensemble* (Ensemble = Gesamtheit) und die Größen $e^{-\beta E_r}$ sind die *Boltzmann-Faktoren*. Die Umgebung von $\mathcal{A}$, das Wärmebad mit Temperatur T, bestimmt $\beta = 1/(kT)$ in ρ_K.

1.6.2   Wärme- und Teilchenaustausch

Nun nehmen wir an, dass $\mathcal{A}$ mit $\tilde{\mathcal{A}}$ nicht nur Wärme sondern auch Teilchen austauschen kann. D.h., $\tilde{\mathcal{A}}$ ist auch ein Teilchenreservoir mit $\tilde{N} \gg N$ und $N_0 = \tilde{N} + N$ sei die Gesamtanzahl der Teilchen in $\tilde{\mathcal{A}} \cup \mathcal{A}$. Die Zustände ψ_r von $\mathcal{A}$ sind durch $\hat{H}\psi_r = E_r\psi_r$, $\hat{N}\psi_r = N_r\psi_r$ charakterisiert, wobei $\hat{N}$ der Teilchenzahloperator ist. Die Überlegung analog zum kanonischen Fall liefert

$$\ln \tilde{\Omega}(U_0 - E_r, \, N_0 - N_r) \simeq \ln \tilde{\Omega}(U_0, N_0) - \beta E_r - \alpha N_r$$

$$\text{mit} \quad \alpha = \left. \frac{\partial \ln \tilde{\Omega}(\tilde{U}, \tilde{N})}{\partial \tilde{N}} \right|_{\tilde{U}=U_0, \, \tilde{N}=N_0} = -\beta\mu. \qquad (1.71)$$

Im letzten Schritt haben wir Gl. (1.57) benützt. Der Zustand des Systems $\mathcal{A}$ ist somit gegeben durch

$$\rho_r = \frac{e^{-\beta E_r - \alpha N_r}}{Y}, \quad Y = \sum_r e^{-\beta E_r - \alpha N_r} \;\Rightarrow\; \rho_{\mathrm{GK}} = \sum_r \rho_r \, |\psi_r\rangle\langle\psi_r|. \tag{1.72}$$

Die Größe Y heißt *großkanonische Zustandssumme*, der Zustand mit der Dichtematrix ρ_{GK} wird *großkanonisches Ensemble* genannt. Die Umgebung von $\mathcal{A}$, das Wärme- und Teilchenreservoir, geht nun durch die zwei Größen β und α ein.

Während das mikrokanonische Ensemble nur für makroskopische Systeme gerechtfertigt ist, gelten das kanonische und großkanonische Ensemble auch für kleine Systeme. Bei der Herleitung der beiden letzteren Ensembles war wichtig, dass $\mathcal{A}$ im Gleichgewicht mit dem makroskopischen Wärmebad $\tilde{\mathcal{A}}$ (und Teilchenreservoir) ist, also das Gesamtsystem makroskopisch und damit das FP anwendbar ist.

Ist allerdings das System $\mathcal{A}$ ebenfalls makroskopisch, dann verschwindet der Unterschied zwischen allen drei Gesamtheiten (mikrokanonisch, kanonisch, großkanonisch). D.h., in diesem Fall erhält man aus den drei Gesamtheiten eine äquivalente Beschreibung des Systems $\mathcal{A}$, wie wir in Kapitel 4 sehen werden.

1.7 Übungsaufgaben

1. Eine Dichtematrix für ein Teilchen mit Spin 1/2 sei gegeben durch

$$\rho = \frac{1}{2}\Big(a\,|{\uparrow}\rangle\langle{\uparrow}| + b\,|{\downarrow}\rangle\langle{\downarrow}| \Big) \quad \text{mit} \quad a \geq 0,\; b \geq 0 \text{ und } a + b = 1.$$

Berechnen Sie die Erwartungswerte der Spinoperatoren S_k ($k = 1, 2, 3$) und deren Schwankungen ΔS_k. Für welchen Wert von a sind alle Spinerwartungswerte gleich Null?

2. Ein aus zwei Spins bestehendes System werde durch den reinen Zustand

$$\psi = \frac{1}{\sqrt{2}}\Big(|{\uparrow}\rangle \otimes |{\downarrow}\rangle + e^{i\alpha}|{\downarrow}\rangle \otimes |{\uparrow}\rangle \Big)$$

beschrieben. Angenommen, man führt nur Messungen am linken Spin durch. Durch welche Dichtematrix kann man dann den Zustand des linken Spins effektiv beschreiben?

3. Es seien zwei Operatoren $A = \sum_k a_k \sigma_k$, $B = \sum_k b_k \sigma_k$ im Spinraum gegeben, wobei $\vec{a}$ und $\vec{b}$ reelle Vektoren sind. Berechnen Sie den Erwartungswert von $A \otimes B$ im Zustand ψ aus dem vorigen Beispiel. Was ist die Bedingung an $\vec{a}$ und $\vec{b}$, so dass man einen Effekt der Phase α bemerkt?

4. Lösen Sie dieselbe Aufgabe wie in Beispiel 2 mit

$$\psi = \frac{1}{\sqrt{3}}\Big(|{\uparrow}\rangle \otimes |{\downarrow}\rangle + |{\downarrow}\rangle \otimes |{\downarrow}\rangle + |{\downarrow}\rangle \otimes |{\uparrow}\rangle \Big).$$

5. Die Dichte von trockener Luft ist ca. $1.29\,\mathrm{kg\,m^{-3}}$ bei Normbedingungen und setzt sich etwa aus 78% Stickstoff, 21% Sauerstoff und 1% Argon (Volumsprozente) zusammen. Wieviele N_2-Moleküle sind pro Kubikmeter vorhanden?

6. Berechnen Sie $U(S, V, N)$ und $p(S, V, N)$ für ein einatomiges ideales Gas.

7. Zwei Volumina V_1 und V_2 seien durch eine Wand getrennt. In beiden Volumina befinde sich ein einatomiges ideales Gas mit Temperatur T und Druck p, aber die Gase in den beiden Volumina seien verschieden. Nach dem Entfernen der Trennwand vermischen sich die Gase und kommen wieder ins Gleichgewicht. Berechnen Sie die Differenz ΔS der Entropien zwischen End- und Anfangszustand (Mischentropie). Wie groß ist ΔS, wenn sich vor dem Entfernen der Trennwand in beiden Volumina das gleiche Gas befunden hat?

8. Führen Sie die Rechnungen des vorigen Beispiels noch einmal durch, diesmal mit einem Ausdruck S' für die Entropie, der die Ununterscheidbarkeit der Gasatome einer Sorte *nicht* berücksichtigt. Zeigen Sie, dass für zwei gleiche Gase der Ausdruck S' auf einen Widerspruch führt (Gibbssches Paradoxon).

9. Ein System $\mathcal{A}$ sei im Kontakt mit einem Wärmebad und einem weiteren großen System, mit dem es über eine bewegliche Trennwand einen „Volumsaustausch" durchführen kann. Zeigen Sie, dass man in diesem Fall

$$X(\beta, \gamma) = \int_0^\infty \mathrm{d}V\, e^{-\gamma V} Z(T, V)$$

mit $\gamma = \beta p$ als Zustandssumme von $\mathcal{A}$ interpretieren kann.

2 Thermodynamik

2.1 Die Hauptsätze der Thermodynamik

Die Hauptsätze formulieren einige fundamentale Erkenntnisse, die wir im ersten Kapitel gewonnen haben.

- **1. Hauptsatz:** Ein makroskopischer Gleichgewichtszustand eines Systems $\mathcal{A}$ kann charakterisiert werden durch die *innere Energie* $U(S, \mathbf{Y})$.

  a) $\mathcal{A}$ isoliert $\Rightarrow U$ ist konstant.

  b) Bei einem quasistatischen Übergang $\mathcal{A}_i \to \mathcal{A}_f$ ($\mathcal{A}_{i,f}$ sind Systeme im Gleichgewichtszustand) ist die Energieänderung gegeben durch $\Delta U = \Delta Q + \Delta A$, wobei ΔQ die vom System absorbierte Wärme und ΔA die am System durch $\Delta \mathbf{Y} = $ Änderung der externen Parameter geleistete Arbeit ist.

- **2. Hauptsatz:** Ein makroskopischer Gleichgewichtszustand eines Systems $\mathcal{A}$ kann charakterisiert werden durch die Größe *Entropie* $S(U, \mathbf{Y})$.

  a) System isoliert, $\mathcal{A}_i \to \mathcal{A}_f \Rightarrow \Delta S = S_f - S_i \geq 0$.

  b) System nicht isoliert, quasistatischer Prozess $\Rightarrow dS = \frac{dQ}{T}$.

- **3. Hauptsatz:**

$$\lim_{T \to 0} S = S_0,$$

  wobei S_0 eine von allen Parametern, die den Zustand eines Systems charakterisieren, unabhängige Konstante ist.

Der 1. Hauptsatz ist nur eine Version der Energieerhaltung – siehe Gleichungen (1.37) und (1.56). Der 2. und 3. Haupsatz folgen aus dem FP. Der Punkt a) des 2. Hauptsatzes folgt insbesondere aus der Version FP' des FPs, welche in Abschnitt 1.5.1 besprochen wurde. Die Beschreibung einer quasistatischen Änderung durch dU bzw. dS sind äquivalent, wie in Gl. (1.56) dargelegt ist.

Der 3. Hauptsatz [5] kann durch Betrachtung des kanonischen Ensembles verstanden werden: $U \to E_0$ (E_0 ist die Grundzustandsenergie des Systems) $\Leftrightarrow T \to 0$. Hat das System einen eindeutigen Grundzustand, dann ist $S_0 = k \ln 1 = 0$. Ist der Grundzustand g_0-fach entartet, dann ist $S_0 = k \ln g_0$. Es ist denkbar, dass die Entartung des Grundzustands von der Anzahl der Teilchen abhängt, wobei der Entartungsgrad exponentiell mit der Teilchenanzahl zunimmt. In diesem Fall hätten wir $\ln g_0 \propto N$ und $S_0 \propto kN$ – siehe auch Abschnitt 2.2.4.

Festlegung der absoluten Temperaturskala:

Die absolute Temperaturskala ist definiert durch die Festsetzung der Temperatur am Tripelpunkt von Wasser, an dem alle drei Phasen des Wassers gleichzeitig vorhanden sind:

$$T_t \equiv 273.16 \, \text{Kelvin}. \tag{2.1}$$

Die Celsius-Skala wird heutzutage definiert durch

$$\Theta[^\circ \text{C}] = T[\text{K}] - 273.15. \tag{2.2}$$

Gl. (2.1) erlaubt die experimentelle Fixierung der Boltzmannkonstante k zu [9]

$$k = 1.3806504(24) \times 10^{-23} \, \text{JK}^{-1} = 8.617343(15) \times 10^{-5} \, \text{eV K}^{-1}. \tag{2.3}$$

Noch ein paar Worte zu den Einheiten des Drucks. Die SI-Einheit ist Pascal. Jedoch sind auch

$$1 \, \text{bar} = 10^5 \, \text{Pascal} \quad \text{und} \quad 1 \, \text{atm} = 101325 \, \text{Pascal} \tag{2.4}$$

gebräuchlich (1 atm $\simeq$ 1 bar!). Am Tripelpunkt von Wasser ist der Druck ziemlich klein, nämlich ca. 6 mbar = 0.006 bar. In Abb. 2.5 ist das Phasendiagramm von Wasser schematisch dargestellt.

Das Produkt $N_A k \equiv R$ heißt Gaskonstante. Ihr genauester numerischer Wert gemäß CODATA 2006 [9] ist $R = 8.314472(15) \, \text{JK}^{-1}\text{mol}^{-1}$.

Dass die Temperatur eine eigene Einheit hat, hat historische Gründe. Eigentlich tritt immer das Produkt kT auf und man könnte die Temperatur in Energieeinheiten, z.B. in Millielektronvolt, angeben. In dem Fall würden 0 °C und 100 °C Energien von 23.54 meV bzw. 32.16 meV entsprechen; das wäre sicher gewöhnungsbedürftig. Klarerweise kann man die Boltzmannkonstante nur aus der Angabe, dass sich der Tripelpunkt des Wassers per Definition bei einer Temperatur von $T_t = 273.16$ K befindet, bestimmen. Wie wird k tatsächlich bestimmt? Interessanterweise erfolgt die zur Zeit genaueste Bestimmung (CODATA 2006 [9]) durch Quotientenbildung $k = R/N_A$, also aus den Werten der Gaskonstante und der Loschmidt-Zahl. Dabei wird R über die Messung der Schallgeschwindigkeit von Argon bei T_t bestimmt – siehe Bemerkung in Unterkapitel 3.5. Die Loschmidt-Zahl erhält man durch die Vermessung von hochreinen und möglichst perfekten Siliziumeinkristallen, und zwar aus der relativen Atommasse $A_r(\text{Si})$, der Massendichte ρ_m und der Gitterkonstante a. Denn mit der molaren Massenkonstante $M_u = 1 \, \text{g mol}^{-1}$ erhält man das molare Volumen als $A_r(\text{Si})M_u/\rho_m$ und somit [9]

$$N_A = \frac{A_r(\text{Si})M_u}{(a^3/8)\rho_m}, \tag{2.5}$$

wobei a die Gitterkonstante des Siliziumkristalls und 8 die Anzahl der Atome pro Einheitszelle ist. Das Si-Kristallgitter entspricht dem Diamantgitter, bei dem die Einheitszelle ein Würfel ist, der acht Atome enthält.

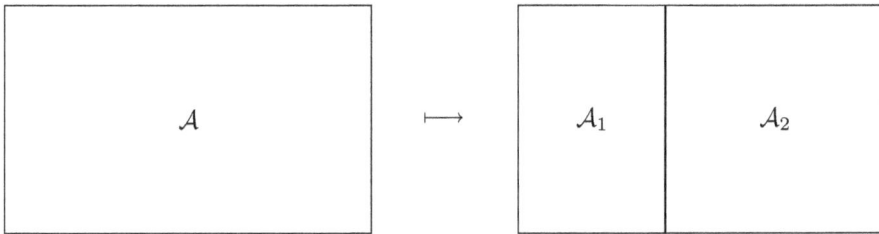

Abbildung 2.1: *Das System $\mathcal{A}$ sei im Gleichgewicht und werde durch Einschieben einer Trennwand in zwei Teilsysteme unterteilt.*

2.2   Thermodynamische Potentiale

2.2.1   Definition von extensiven und intensiven Größen

In homogenen Systemen kann man thermodynamische Größen in extensive und intensive Größen einteilen. Diese Begriffe werden folgendermaßen definiert. Wir stellen uns ein System $\mathcal{A}$ im Gleichgewicht vor und unterteilen es durch Einschieben einer Trennwand – siehe Abb. 2.1. Betrachten wir eine thermodynamische Größe Λ in $\mathcal{A}$, so hat diese Größe dann den Wert Λ_1 in $\mathcal{A}_1$ und Λ_2 in $\mathcal{A}_2$. Dies lässt folgende Definitionen zu:

$$\left.\begin{array}{l} \text{Extensive Größe: } \Lambda = \Lambda_1 + \Lambda_2, \\ \text{Intensive Größe: } \Lambda = \Lambda_1 = \Lambda_2 \end{array}\right\} \text{ nach Einschub der Trennwand.}$$

Beispiele für extensive Größen sind S, V, N, U, während T, p, μ intensive Größen sind.

2.2.2   Legendre-Transformationen und thermodynamische Potentiale

Wir betrachten jetzt Systeme mit nur einer Teilchensorte, und abgesehen von N sei V der einzige zusätzliche externe Parameter. Wir gehen von $U(S, V, N)$ aus und bilden weitere thermodynamische Potentiale mit Hilfe von Legendre-Transformationen, welche durch folgendes Theorem charakterisiert sind.

Theorem 3

Es sei $f(x)$ eine auf einem offenen Intervall $\mathcal{I}$ zweimal stetig differenzierbare Funktion mit $f''(x) \neq 0$ auf $\mathcal{I}$. Dann definiert $y = f'(x)$ eine Variablentransformation auf $\mathcal{I}$ und $g(y) \equiv f(x(y)) - y\,x(y)$ heißt Legendre-Transformierte von $f(x)$. Schreiben wir das Differential von f als $\mathrm{d}f(x) = y\,\mathrm{d}x$, dann ist $\mathrm{d}g(y) = -x\,\mathrm{d}y$ das Differential von g.

Die so erhaltenen wichtigsten Potentiale sind in Tabelle 2.1 aufgelistet. Alle diese Potentiale sind extensive Größen.

Tabelle 2.1: *Die wichtigsten thermodynamischen Potentiale und deren Differentiale.*

Variable			Thermodynamisches Potential		Differential
S	V	N	Energie	U	$\mathrm{d}U = T\mathrm{d}S - p\mathrm{d}V + \mu\,\mathrm{d}N$
T	V	N	freie Energie	$F = U - TS$	$\mathrm{d}F = -S\mathrm{d}T - p\mathrm{d}V + \mu\,\mathrm{d}N$
S	p	N	Enthalpie	$H = U + pV$	$\mathrm{d}H = T\mathrm{d}S + V\mathrm{d}p + \mu\,\mathrm{d}N$
T	p	N	freie Enthalpie	$G = U - TS + pV$	$\mathrm{d}G = -S\mathrm{d}T + V\mathrm{d}p + \mu\,\mathrm{d}N$
T	V	μ	großkan. Potential	$J = U - TS - \mu N$	$\mathrm{d}J = -S\mathrm{d}T - p\mathrm{d}V - N\mathrm{d}\mu$

Betrachen wir als Beispiel die freie Energie $F = U - TS$. Deren Differential ist $\mathrm{d}F = \mathrm{d}U - S\mathrm{d}T - \mathrm{d}S\,T = -S\mathrm{d}T - p\mathrm{d}V + \mu\mathrm{d}N$ und F wird als Funktion von T anstatt S aufgefasst. Die *natürlichen* Variablen der Potentiale sind in Tabelle 2.1 angegeben. D.h., wenn z.B. von U ohne weitere Spezifikation die Rede ist, sind die Variablen S, V, N gemeint. Soll U als Funktion von T, V, N betrachtet werden, dann werden die Variablen explizit angegeben.

Sei $f(\mathbf{\Lambda}_i, \mathbf{\Lambda}_e)$ ein thermodynamisches Potential, $\mathbf{\Lambda}_i = \{\Lambda_{i\alpha}\}$ und $\mathbf{\Lambda}_e = \{\Lambda_{e\beta}\}$ die intensiven bzw. extensiven Variablen, von denen das Potential abhängt. Der Parameter λ ($0 < \lambda < 1$) beschreibe eine Unterteilung von $\mathcal{A}$, so dass $\lambda\Lambda_{e\beta}$ der Wert dieser Variablen in $\mathcal{A}_1$ und $(1 - \lambda)\Lambda_{e\beta}$ in $\mathcal{A}_2$ ist. Damit haben wir für das Potential f in $\mathcal{A}_1$

$$\lambda f(\mathbf{\Lambda}_i, \mathbf{\Lambda}_e) = f(\mathbf{\Lambda}_i, \lambda\mathbf{\Lambda}_e). \tag{2.6}$$

Differenzieren wir diese Relation nach λ und setzen danach $\lambda = 1$, so erhalten wir

$$f(\mathbf{\Lambda}_i, \mathbf{\Lambda}_e) = \sum_\beta \Lambda_{e\beta} \frac{\partial f(\mathbf{\Lambda}_i, \mathbf{\Lambda}_e)}{\partial \Lambda_{e\beta}}. \tag{2.7}$$

Wenden wir die soeben hergeleitete Relation auf G und J an, finden wir

$$G(T, p, N) = N\frac{\partial G}{\partial N} = N\mu(T, p), \tag{2.8}$$

$$J(T, V, \mu) = V\frac{\partial J}{\partial V} = -Vp(T, \mu). \tag{2.9}$$

Maxwell-Relationen:

Ist f ein thermodynamisches Potential und sind x_1, x_2 zwei Variable von f, dann gilt

$$\frac{\partial}{\partial x_1}\frac{\partial f}{\partial x_2} = \frac{\partial}{\partial x_2}\frac{\partial f}{\partial x_1}. \tag{2.10}$$

Die daraus folgenden Relationen heißen *Maxwell-Relationen*. Nehmen wir $U(S, V, N)$ als Beispiel und wählen die Variablen S, V, dann ergibt sich

$$\frac{\partial}{\partial V}\frac{\partial U}{\partial S} = \frac{\partial}{\partial S}\frac{\partial U}{\partial V} \quad \Rightarrow \quad \left.\frac{\partial T}{\partial V}\right|_{S,N} = -\left.\frac{\partial p}{\partial S}\right|_{V,N}. \tag{2.11}$$

In Tabelle 2.2 sind einige nützliche Maxwell-Relationen aufgelistet.

Tabelle 2.2: *Einige Maxwell-Relationen. Die Teilchenzahl N ist fix.*

Potential	Variable		Maxwell-Relation
U	S	V	$\left.\dfrac{\partial T}{\partial V}\right|_S = -\left.\dfrac{\partial p}{\partial S}\right|_V$
F	T	V	$\left.\dfrac{\partial S}{\partial V}\right|_T = \left.\dfrac{\partial p}{\partial T}\right|_V$
H	S	p	$\left.\dfrac{\partial T}{\partial p}\right|_S = \left.\dfrac{\partial V}{\partial S}\right|_p$
G	T	p	$\left.\dfrac{\partial S}{\partial p}\right|_T = -\left.\dfrac{\partial V}{\partial T}\right|_p$

2.2.3 Die kalorische Zustandsgleichung

Thermische Zustandsgleichung und Wärmekapazität:

In diesem Abschnitt nehmen wir eine fixe Teilchenzahl N an. Thermische und kalorische Zustandsgleichung sind folgendermaßen definiert:

$$\text{Thermische Zustandsgleichung: } p = p(T, V),$$
$$\text{Kalorische Zustandsgleichung: } U = U(T, V).$$

Wir haben betont, dass die *natürlichen* Variablen von U gegeben sind durch S, V, N. Manchmal ist es jedoch nützlich, U in Abhängigkeit von der Temperatur T zu betrachten. Wie leitet man das Differential von $U(T, \mathbf{Y})$ her? Man bekommt es mit Hilfe der freien Energie $F(T, \mathbf{Y})$ und der *Gibbs-Helmholtz-Gleichung*

$$U(T, \mathbf{Y}) = F + TS = F - T\frac{\partial F}{\partial T}. \tag{2.12}$$

Wegen

$$\frac{\partial F}{\partial Y_i} = K_i \tag{2.13}$$

erhält man sofort

$$\left.\frac{\partial U}{\partial Y_i}\right|_T = K_i - T\left.\frac{\partial K_i}{\partial T}\right|_{\mathbf{Y}}. \tag{2.14}$$

Als nächstes definieren wir die Wärmekapazität

$$C_V = \left.\frac{\mathrm{d}Q}{\mathrm{d}T}\right|_{\mathbf{Y}}, \tag{2.15}$$

welche angibt, welche Wärmemenge $\mathrm{d}Q$ man zuführen muss, um bei konstantem Volumen (alle anderen externen Parameter sind ebenfalls fix) die Temperaturänderung $\mathrm{d}T$

zu erzielen. Wir erhalten mehrere äquivalente Ausdrücke für C_V:

$$C_V(T, \mathbf{Y}) = T \left.\frac{\partial S}{\partial T}\right|_{\mathbf{Y}} = -T \frac{\partial^2 F}{\partial T^2} = \left.\frac{\partial U}{\partial T}\right|_{\mathbf{Y}}. \tag{2.16}$$

Die letzte Relation folgt aus Gl. (2.12). Damit ergibt sich das gewünschte Differential zu

$$\mathrm{d}U(T, \mathbf{Y}) = C_V \mathrm{d}T + \sum_i \left(K_i - T \left.\frac{\partial K_i}{\partial T}\right|_{\mathbf{Y}} \right) \mathrm{d}Y_i. \tag{2.17}$$

Spezialisieren wir uns auf die Variablen T, V, dann liefert uns Gl. (2.17)

$$\mathrm{d}U(T, V) = C_V(T, V)\mathrm{d}T + \left(T \left.\frac{\partial p}{\partial T}\right|_V - p \right) \mathrm{d}V, \tag{2.18}$$

woraus wir die Maxwell-Relation

$$\left.\frac{\partial C_V}{\partial V}\right|_T = T \left.\frac{\partial^2 p}{\partial T^2}\right|_V \tag{2.19}$$

erhalten. Die letzte Gleichung besagt, dass aus Konsistenzgründen die Wärmekapazität C_V unabhängig von V sein muss, falls p eine lineare Funktion von T ist; das trifft für das ideale Gas zu, aber auch für die *van der Waals*-Gleichung, welche eine empirische Gleichung für reale Gase ist und im nächsten Kapitel besprochen wird.

Leiten wir nun die zu Gl. (2.18) analoge Gleichung für die Entropie her. Mit

$$\mathrm{d}S(T, V) = \left.\frac{\partial S}{\partial T}\right|_V \mathrm{d}T + \left.\frac{\partial S}{\partial V}\right|_T \mathrm{d}V, \tag{2.20}$$

Gl. (2.16) und der zweiten Maxwell-Relation in Tabelle 2.2 finden wir

$$\mathrm{d}S(T, V) = \frac{C_V}{T} \mathrm{d}T + \left.\frac{\partial p}{\partial T}\right|_V \mathrm{d}V. \tag{2.21}$$

Die kalorische Zustandsgleichung des idealen Gases:
Wenden wir das, was wir jetzt hergeleitet haben, auf das ideale Gas an. D.h., wir verwenden die thermische Zustandsgleichung (1.65). Für diese gilt

$$T \left.\frac{\partial p}{\partial T}\right|_V - p = 0 \tag{2.22}$$

und somit

$$\mathrm{d}U(T, V) = C_V(T) \, \mathrm{d}T. \tag{2.23}$$

Die kalorische Zustandsgleichung des idealen Gases ist eine Funktion von T allein, d.h., unabhängig von V. Aus Gl. (2.22) folgt sofort, dass U als Funktion von T, V – im Gegensatz zu $U(S, V)$ – nicht die volle thermodynamische Information eines Systems enthält. Wenn wir aus $\mathrm{d}U(T, V)$ die thermische Zustandsgeichung des idealen Gases rekonstruieren wollen, müssen wir Gl. (2.22) verwenden. Diese Gleichung gibt uns aber nur $p = \varphi(V)T$, wobei φ eine unbestimmte Funktion ist. Mit anderen Worten, die thermische Zustandsgleichung lässt sich nicht vollständig aus der kalorischen Zustandsgleichung erhalten.

Vollständigkeit der thermodynamischen Information:
Diese Frage der lässt sich allgemein folgendermaßen beantworten [11]:

i. Sind $p = p(T, V)$ und $C_V(T, V_0)$ bekannt, dann kann man daraus $C_V(T, V)$ und $U(T, V)$ berechnen (letzteres bis auf eine additive Konstante).

ii. Die Größen $p = p(T, V)$ und $C_V(T, V_0)$ enthalten die vollständige thermodynamische Information.

Der erste Punkt folgt unmittelbar aus Gl. (2.19). Fasst man nämlich diese Gleichung als Differentialgleichung für C_V als Funktion von V auf, dann ist die rechte Seite durch $p(T, V)$ gegeben und man kann eine Lösung berechnen; jedoch braucht man zur vollständigen Bestimmung eine Anfangsbedingung, also C_V an einem bestimmten Volumen V_0. Mit Gl. (2.18) bestimmt man dann $U(T, V)$ bis auf eine Konstante. Der zweite Punkt ergibt sich folgendermaßen. Verwendung von Gl. (2.21) liefert $S(T, V)$, daraus erhält man $T(S, V)$ und somit $U(S, V) = U(T(S, V), V)$.

Behandeln wir schließlich noch die Frage, wieweit $F(T, V)$ bestimmt ist, wenn man $U(T, V)$ kennt. Diese Frage wird durch Lösen der Gibbs-Helmholtz-Gleichung (2.12) beantwortet:

$$F(T, V) = -T \int_{T_0}^{T} dT' \frac{U(T', V)}{T'^2} + \phi(V)T \qquad (2.24)$$

mit einer unbestimmten Funktion $\phi(V)$, die – wie schon bei der Überlegung zum idealen Gas besprochen – erst durch Kenntnis der thermischen Zustandsgleichung festgelegt wird.

2.2.4 Materialgrößen

In Tabelle 2.3 sind die wichtigsten Materialgrößen zusammengestellt. Die Wärmekapazität C_V kennen wir schon vom vorigen Abschnitt, ebenso ihre Darstellung als Ableitung der Entropie. Analog ist C_p definiert. Im Fall der adiabatischen Kompressibilität ist natürlich eine quasistatische Kompression bei $dQ = 0$ gemeint.

Materialgrößen und die thermische Zustandsgleichung:
Die Größen α, β, κ_T lassen sich aus der thermischen Zustandsgleichung berechnen. Da $p = p(T, V)$ bei fixem N nur von zwei Variablen abhängt, muss es eine Relation zwischen den drei Materialgrößen geben. Diese kann mit dem folgenden mathematischen Theorem berechnet werden.

Theorem 4

Es sei $f(x, y, z)$ eine stetig differenzierbare Funktion, definiert in einer Umgebung von (x_0, y_0, z_0). Weiters sei $f(x_0, y_0, z_0) = 0$ und alle drei partiellen Ableitungen von f bei (x_0, y_0, z_0) seien ungleich Null. Dann definiert $f(x, y, z) = 0$ in einer Umgebung von (x_0, y_0, z_0) die Funktionen $x(y, z)$, $y(x, z)$, $z(x, y)$ und es gilt

$$\left.\frac{\partial x}{\partial y}\right|_z \left.\frac{\partial y}{\partial z}\right|_x \left.\frac{\partial z}{\partial x}\right|_y = -1.$$

Tabelle 2.3: *Liste der wichtigsten Materialgrößen. Die Teilchenzahl ist fix.*

Materialgrößen	
Isobarer Ausdehnungskoeffizient	$\alpha \equiv \dfrac{1}{V}\dfrac{\partial V}{\partial T}\bigg|_p$
Isochorer Spannungskoeffizient	$\beta \equiv \dfrac{1}{p}\dfrac{\partial p}{\partial T}\bigg|_V$
Isotherme Kompressibilität	$\kappa_T \equiv -\dfrac{1}{V}\dfrac{\partial V}{\partial p}\bigg|_T$
Adiabatische Kompressibilität	$\kappa_S \equiv -\dfrac{1}{V}\dfrac{\partial V}{\partial p}\bigg|_S$
Wärmekapazität bei konstantem Volumen	$C_V \equiv \dfrac{\mathrm{d}Q}{\mathrm{d}T}\bigg|_V = T\dfrac{\partial S}{\partial T}\bigg|_V$
Wärmekapazität bei konstantem Druck	$C_p \equiv \dfrac{\mathrm{d}Q}{\mathrm{d}T}\bigg|_p = T\dfrac{\partial S}{\partial T}\bigg|_p$

Wenden wir dieses Theorem auf $f(p,T,V) = p - p(T,V)$ an, erhalten wir

$$\frac{\partial p}{\partial T}\bigg|_V \frac{\partial T}{\partial V}\bigg|_p \frac{\partial V}{\partial p}\bigg|_T = -1 \tag{2.25}$$

bzw.

$$\alpha = \frac{1}{V}\frac{\partial V}{\partial T}\bigg|_p = -\frac{1}{V}\frac{\partial p}{\partial T}\bigg|_V \frac{\partial V}{\partial p}\bigg|_T . \tag{2.26}$$

Die Definitionen von κ_T und β liefern schließlich die gesuchte Relation

$$\alpha = p\,\kappa_T\beta. \tag{2.27}$$

Die Differenz $C_p - C_V$ ist ebenfalls durch die thermische Zustandgleichung bestimmt. Dies sieht man aus

$$C_p = T\frac{\partial S}{\partial T}\bigg|_p = T\frac{\mathrm{d}}{\mathrm{d}T}S(T,V(T,p)) = C_V + T\frac{\partial S}{\partial V}\bigg|_T \frac{\partial V}{\partial T}\bigg|_p . \tag{2.28}$$

Verwendet man für die Ableitung der Entropie die zweite Maxwell-Relation aus Tabelle 2.2, ergibt sich das Resultat

$$C_p - C_V = T\frac{\partial p}{\partial T}\bigg|_V \frac{\partial V}{\partial T}\bigg|_p = pVT\alpha\beta = \frac{VT\alpha^2}{\kappa_T} . \tag{2.29}$$

Für das ideale Gas mit der thermischen Zustandsgleichung (1.65) erhalten wir für die soeben diskutierten Materialgrößen

$$\alpha = \beta = \frac{1}{T}, \quad \kappa_T = \frac{1}{p}, \quad C_p - C_V = Nk. \tag{2.30}$$

Ist das Gas monoatomar, dann folgt $C_V = \frac{3}{2}Nk$ aus Gl. (1.63).

Der Zusammenhang zwischen κ_S und κ_T:

Die Herleitung folgt [15] und nimmt Gl. (2.21) als Ausgangspunkt, wobei allerdings dT umgeformt wird:

$$T\mathrm{d}S = C_V \left.\frac{\partial T}{\partial p}\right|_V \mathrm{d}p + \left(C_V \left.\frac{\partial T}{\partial V}\right|_p + T \left.\frac{\partial p}{\partial T}\right|_V \right) \mathrm{d}V. \tag{2.31}$$

Da κ_S bei konstanter Entropie erhalten wird, setzen wir d$S = 0$ und formen die vorige Gleichung um in

$$0 = C_V \mathrm{d}p + \left(C_V \left.\frac{\partial p}{\partial T}\right|_V \left.\frac{\partial T}{\partial V}\right|_p + T \left(\left.\frac{\partial p}{\partial T}\right|_V \right)^2 \right) \mathrm{d}V$$

$$= C_V \mathrm{d}p - \left.\frac{\partial p}{\partial V}\right|_T \left(C_V - T \left.\frac{\partial V}{\partial p}\right|_T \left(\left.\frac{\partial p}{\partial T}\right|_V \right)^2 \right) \mathrm{d}V, \tag{2.32}$$

wobei wir Gl. (2.25) verwendet haben. Nochmalige Verwendung dieser Gleichung und der Gl. (2.29) liefert

$$0 = C_V \mathrm{d}p - \left.\frac{\partial p}{\partial V}\right|_T C_p \, \mathrm{d}V. \tag{2.33}$$

Damit erhalten wir das Resultat

$$\kappa_S = \frac{C_V}{C_p} \kappa_T. \tag{2.34}$$

Mit den Gleichungen (2.29) und (2.34) können wir die Wärmekapazitäten durch die Kompressibilitäten ausdrücken:

$$C_V = \frac{VT\alpha^2}{\kappa_T - \kappa_S} \frac{\kappa_S}{\kappa_T}, \quad C_p = \frac{VT\alpha^2}{\kappa_T - \kappa_S}. \tag{2.35}$$

Es sind also von den sechs in Tabelle 2.3 angeführten Materialgrößen nur drei unabhängig. Da bei Festkörpern und Flüssigkeiten die Bestimmung von Größen bei konstantem Volumen in der Praxis schwer durchführbar ist, können β und C_V aus den anderen Materialgrößen mit Hilfe der hier abgeleiteten Relationen bestimmt werden.

Materialgrößen und thermodynamische Potentiale:

Die Materialgrößen lassen sich durch Ableitungen von geeigneten thermodynamischen Potentialen gewinnen. In Analogie zu Gl. (2.16) erhalten wir sofort

$$C_p(T, p) = T \left.\frac{\partial S}{\partial T}\right|_p = -T \frac{\partial^2 G}{\partial T^2}. \tag{2.36}$$

Während C_V durch Ableitung von $U(T, V)$ nach T zu erhalten ist – siehe Gl. (2.16), gilt für C_p im Allgemeinen nicht, dass es durch Ableitung von $U(T, p)$ nach T zu erhalten ist. Der Grund ist, dass $U(T, p)$ gegeben ist durch

$$U(T, p) = G - T \frac{\partial G}{\partial T} - p \frac{\partial G}{\partial p} \tag{2.37}$$

und wir somit

$$\left.\frac{\partial U}{\partial T}\right|_p = C_p - p \left.\frac{\partial V}{\partial T}\right|_p. \tag{2.38}$$

bekommen. Der zweite Term auf der rechten Seite ist offensichtlich im Allgemeinen ungleich Null. Nehmen wir als Testfall das ideale Gas, dann können wir nämlich Folgendes herleiten:

$$\text{Ideales Gas} \quad \Rightarrow \quad \left.\frac{\partial U}{\partial T}\right|_p = C_p - Nk = C_V, \tag{2.39}$$

wobei wir die thermische Zustandsgleichung und Gl. (2.30) verwendet haben.

Kehren wir zu Gl. (2.36) zurück. Durch Ableitung nach p folgern wir, dass allgemein

$$\left.\frac{\partial C_p}{\partial p}\right|_T = -T \left.\frac{\partial^2 V}{\partial T^2}\right|_p \tag{2.40}$$

gilt. Die rechte Seite dieser Gleichung ist Null für ein ideales Gas, allerdings kann man sich leicht überlegen, dass selbiges für ein van der Waals-Gas nicht mehr gilt.

Nehmen wir als nächstes Beispiel β, welches eine Ableitung nach T bei konstantem V enthält; daher ist F ein geeignetes Potential. Für κ_S sind z.B. U und H geeignet. Diese Beispiele ergeben

$$\beta = \left(\frac{\partial F}{\partial V}\right)^{-1} \frac{\partial^2 F}{\partial T \partial V}, \quad \kappa_S = \frac{1}{V} \left(\frac{\partial^2 U}{\partial V^2}\right)^{-1} = -\left(\frac{\partial H}{\partial p}\right)^{-1} \frac{\partial^2 H}{\partial p^2}. \tag{2.41}$$

Materialgrößen und der 3. Hauptsatz:

Der 3. Hauptsatz der Thermodynamik hat wichtige Konsequenzen für das Verhalten von Materialgrößen bei $T \to 0$ [16, 17]. Untersuchen wir als Erstes das Verhalten von C_V. Mit Gl. (2.21) und $dV = 0$ erhalten wir

$$S(T, V) - S(0, V) = \int_0^T dT' \frac{C_V(T', V)}{T'} \quad \text{bzw.} \quad S(T, V) = S_0 + \int_0^T dT' \frac{C_V(T', V)}{T'}, \tag{2.42}$$

wobei S_0 gemäß dem 3. Hauptsatz der von allen Parametern unabhängige Wert der Entropie bei $T = 0$ ist. In Analogie zu Gl. (2.21) leitet man

$$dS(T,p) = \frac{C_p}{T}\,dT - \frac{\partial V}{\partial T}\bigg|_p \, dp \tag{2.43}$$

her und somit

$$S(T,p) = S_0 + \int_0^T dT' \frac{C_p(T',p)}{T'}. \tag{2.44}$$

Weil die Integrale in den Gleichungen (2.42) und (2.44) wohldefiniert sein müssen, folgt aus dem 3. Hauptsatz

$$\lim_{T \to 0} C_V(T,V) = \lim_{T \to 0} C_p(T,p) = 0. \tag{2.45}$$

Mit der zweiten Maxwell-Relation aus Tabelle 2.2 und Gl. (2.42) erhalten wir

$$\frac{\partial p}{\partial T}\bigg|_V = \frac{\partial S}{\partial V}\bigg|_T = \frac{\partial}{\partial V} \int_0^T dT' \frac{C_V(T',V)}{T'}. \tag{2.46}$$

Nun verwenden wir Gl. (2.19) für die Ableitung von C_V nach V, was uns zu

$$\frac{\partial p}{\partial T}\bigg|_V = \frac{\partial p}{\partial T}\bigg|_V - \left(\frac{\partial p}{\partial T}\bigg|_V\right)_{T=0}$$

führt. Analog behandeln wir die Ableitung von V nach T. Wir erhalten somit

$$\left(\frac{\partial p}{\partial T}\bigg|_V\right)_{T=0} = 0 \quad \text{und} \quad \left(\frac{\partial V}{\partial T}\bigg|_p\right)_{T=0} = 0. \tag{2.47}$$

Das ergibt mit den Definitionen von α und β und mit Gl. (2.29) das Verhalten

$$\lim_{T \to 0} \alpha = \lim_{T \to 0} \beta = 0 \quad \text{und} \quad \lim_{T \to 0} \frac{C_p - C_V}{T} = 0. \tag{2.48}$$

Der 3. Hauptsatz macht jedoch keine Aussage über das Verhalten der Kompressibilitäten bei $T \to 0$ [17].

Man kann sich fragen, ob es Substanzen gibt, deren Entropie S_0 von Null verschieden ist. Naürlich kann man S_0 nicht direkt messen, aber man kann Gl. (2.44) zur Bestimmung von S_0 heranziehen. Man hält den Druck z.B. bei einer Atmosphäre fest und misst die Wärmekapazität C_p einer Substanz von $T = 0$ bis zu einem so hohen T, bei dem die Substanz gasförmig ist und sich in guter Näherung wie ein ideales Gas verhält; die linke Seite von Gl. (2.44) wird durch die Theorie bestimmt – siehe Gl. (1.67) für ein monoatomares ideales Gas. Die Theorie liefert ja für ein ideales Gas eine außerordentlich gute Beschreibung und gibt den *absoluten* Wert der Entropie an. Somit liefert Gl. (2.44) eine Methode, um die Restentropie S_0 zu bestimmen:

$$S_0 = S(T,p)|_{\text{Gas, Theorie}} - \int_0^T dT' \frac{C_p^{\text{exp}}(T',p)}{T'}. \tag{2.49}$$

Beim Integral ist zu beachten, dass man, immer wenn eine Phasengrenze überschritten wird, den Beitrag Q'/T' dazunehmen muss; dabei ist T' die Temperatur, bei der der Phasenübergang stattfindet, und Q' ist die Wärme, die man aufwenden muss, um das System von einer Phase in die andere überzuführen. Diese Vorgehensweise folgt aus der Definition von C_p – siehe Tabelle 2.3. Weiters ist festzuhalten, dass der theoretische Term im Fall von mehratomigen Gasmolekülen durch spektroskopische Methoden kontrolliert und korrigiert werden kann. Andrerseits kann man $C_p^{\exp}$ nicht bis $T = 0$ messen und notgedrungen muss daher zum absoluten Nullpunkt extrapoliert werden, wobei wiederum theoretische Modelle eingehen. Beispielsweise für Orthowasserstoff, Kohlenmonoxid, Distickstoffmonoxid und Wassereis wurden auf diese Weise Restentropien S_0 festgestellt [18, 19]. Besonders interessant ist der Fall von Eis, wo Linus Pauling den Wert $S_0 \simeq Nk \ln(3/2)$ abschätzte [20] (siehe auch [21]), welcher gut im Einklang mit dem experimentellen Resultat ist und einen großartigen Erfolg der Anwendung der elementaren Statistischen Physik darstellt, da es sich bei der theoretischen Bestimmung von S_0 um Abzählung von erlaubten Konfigurationen handelt. Aus diesem Grunde gibt die Messung von S_0 auch Hinweise auf Kristallstruktur und Kristallverhalten bei sehr tiefen Temperaturen. Allerdings sollte man bei der Diskussion von S_0 bedenken, dass sich das System bei Messungen von C_p bei tiefen Temperaturen möglicherweise doch nicht im absoluten thermischen Gleichgewicht befindet und man unter idealen Bedingungen und bei genügend tiefen Temperaturen vielleicht $S_0 = 0$ für jedes System findet [20].

Eine ähnliche wie die in Gl. (2.49) beschriebene Methode wurde von Tetrode [6] und Sackur [7] verwendet, um die Größe des Diskretisierungsvolumens im Phasenraum zur Abzählung der verschiedenen Mikrozustände zu bestimmen. Da sie Daten von Quecksilber zur Verfügung hatten, dessen Dampf monoatomar ist, verwendeten sie als theoretischen Ausdruck die von ihnen berechnete Sackur-Tetrode-Gleichung (1.61) für die Entropie des einatomigen idealen Gases, welche sie mit $U_{\mathrm{tr}}/N = 3kT/2$ und $V/N = kT/p$ in $S_{\mathrm{tr}}(T, p)$ umformten. Sie ersetzten das in der Konstanten $\mathcal{K}$ in $S_{\mathrm{tr}}(T, p)$ enthaltene Plancksche Wirkungsquantum $\hbar$ durch $z\hbar$. Mit Gl. (2.49) und $S_0 = 0$ bestimmten Sackur und Tetrode den Wert von z und wiesen damit *empirisch* nach, dass $z \simeq 1$ und das Phasenraumvolumen in der Tat durch das Plancksche Wirkungsquantum bestimmt ist.

2.2.5   Die Adiabatengleichung

Wird ein quasistatischer Prozess wärmeisoliert durchgeführt, dann durchläuft man in der T–V-Ebene eine bestimmte Kurve. Die Differentialgleichung für diese Kurve bekommt man aus Gl. (2.21) durch $dS = 0$:

$$C_V(T, V)\mathrm{d}T + T \left.\frac{\partial p}{\partial T}\right|_V \mathrm{d}V = 0. \tag{2.50}$$

Will man die Adiabatenkurve in der p–V-Ebene haben, greift man am besten auf Gl. (2.33) zurück:

$$\mathrm{d}p = \frac{C_p}{C_V} \left.\frac{\partial p}{\partial V}\right|_T \mathrm{d}V. \tag{2.51}$$

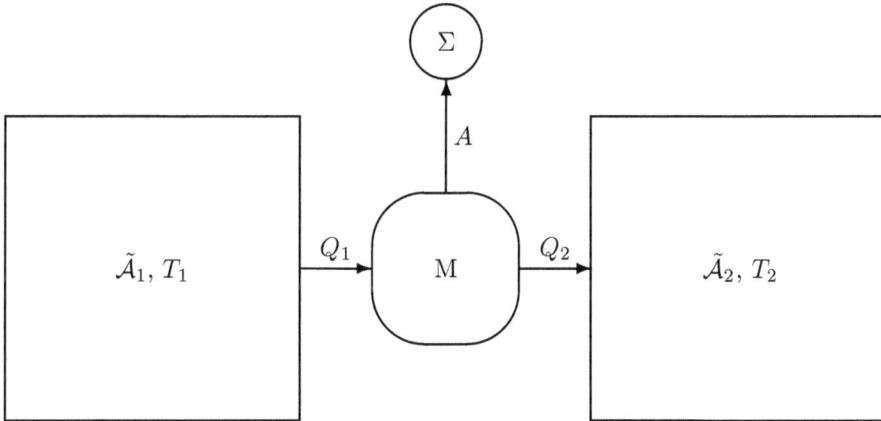

Abbildung 2.2: *Schema einer zyklisch arbeitenden Wärmemaschine.*

In diesem Fall muss man natürlich T als Funktion von p und V in diese Gleichung einsetzen.

2.3 Wärmemaschinen und Wärmereservoire

Der Wirkungsgrad:

Eine Maschine M arbeite periodisch und verrichte Arbeit am System Σ. In einem Zyklus entnimmt die Maschine dem Wärmereservoir $\tilde{A}_1$ die Wärmemenge Q_1, verrichtet an Σ die Arbeit A und gibt Q_2 an das Wärmereservoir $\tilde{A}_2$ ab – siehe Abb. 2.2. Damit haben wir folgende Energie- und Entropiebilanz des gesamten Systems:

$$\Delta U_{\text{tot}} = -Q_1 + A + Q_2 = 0, \quad \Delta S_{\text{tot}} = -\frac{Q_1}{T_1} + \frac{Q_2}{T_2} \geq 0. \tag{2.52}$$

Setzen wir $Q_2 = Q_1 - A$ in die Entropiebilanz ein, erhalten wir

$$\eta \equiv \frac{A}{Q_1} \leq 1 - \frac{T_2}{T_1}, \tag{2.53}$$

wobei η eine geeignete Definition des Wirkungsgrads der Maschine ist. Nur bei einem reversiblen Prozess gilt das Gleichheitszeichen. Das System Σ erleidet keine Entropieänderung, da es Energie nur in Form von Arbeit aufnimmt.

Hätten wir kein Reservoir $\tilde{A}_2$, das die Wärmemenge Q_2 pro Zyklus aufnimmt, wäre ΔS_{tot} negativ. Daraus folgt die *Unmöglichkeit eines Perpetuum Mobile zweiter Art*:

Es ist nicht möglich, mit einer periodisch arbeitenden Maschine Energie einem Wärmereservoir mit Temperatur $T > 0$ zu entnehmen und als Arbeit einem System Σ zuzuführen, ohne sonstige Veränderungen hervorzurufen.

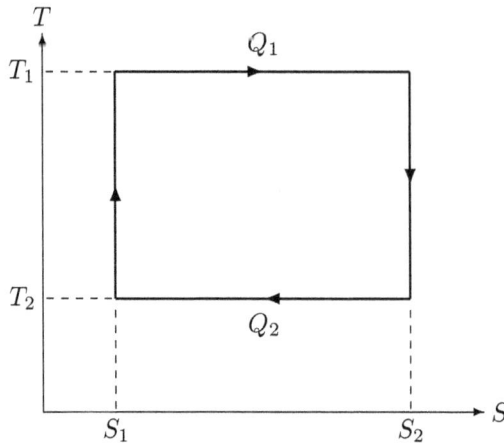

Abbildung 2.3: *Der Kreisprozess einer Carnot-Maschine in der S–T-Ebene.*

Die Carnot-Maschine:

Eine Carnot-Maschine benützt eine Arbeitssubstanz (z.B. ein ideales Gas), mit der sie einen quasistatischen Kreisprozess in der S–T-Ebene ausführt, wie in Abb. 2.3 skizziert ist. Der Kreisprozess besteht aus folgenden Schritten:

1. Isotherme Zustandsänderung bei Temperatur T_1 von S_1 nach S_2. Dabei nimmt die Arbeitssubstanz die Wärmemenge $Q_1 = T_1\,(S_2 - S_1)$ aus $\tilde{A}_1$ auf.

2. Adiabatische Zustandsänderung bei Entropie S_2.

3. Isotherme Zustandsänderung bei Temperatur T_2 von S_2 nach S_1. Dabei gibt die Arbeitssubstanz die Wärmemenge $Q_2 = T_2\,(S_2 - S_1)$ an $\tilde{A}_2$ ab.

4. Adiabatische Zustandsänderung bei Entropie S_1.

Nach dem Energiesatz ist die geleistete Arbeit $A = Q_1 - Q_2$ und $\eta = A/Q_1 = 1 - Q_2/Q_1 = 1 - T_2/T_1$. Daher hat eine Carnot-Maschine den maximalen Wirkungsgrad – siehe Gl. (2.53).

Wir betrachten nun einen allgemeinen quasistatischen Kreisprozess in der S–T-Ebene mit der Annahme, dass die beiden Wärmereservoire dieselben Temperaturen wie vorhin haben – siehe Abb. 2.4. Damit bekommen wir

$$Q_1 = \int_{\gamma_1} T\mathrm{d}S = \bar{T}_1\,(S_2' - S_1'), \quad Q_2 = -\int_{\gamma_2} T\mathrm{d}S = \bar{T}_2\,(S_2' - S_1'), \tag{2.54}$$

wobei wir den Mittelwertsatz der Integration angewendet haben, der $\bar{T}_1$ und $\bar{T}_2$ bestimmt. Es gilt

$$T_2 \le \bar{T}_2 < \bar{T}_1 \le T_1. \tag{2.55}$$

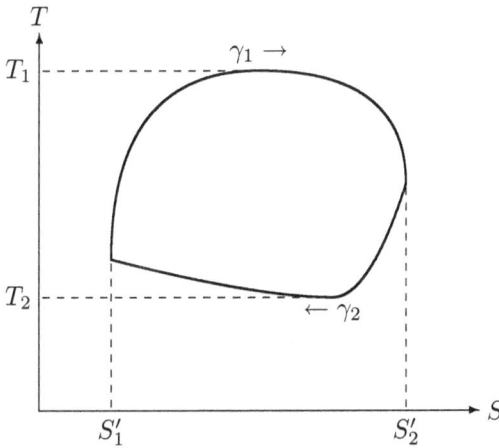

Abbildung 2.4: *Ein allgemeiner Kreisprozess einer Maschine in der S–T-Ebene.*

Damit ergibt sich für den Wirkungsgrad

$$\eta = 1 - \frac{\bar{T}_2}{\bar{T}_1} \leq 1 - \frac{T_2}{T_1}. \tag{2.56}$$

D.h, bei vorgegebenen Temperaturen der Wärmereservoire ist der Wirkungsgrad beliebiger periodischer Wärmemaschinen stets schlechter als der der Carnot-Maschine. Bei irreversibler Arbeitsweise verschlechtert sich der Wirkungsgrad weiter.

2.4 Gleichgewichtsbedingungen

Wir diskutieren hier Anwendungen des zweiten Hauptsatzes.

2.4.1 Gleichgewicht bei Austauschprozessen

Zuerst betrachten wir ein *abgeschlossenes* System $\mathcal{A} = \mathcal{A}_1 \cup \mathcal{A}_2$, bestehend aus zwei Teilsystemen mit inneren Energien U_i, Volumina V_i und Teilchenzahlen N_{Ai}, N_{Bi} ($i = 1, 2$). Wir nehmen an, dass wir zwei Teilchensorten A und B haben. Wir betrachten das Gleichgewicht in Abhängigkeit von den Eigenschaften der Trennwand zwischen $\mathcal{A}_1$ und $\mathcal{A}_2$. Weil $\mathcal{A}$ abgeschlossen ist, sind $U_1 + U_2$, $V_1 + V_2$, $N_{A1} + N_{A2}$ und $N_{B1} + N_{B2}$ konstant. Wir benützen, dass die Entropie im Gleichgewicht ein Maximum hat, also $\mathrm{d}S = \mathrm{d}S_1 + \mathrm{d}S_2 = 0$ gilt, und greifen für die folgende Diskussion auf Gl. (1.56) zurück.

Trennwand wärmedurchlässig:

In diesem Fall nehmen wir also an, dass die Trennwand nur Wärmeaustausch erlaubt.

Das führt zu

$$dS = \frac{dU_1}{T_1} + \frac{dU_2}{T_2} = \left(\frac{1}{T_1} - \frac{1}{T_2}\right) dU_1 = 0 \quad \Rightarrow \quad T_1 = T_2. \tag{2.57}$$

Trennwand beweglich:

Wir nehmen zusätzlich an, dass die Trennwand wärmeisolierend wirkt und keinen Teilchenaustausch erlaubt. Bei der quasistatischen Zustandsänderung gilt nun $dU_1 = -p_1 dV_1 = -dU_2$. Damit ist dS_1 identisch Null und daher $dS_1 = dS_2 = 0$. Setzen wir $dU_2 = p_1 dV_1$ und $dV_2 = -dV_1$ in $dS_2 = (dU_2 + p_2 dV_2)/T_2$ ein, erhalten wir

$$dS = dS_2 = (p_1 - p_2)\frac{dV_1}{T_2} = 0 \quad \Rightarrow \quad p_1 = p_2. \tag{2.58}$$

D.h., unabhängig von den Temperaturen in den Teilsystemen müssen die Drücke gleich sein.

Trennwand durchlässig für die Teilchen der Sorte A:

Für Teilchen der Sorte B soll die unbewegliche Trennwand undurchlässig sein, ebenso für Wärme. Nun ist $dU_1 = \mu_{A1} dN_{A1} = -dU_2$ und $dN_{A2} = -dN_{A1}$. Mit der analogen Argumentation wie beim Druck erhalten wir

$$dS = -(\mu_{A1} - \mu_{A2})\frac{dN_{A1}}{T_2} = 0 \quad \Rightarrow \quad \mu_{A1} = \mu_{A2}. \tag{2.59}$$

Man kann die Eigenschaften der Trennwand auch kombinieren. Ist sie z.B. wärmedurchlässig und beweglich, gilt im Gleichgewicht $T_1 = T_2$ *und* $p_1 = p_2$.

2.4.2   Stabilitätsbedingungen

Nun betrachten wir ein System $\mathcal{A}$ im Kontakt mit einer Umgebung. Als Erstes nehmen wir an, die Umgebung sei ein Wärmebad $\tilde{\mathcal{A}}$ mit Temperatur T. In $\tilde{\mathcal{A}} \cup \mathcal{A}$ kann die Gesamtentropie S_{tot} nur zunehmen. Wenn das System $\mathcal{A}$ die Wärmemenge ΔQ aufnimmt und die Arbeit A leistet, erhalten wir

$$\Delta S_{\text{tot}} = \Delta \tilde{S} + \Delta S = -\frac{\Delta Q}{T} + \Delta S = \frac{-\Delta U + T\Delta S - A}{T} = \frac{-\Delta F - A}{T} \geq 0, \tag{2.60}$$

wobei $\Delta U = \Delta Q - A$ die Änderung der inneren Energie von $\mathcal{A}$ ist. Daher gilt $\Delta F \leq -A$ im System $\mathcal{A}$. Sind die externen Parameter von $\mathcal{A}$ fix, dann wird keine Arbeit A geleistet und daher ist $\Delta F \leq 0$. Wir haben somit folgende zu $\Delta S_{\text{tot}} \geq 0$ äquivalente Formulierung gefunden:

> In einem System mit fixen externen Parametern, welches im Kontakt mit einem Wärmebad ist, hat die freie Energie ein Minimum.

Nun sei das System $\mathcal{A}$ im Kontakt mit einem Wärmebad $\tilde{\mathcal{A}}$ *und* einem Volumsreservoir $\tilde{\mathcal{A}}'$. Ein Volumsreservoir ist ein System, das einen fixen Druck p hat und nur Arbeit in Form von Volumsarbeit $\mathrm{d}\tilde{U}' = -p\,\mathrm{d}\tilde{V}'$ leistet; damit ist $\mathrm{d}\tilde{S}' = 0$. Zwischen $\mathcal{A}$ und $\tilde{\mathcal{A}}'$ sei eine bewegliche Trennwand, die den Druck in $\mathcal{A}$ konstant beim Wert p des Volumsreservoirs hält. Wir betrachten wieder das Gesamtsystem $\tilde{\mathcal{A}} \cup \tilde{\mathcal{A}}' \cup \mathcal{A}$ und die Gesamtentropie S_{tot}. Dann haben wir die Bilanz

$$\Delta S_{\mathrm{tot}} = \Delta\tilde{S} + \Delta S = -\frac{\Delta Q}{T} + \Delta S = \frac{-\Delta U + T\Delta S - p\Delta V - A}{T} = \frac{-\Delta G - A}{T}. \quad (2.61)$$

Nun ist $\Delta U = \Delta Q - p\Delta V - A$. Es gilt daher $\Delta G \leq -A$ und wir erhalten folgenden Merksatz:

> In einem System, in welchem alle externen Parameter außer V fix sind und welches im Kontakt mit einem Wärmebad und über V mit einem Volumsreservoir ist, hat die freie Enthalpie ein Minimum.

Detaillierte Diskussionen von Stabilitätsbedingungen sind in [15, 22] zu finden.

In diesem Abschnitt kann der Übergang vom Anfangszustand $\mathcal{A}_i$ des Systems $\mathcal{A}$ in den Endzustand $\mathcal{A}_f$ irreversibel sein, jedoch $\mathcal{A}_i$ und $\mathcal{A}_f$ müssen im Gleichgewicht sein, damit ΔF bzw. ΔG wohldefiniert sind.

2.4.3 Chemische Reaktionen und Reaktionsgleichgewicht

Bei vielen chemischen Prozessen dient die Atmosphäre als Wärmebad und Volumsreservoir, d.h., für $\mathcal{A}_i$ und $\mathcal{A}_f$ sind T und p gleich. Ein Beispiel ist die Reaktion $2\,H_2 + O_2 \to 2\,H_2O$.

Hat man eine chemische Reaktion $A \rightleftharpoons B$, dann gibt ΔG an, in welche Richtung die Reaktion abläuft. Nehmen wir an, es sei $\Delta G < 0$. Wir haben soeben hergeleitet, dass dann die Reaktion in der Richtung $A \to B$ abläuft. Dabei nennt man $\Delta H = \Delta U + p\Delta V$ die Reaktionswärme oder Wärmetönung. Ist $\Delta H < 0$, dann heißt die Reaktion *exotherm* und die Wärmemenge $-\Delta H$ wird durch den chemischen Prozess an die Umgebung abgegeben. Für $\Delta H > 0$ nennt man die Reaktion *endotherm* und die Wärmemenge ΔH muss zugeführt werden; damit in diesem Fall die Reaktion von A nach B abläuft, muss $T\Delta S > \Delta H$ sein, also die Entropieproduktion groß genug sein, um $\Delta G < 0$ zu erreichen.

Eine verwandte Fragestellung ist die des chemischen Gleichgewichts, welches niemals zu 100% auf einer Seite der Reaktionsgleichung ist. In diesem Falle betrachtet man gemäß der Überlegung im vorigen Abschnitt das Minimum der freien Enthalpie, also $\mathrm{d}G = 0$. Wir nehmen an, dass alle miteinander reagierenden Stoffe bestehend aus Molekülen A_j ($j = 1, \ldots, r$) homogen gemischt sind. Dann hängt nämlich G nur von den Variablen $T, p, N_1, \ldots, N_r$ ab, wobei N_j die Zahl der Moleküle des Stoffes j ist. Formal lässt sich eine chemische Reaktion als

$$\sum_{j=1}^{r} \nu_j A_j = 0 \qquad (2.62)$$

schreiben. Die ganzen Zahlen ν_j seien negativ, wenn sich A_j auf der linken Seite der Reaktionsgleichung befindet, und positiv für die rechte Seite. Wenn wir als Beispiel das Reaktionsgleichgewicht $2\,H_2 + O_2 \rightleftharpoons 2\,H_2O$ betrachten, haben wir $\nu_1 = -2$, $\nu_2 = -1$ und $\nu_3 = 2$. Da eine Änderung der N_j über die chemische Reaktion Gl. (2.62) nur mit $dN_j = \nu_j dn$ mit einem gemeinsamen dn möglich ist, erhält man aus $dG = 0$ die Relation

$$\sum_{j=1}^{r} \nu_j \mu_j = 0 \qquad (2.63)$$

für die chemischen Potentiale μ_j. Diese Gleichung ist die Grundlage des Massenwirkungsgesetzes, welches wir später für chemische Reaktionen von idealen Gasen herleiten werden.

2.5   Gleichgewicht zweier Phasen einer Substanz

Koexistenz zweier Phasen einer Substanz:

In Abhängigkeit von Temperatur und Druck können Stoffe in verschiedenen Aggregatzuständen oder Phasen auftreten. Im Normalfall können diese Phasen durch die Adjektive fest, flüssig und gasförmig charakterisiert werden, wobei allerdings die feste Phase meistens noch weiter in Phasen mit verschiedenen Kristallstrukturen unterteilt ist. Wir betrachten ein System, das aus Teilchen einer Sorte besteht, jedoch räumlich inhomogen ist, weil eine Phasengrenze besteht; in den einzelnen Phasen soll das System jedoch homogen sein. An der Phasengrenze können Wärme und Teilchen ausgetauscht werden. Nach der Diskussion in Abschnitt 2.4.1 haben wir folgende Gleichgewichtsbedingungen:

$$\text{Thermisches Gleichgewicht:} \quad T_1 = T_2,$$
$$\text{Teilchenaustausch:} \quad \mu_1 = \mu_2.$$

Wir bezeichnen allgemein eine Koexistenzkurve zweier Phasen im p–T-Diagramm mit $\bar{p} = \bar{p}(T)$. Im Speziellen bezeichnen wir die Dampfdruckkurve, wo die Phasen Flüssigkeit und Dampf (Gas) koexistieren, mit $\bar{p}_d(T)$.

Phasenübergang erster Ordnung:

Nach der Klassifikation von Paul Ehrenfest ist bei einem Phasenübergang erster Ordnung die erste Ableitung von $\mu(T, p)$, wenn man orthogonal zur Koexistenzkurve $\bar{p} = \bar{p}(T)$ ableitet, unstetig. Wegen $G(T, p, N) = N\mu(T, p)$ erhält man

$$\frac{\partial \mu}{\partial p} = \frac{V}{N} \equiv v, \qquad (2.64)$$

wobei v das Volumen pro Teilchen ist. Damit gilt Folgendes für Phasenübergänge erster Ordnung:

Wird bei einer quasistatischen Zustandsänderung die Koexistenzkurve überquert, macht das Volumen pro Teilchen einen Sprung.

Herleitung der Clausius-Clapeyronschen Gleichung:
Diese Gleichung drückt die Steigung der Koexistenzkurve durch Größen aus, die den Phasenübergang beschreiben. Sie wird folgendermaßen hergeleitet.
Schritt 1: Entlang der Koexistenzkurve gilt

$$\mu_1(T, \bar{p}(T)) = \mu_2(T, \bar{p}(T)) \;\Rightarrow\; \frac{\mathrm{d}}{\mathrm{d}T}\Delta\mu(T, \bar{p}(T)) = \frac{\partial}{\partial T}\Delta\mu + \frac{\partial}{\partial p}\Delta\mu\frac{\mathrm{d}\bar{p}}{\mathrm{d}T} = 0, \quad (2.65)$$

wobei wir $\Delta\mu = \mu_2 - \mu_1$ definiert haben.
Schritt 2: Wir leiten eine Maxwell-Relation für G her, nämlich

$$\frac{\partial}{\partial T}\frac{\partial G}{\partial N} = \frac{\partial\mu(T, p)}{\partial T} = \frac{\partial}{\partial N}\frac{\partial G}{\partial T} = -\frac{\partial S(T, p, N)}{\partial N}. \quad (2.66)$$

Es gilt jedoch $S(T, p, N) = Ns(T, p)$, wobei $s(T, p)$ die Entropie pro Teilchen ist. Somit erhalten wir

$$\frac{\partial\mu(T, p)}{\partial T} = -s(T, p). \quad (2.67)$$

Schritt 3: Kombination von Gl. (2.65) und Gl. (2.67) ergibt

$$\frac{\mathrm{d}\bar{p}}{\mathrm{d}T} = \frac{s_2(T, \bar{p}) - s_1(T, \bar{p})}{v_2(T, \bar{p}) - v_1(T, \bar{p})}. \quad (2.68)$$

Definieren wir die *latente Wärme pro Teilchen* als

$$q(T) = T\left(s_2(T, \bar{p}(T)) - s_1(T, \bar{p}(T))\right), \quad (2.69)$$

welche die Wärmemenge angibt, um ein Teilchen aus der Phase 1 in die Phase 2 überzuführen, können wir schließlich Gl. (2.68) in die Form der *Clausius-Clapeyronschen Gleichung* für die Koexistenzkurve bringen:

$$\frac{\mathrm{d}\bar{p}}{\mathrm{d}T} = \frac{1}{T}\frac{q(T)}{v_2(T, \bar{p}) - v_1(T, \bar{p})}. \quad (2.70)$$

Als Beispiel ist in Abb. 2.5 das Phasendiagramm von Wasser schematisch abgebildet. Die qualitativen Züge sind bei vielen Substanzen dieselben. Die drei abgebildeten Kurven sind die Dampfdruckkurve vom Tripelpunkt zum kritischen Punkt, die Schmelzdruckkurve vom Tripelpunkt nach oben und die Sublimationsdruckkurve vom Tripelpunkt zum Nullpunkt. Am kritischen Punkt verschwindet der Unterschied zwischen Flüssigkeit und Dampf, da die molekularen Volumina $v = V/N$ für beide Phasen gleich werden. Man kann einen Stoff vom flüssigen in den gasförmigen Aggregatzustand und umgekehrt überführen, ohne jemals eine Phasengrenze zu überschreiten, vorausgesetzt man macht die Zustandsänderung im p–T-Diagramm entlang eines Weges, der um den kritischen Punkt herumführt. Eine Besonderheit für Wasser in Abb. 2.5 ist allerdings

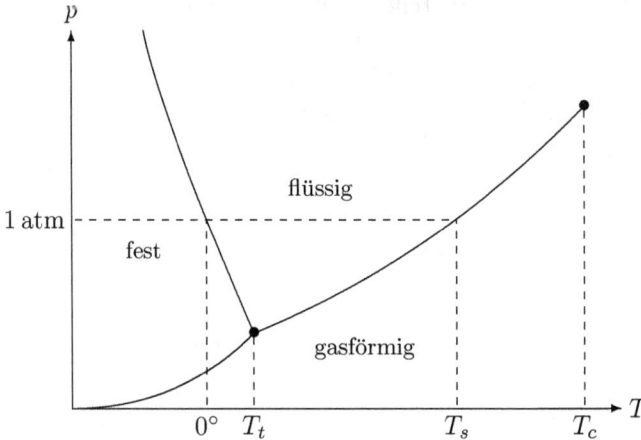

Abbildung 2.5: *Schematisches Phasendiagramm von Wasser (nicht maßstabsgetreu). Eingezeichnet sind der Nullpunkt der Celsiusskala (0 °C = 273.15 K), der Tripelpunkt (T_t = 273.16 K, $p_t \simeq 6.117$ mbar), der Siedepunkt $T_s \simeq 100$ °C und der kritische Punkt ($T_c \simeq 647.4$ K, $p_c \simeq 221.2$ bar).*

$d\bar{p}/dT < 0$ für die Schmelzdruckkurve. Dies ist eine Folge der sogenannten Anomalie des Wassers: beim Schmelzen von Eis verkleinert sich das Volumen, denn Wasser hat für $p = 1$ atm bei 3.98 °C die größte Dichte. Bei fast allen Substanzen vergrößert sich beim Schmelzen das Volumen. Allerdings hat Eis bei höheren Drücken eine ganze Reihe von anderen Modifikationen, wo dann die Schmelzdruckkurve wieder eine positive Steigung aufweist. Die negative Steigung der Schmelzdruckkurve in Abb. 2.5 wäre in einer maßstabsgetreuen Abbildung wesentlich ausgeprägter, da der Unterschied zwischen 0 °C und dem Tripelpunkt nur 0.01 K beträgt.

Man kann leicht die Clausius-Clapeyronsche Gleichung verwenden, um eine Näherung für die Dampfdruckkurve $\bar{p}_d(T)$ zu bekommen. Dazu nehmen wir an, dass es für unsere Zwecke genügt, den Dampf als ideales Gas zu beschreiben. Benützen wir die Zustandsgleichung (1.65) des idealen Gases, erhalten wir das Volumen pro Teilchen im Dampf als

$$v_d \simeq \frac{kT}{\bar{p}_d}. \tag{2.71}$$

Weiters gilt bei Temperaturen genügend weit unterhalb der kritischen Temperatur, dass das Volumen pro Teilchen v_f in der Flüssigkeit viel kleiner als v_d ist. Benützen wir diese Näherungen in Gl. (2.70), vereinfacht sich diese Gleichung zu

$$\frac{d\bar{p}_d}{dT} \simeq \frac{q_v(T)}{kT^2}\,\bar{p}_d, \tag{2.72}$$

wobei wir die Verdampfungswärme mit q_v bezeichnet haben. Wenn wir weiters $q_v(T)$ als konstant annehmen, können wir eine Lösung der Gl. (2.72) erhalten:

$$\bar{p}_d(T) \simeq \bar{p}_0\, e^{-q_v/kT}. \tag{2.73}$$

Z.B. für Wasser ist diese Näherungsformel experimentell über weite Bereiche relativ gut bestätigt – siehe [22]. Allerdings gilt nicht nur $v_f = v_d$ am kritischen Punkt, überdies verschwindet dort auch q_v. Daher kann Gl. (2.73) keineswegs für $T \to T_c$ richtig sein. Eine genauere Diskussion der Dampfdruckkurve und der Verdampfungswärme für $T \ll T_c$ findet sich in Unterkapitel 3.8.

Wir können Gl. (2.73) dazu benützen, um für Wasser die Abhängigkeit des Siedepunkts von der Höhe abzuschätzen. Dazu brauchen wir den Luftdruck p_l als Funktion der Höhe h. Der Siedepunkt T_s ist durch die Gleichung $p_l(h) = \bar{p}_d(T_s)$ bestimmt. Ein realistisches Modell der Atmosphäre und damit für $p_l(h)$ liefert die sogenannte U.S.-Standardatmosphäre [23]. Diese gibt bei einer Höhe von 0 m den Normdruck von 1.01325 und z.B. bei 5000 m bzw. 9000 m Drücke von 0.54007 bzw. 0.30727 bar vor. Mit einer molaren Verdampfungswärme von Wasser $q_{mol} = 40.63\,\mathrm{kJ\,mol^{-1}}$ (bei 100° C) und $T_s = 100°$ C bei $h = 0$ m erhalten wir mit Gl. (2.73) die Schätzwerte $T_s(5\,\mathrm{km}) \simeq 83\,°\mathrm{C}$ und $T_s(9\,\mathrm{km}) \simeq 69\,°\mathrm{C}$. Es gilt also die Daumenregel, dass bis zu den höchsten Bergspitzen der Erde der Siedepunkt von Wasser pro 290 m Höhe etwa um ein Grad abnimmt [24].

2.6 Übungsaufgaben

1. Zwei Systeme mit den Temperaturen T_1 und T_2 und den Wärmekapazitäten C_1 und C_2 werden bei festen externen Parametern in thermalen Kontakt gebracht. Nach der Wiederherstellung des Gleichgewichts habe das Gesamtsystem die Temperatur T. Schreiben Sie eine Bestimmungsgleichung für T an, falls die Wärmekapazitäten Funktionen der Temperatur sind. Wie groß ist T, falls die C_i nicht von der Temperatur abhängen?

2. Berechnen Sie die Änderung ΔS der Entropie für den im vorigen Beispiel beschriebenen Prozess und zeigen Sie, dass $\Delta S \geq 0$ gilt.

3. Arbeiten Sie den Unterschied zwischen

$$\left.\frac{\partial S}{\partial V}\right|_U \quad \text{und} \quad \left.\frac{\partial S}{\partial V}\right|_T$$

heraus. Was ergeben beide Ausdrücke für ein ideales Gas?

4. Zwei Volumina V_1 und V_2 seien durch eine Wand getrennt. In beiden Volumina befinde sich das gleiche Gas mit Temperatur T und Druck p. Beweisen Sie mit Hilfe der Extensivität der freien Energie, dass sich – unabhängig von den Eigenschaften des Gases – die Entropie nach Herausziehen der Trennwand nicht ändert.

5. Führen Sie alle Schritte aus, um

$$\left(\left.\frac{\partial V}{\partial T}\right|_p\right)_{T=0} = 0$$

aus dem 3. Hauptsatz herzuleiten.

6. Zwei Teilsysteme seien durch eine wärmedurchlässige, bewegliche Wand getrennt. Argumentieren Sie, dass im Gleichgewicht beide Teilsysteme dieselbe Temperatur und denselben Druck haben.

3 Thermodynamik idealer und realer Gase

3.1 Das van der Waals-Gas

Die thermische Zustandsgleichung:

Das van der Waals-Gas ist durch die ursprünglich *empirisch* aufgestellte Zustandsgleichung

$$\left(p + \frac{aN^2}{V^2}\right)(V - bN) = NkT \quad \text{bzw.} \quad p(T,V) = \frac{NkT}{V - bN} - \frac{aN^2}{V^2} \tag{3.1}$$

definiert. Für $a \to 0$ und $b \to 0$ geht die van der Waals-Gleichung in die ideale Gas-Gleichung (1.65) über. Die Herleitung von Gl. (3.1) erfolgt später.

Die freie Energie des van der Waals-Gases:

Vorgegeben seien $C_V(T)$ und $p(T,V)$. Aus Konsistenzgründen muss C_V unabhängig von V sein – siehe Gl. (2.19).
Wegen Gl. (2.16) und dF in Tabelle 2.1 ist F durch folgende Gleichungen bestimmt:

$$\frac{\partial^2 F}{\partial T^2} = -\frac{C_V(T)}{T}, \quad \frac{\partial F}{\partial V} = -p(T,V). \tag{3.2}$$

Ein geeigneter Integrationsweg zur Berechnung von F ist in Abb. 3.1 dargestellt. Damit berechnen wir zuerst $F(T,V_0)$:

$$\left.\frac{\partial F}{\partial T}\right|_{(T,V_0)} - \left.\frac{\partial F}{\partial T}\right|_{(T_0,V_0)} = -\int_{T_0}^{T} dT'' \frac{C_V(T'')}{T''} \quad \Rightarrow \tag{3.3}$$

$$F(T,V_0) - F(T_0,V_0) - \left.\frac{\partial F}{\partial T}\right|_{(T_0,V_0)} (T - T_0) = -\int_{T_0}^{T} dT' \int_{T_0}^{T'} dT'' \frac{C_V(T'')}{T''}. \tag{3.4}$$

Der vertikale Teil des Integrationsweges in Abb. 3.1 ergibt

$$F(T,V) - F(T,V_0) = -\int_{V_0}^{V} dV' p(T,V') = -NkT \ln \frac{V - bN}{V_0 - bN} - aN^2 \left(\frac{1}{V} - \frac{1}{V_0}\right). \tag{3.5}$$

Um noch die richtige Abhängigkeit von N zu erhalten, berücksichtigen wir, dass F, C_V und V extensive Größen sind und definieren

$$f_0 = \frac{F(T_0,V_0)}{N}, \quad f_0' = \frac{1}{N}\left.\frac{\partial F}{\partial T}\right|_{(T_0,V_0)}, \quad c_V(T) = \frac{C_V(T)}{N}, \quad v_0 = \frac{V_0}{N}. \tag{3.6}$$

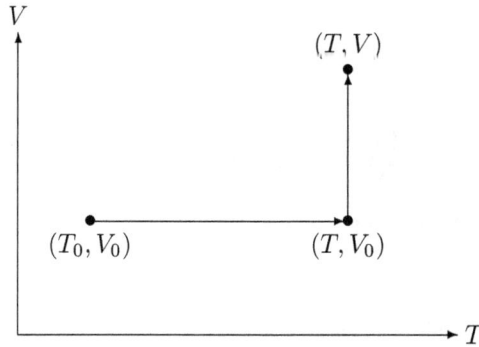

Abbildung 3.1: *Der Integrationsweg zur Berechnung von F.*

Damit erhalten wir das Endresultat

$$F(T,V,N) = Nf_0 + Nf_0'(T - T_0) - N \int_{T_0}^{T} dT' \int_{T_0}^{T'} dT'' \frac{c_V(T'')}{T''}$$

$$-NkT \ln \frac{V/N - b}{v_0 - b} - \frac{aN^2}{V} + \frac{aN}{v_0}. \tag{3.7}$$

Die freie Energie ist also bis auf zwei freie Konstante bestimmt, vorausgesetzt wir kennen die Wärmekapazität des Gases; mit dieser werden wir uns später beschäftigen.

Nun kommen einige Anwendungen von Gl. (3.7). Wegen $S = -\partial F/\partial T$ erhalten wir

$$S(T,V,N) = Ns_0 + N \int_{T_0}^{T} dT' \frac{c_V(T')}{T'} + Nk \ln \frac{V/N - b}{v_0 - b}, \tag{3.8}$$

wobei wir $s_0 = -f_0'$ definiert haben. Die kalorische Zustandsgleichung ist bestimmt durch $U = F + TS$, was

$$U(T,V,N) = Nf_0 - Nf_0'T_0 - N \int_{T_0}^{T} dT' \int_{T_0}^{T'} dT'' \frac{c_V(T'')}{T''}$$

$$+ NT \int_{T_0}^{T} dT' \frac{c_V(T')}{T'} - \frac{aN^2}{V} + \frac{aN}{v_0} \tag{3.9}$$

ergibt. Wir definieren die Konstante $u_0 = f_0 - f_0'T_0$ und beobachten, dass

$$- \int_{T_0}^{T} dT' \int_{T_0}^{T'} dT'' \frac{c_V(T'')}{T''} + T \int_{T_0}^{T} dT' \frac{c_V(T')}{T'} = \int_{T_0}^{T} dT' c_V(T') \tag{3.10}$$

gilt. Damit erhalten wir das Resultat

$$U(T,V,N) = Nu_0 + N \int_{T_0}^{T} dT' c_V(T') - \frac{aN^2}{V} + \frac{aN}{v_0}. \tag{3.11}$$

Allerdings hätte uns Gl. (2.18) die kalorische Zustandsgleichung schneller geliefert.

Die Wärmekapazität bei konstantem Druck:
Dazu verwenden wir die van der Waals-Gleichung und Gl. (2.29). Zuerst erhalten wir

$$T \left.\frac{\partial p}{\partial T}\right|_V = \frac{NkT}{V - Nb}. \tag{3.12}$$

Die Ableitung von V nach T bei konstantem p erhält man durch implizite Ableitung der van der Waals-Gleichung:

$$0 = \left(-\frac{NkT}{(V - Nb)^2} + \frac{2aN^2}{V^3}\right) \left.\frac{\partial V}{\partial T}\right|_p + \frac{Nk}{V - Nb}. \tag{3.13}$$

Damit liefert Gl. (2.29) das Resultat

$$C_p(T, V) = C_V(T) + \frac{Nk}{1 - \dfrac{2aN(V - Nb)^2}{kTV^3}}. \tag{3.14}$$

Für $T \to \infty$ und/oder $V \to \infty$ ergibt sich

$$C_p - C_V = Nk, \tag{3.15}$$

das Resultat des idealen Gases. Betrachtet man molare Wärmekapazitäten, dann ist die Differenz der Wärmekapazitäten des idealen Gases gleich der Gaskonstante $R = N_A k$.

3.2 Ideale Gase und die Adiabatengleichung

Wir nehmen ein ideales Gas an und setzen

$$C_V = \frac{1}{2} Nkf, \tag{3.16}$$

wobei f im Allgemeinen eine Funktion von T ist. Wir werden später in Unterkapitel 5.4 sehen, dass f jedoch in vielen Bereichen konstant ist, was praktisch für viele Anwendungen ist. Der Gleichverteilungssatz aus Unterkapitel 5.3 wird uns sagen, dass f gleich der Anzahl der angeregten Freiheitsgrade ist. (Für ein monoatomares Gas gilt $f = 3$, was aus Gl. (1.63) folgt, für zweiatomige Gase gilt $f = 5$ im Allgemeinen.) Wir definieren weiters

$$\gamma = \frac{C_p}{C_V} \quad \Rightarrow \quad \gamma = \frac{f + 2}{f}. \tag{3.17}$$

Für ein ideales Gas gilt

$$\left.\frac{\partial p}{\partial V}\right|_T = -\frac{p}{V}. \tag{3.18}$$

Setzen wir diese Relation in die Adiabatengleichung Gl. (2.51) ein, bekommen wir

$$\frac{\mathrm{d}p}{\mathrm{d}V} = -\frac{\gamma p}{V} \tag{3.19}$$

als Differentialgleichung für die Adiabatenkurve in der p–V-Ebene. Falls γ von T abhängt, muss $T - pV/(Nk)$ gesetzt werden.

Falls γ konstant angenommen werden kann, liefert Gl. (3.19) sofort

$$pV^\gamma = \text{konstant} \quad \text{bzw.} \quad TV^{\gamma-1} = \text{konstant.} \tag{3.20}$$

Die Potenz γ heißt *Adiabatenexponent*. Wird also quasistatisch und wärmeisoliert das Volumen eines idealen Gases von V_0 auf V_1 geändert, ist die entsprechende Druckänderung durch

$$p_1 = p_0 \left(\frac{V_0}{V_1} \right)^\gamma \tag{3.21}$$

gegeben. Im Vergleich dazu ist die Druckänderung auf einer *Isotherme* durch $p_1 = p_0 V_0/V_1$ gegeben. Allerdings laufen oft, obwohl keine besondere Wärmeisolierung vorliegt, Prozesse so schnell ab, dass sie zwar noch quasistatisch sind, aber effektiv keine Wärme ausgetauscht wird. Dann ist Gl. (3.20) anzuwenden. Beispiele dafür sind die Erwärmung der Fahrradpumpe beim Pumpen oder Schallschwingungen.

3.3   Freie Expansion eines Gases

Wir diskutieren hier eine Expansion wie in Abb. (1.3) skizziert. Da hier weder Energie zugeführt noch vom Gas Arbeit geleistet wird, hat man $\Delta U = 0$. Weiters ist der Ausgangszustand im Gleichgewicht und der Endzustand, wenn man genügend lang nach dem Herausziehen der Trennwand wartet, ebenfalls. Daher ist die kalorische Zustandsgleichung (3.11) anwendbar. Wir verwenden die Bezeichnung T_1, V_1 für Temperatur und Volumen im Anfangszustand und T_2, $V_2 > V_1$ im Endzustand. Aus $\Delta U = 0$ ergibt sich

$$\int_{T_0}^{T_1} \mathrm{d}T' \, c_V(T') - \frac{aN}{V_1} = \int_{T_0}^{T_2} \mathrm{d}T' \, c_V(T') - \frac{aN}{V_2}, \tag{3.22}$$

bzw.

$$\int_{T_2}^{T_1} \mathrm{d}T' \, c_V(T') = aN \left(\frac{1}{V_1} - \frac{1}{V_2} \right). \tag{3.23}$$

Da die Wärmekapazität positiv ist, kühlt sich ein reales Gas bei der freien Expansion (Gay-Lussac-Prozess) ab. Ist c_V im betrachteten Temperaturbereich konstant, erhalten wir für die Temperaturänderung $\Delta T \equiv T_2 - T_1$ das Resultat

$$\Delta T = -\frac{aN}{c_V} \left(\frac{1}{V_1} - \frac{1}{V_2} \right). \tag{3.24}$$

3.4   Der Joule-Thomson-Effekt

Das Schema der Joule-Thomson-Expansion ist in Abb. 3.2 skizziert. Am Anfang hat man $V_1 > 0$, $V_2 = 0$, am Ende ist $V_1 = 0$, $V_2 > 0$. Bei der Expansion wird das Gas durch eine poröse Wand oder Drossel gedrückt, so dass man die Drücke $p_1 >$

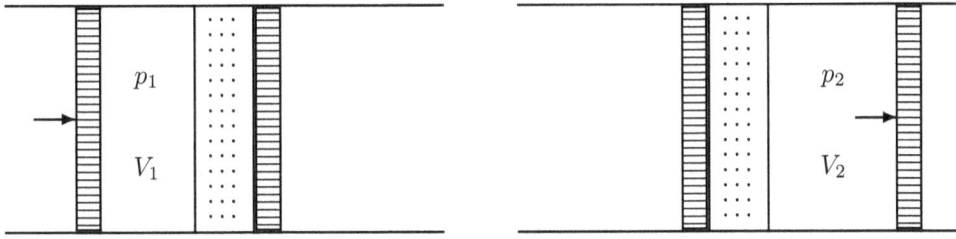

Abbildung 3.2: *Schema der Joule-Thomson-Expansion. Die poröse Wand ist durch die Punktierung angedeutet, die Kolben durch die Schraffur. Das linke Bild skizziert den Anfangszustand, das rechte den Endzustand.*

p_2 konstant hält. Es erfolgt eine Expansion des Gases unter Arbeitsleistung mit der folgenden Energiebilanz:

$$\Delta U = U_2 - U_1 = \Delta Q + \Delta A = 0 + (p_1 V_1 - p_2 V_2) \quad \Rightarrow \quad \Delta H = 0. \tag{3.25}$$

Es bleibt also die Enthalpie erhalten. Damit ist die Temperaturänderung gegeben durch die Ableitung von T nach p bei konstanter Enthalpie H, also

$$0 = \mathrm{d}H = T\mathrm{d}S + V\mathrm{d}p = T\left.\frac{\partial S}{\partial T}\right|_p \mathrm{d}T + \left(T\left.\frac{\partial S}{\partial p}\right|_T + V\right)\mathrm{d}p$$

$$= C_p\mathrm{d}T + \left(-T\left.\frac{\partial V}{\partial T}\right|_p + V\right)\mathrm{d}p. \tag{3.26}$$

Im letzten Schritt haben wir die Relation für C_p aus Tabelle 2.3 und die letzte Maxwell-Relation aus Tabelle 2.2 benützt. Mit dem isobaren Ausdehnungskoeffizienten α – siehe Tabelle 2.3 – erhalten wir das Endresultat

$$\left.\frac{\partial T}{\partial p}\right|_H = \frac{V}{C_p}(T\alpha - 1). \tag{3.27}$$

Für ein ideales Gas gilt gemäß Gl. (2.30)

$$\alpha = \frac{1}{T} \quad \text{und} \quad \left.\frac{\partial T}{\partial p}\right|_H = 0. \tag{3.28}$$

Es ist also ein reales Gas für einen nichtverschwindenden Effekt notwendig. Mit der van der Waals-Gleichung und Gl. (3.13) erhalten wir den isobaren Ausdehnungskoeffizienten

$$\alpha = \frac{1}{T}\frac{1 - \rho b}{1 - \dfrac{2a\rho(1 - \rho b)^2}{kT}}, \tag{3.29}$$

wobei wir die Teilchendichte $\rho = N/V$ benützt haben. Aus der van der Waals-Gleichung folgt $\rho < 1/b$. Der Joule-Thomson-Effekt führt zu einer Temperaturzunahme für $T\alpha < 1$

und zu einer Temperaturabnahme für $T\alpha > 1$. Die Kurve $T\alpha = 1$ in der ρ–T-Ebene nennt man Inversionskurve. Aus Gl. (3.29) folgt, dass der Bereich, wo eine Temperaturabnahme eintritt, durch

$$kT < \frac{2a}{b}\left(1 - \rho b\right)^2 \tag{3.30}$$

gegeben ist. Also ist eine notwendige Bedingung für Temperaturabnahme

$$T < T_{\text{inv}} = \frac{2a}{kb}. \tag{3.31}$$

Hat das Gas eine Temperatur $T > T_{\text{inv}}$, tritt beim Joule-Thomson-Effekt auf alle Fälle Erwärmung ein.

Hier sind die Inversionstemperaturen für einige Gase [10]: He mit 34 K, H_2 mit 202 K, N_2 mit 625 K. Man sieht also, dass für Helium und Wasserstoff Vorkühlung notwendig ist, damit mit dem Joule-Thomson-Effekt überhaupt eine Temperaturabnahme erfolgt. Technisch wird der Effekt zur Verflüssigung von Luft im Linde-Verfahren eingesetzt – für Details siehe [25].

3.5   Die Schallgeschwindigkeit

Die Berechnung der Schallgeschwindigkeit stellt eine Anwendung der Adiabatengleichung dar. Allerdings geht diese Berechnung über die Thermodynamik hinaus, da dazu auch Elemente der Strömungslehre notwendig sind. Wir nehmen an, dass wir ein ideales Gas einer Teilchensorte mit Masse m haben. Weiters sei $\gamma = C_p/C_V$ unabhängig von T. Das Geschwindigkeitsfeld $\vec{v}(t, \vec{x})$ beschreibe die Bewegung der Dichteschwankungen im Gas. Damit haben wir folgendes Gleichungssystem:

$$\text{Kontinuitätsgleichung:} \quad \frac{\partial \rho}{\partial t} + \vec{\nabla} \cdot (\rho \vec{v}) = 0, \tag{3.32}$$

$$\text{Euler-Gleichung:} \quad \frac{\partial \vec{v}}{\partial t} + \left(\vec{v} \cdot \vec{\nabla}\right)\vec{v} = -\frac{1}{m\rho}\vec{\nabla}p, \tag{3.33}$$

$$\text{Adiabatengleichung:} \quad \frac{p}{\rho^\gamma} = \frac{p_0}{\rho_0^\gamma}. \tag{3.34}$$

Die Euler-Gleichung übernehmen wir aus der Strömungslehre. Um Gl. (3.34) zu bekommen, haben wir in Gl. (3.20) $V = N/\rho$ eingesetzt. Die Dichteoszillationen in Schallwellen erfolgen so schnell, dass kein Wärmeaustausch mit dem umgebenden Gas stattfindet, daher ist die Adiabatengleichung zuständig.

Die obigen Gleichungen stellen ein nichtlineares System von partiellen Differentialgleichungen dar und sind für unsere Zwecke viel zu kompliziert. Wir nehmen daher an, dass kleine Dichte- und Druckschwankungen um eine mittlere Dichte ρ_0 bzw. einen mittleren Druck p_0 stattfinden. Somit ist

$$\rho = \rho_0 + \rho_1, \quad p = p_0 + p_1, \tag{3.35}$$

wobei ρ_0 und p_0 von Ort und Zeit unabhängig sein sollen. Weiters sei auch $\vec{v}$ „klein"; die Bedeutung dieser Aussage wird später konkretisiert. Obige Gleichungen können damit linearisiert werden:

$$\frac{\partial \rho_1}{\partial t} + \rho_0 \vec{\nabla} \cdot \vec{v} = 0, \quad \frac{\partial \vec{v}}{\partial t} = -\frac{1}{m\rho_0} \vec{\nabla} p_1, \quad p_1 = \gamma \frac{p_0}{\rho_0} \rho_1. \tag{3.36}$$

Dieses Gleichungssystem lässt sich leicht lösen, indem wir eine Wellengleichung für ρ_1 herleiten:

$$\frac{\partial^2 \rho_1}{\partial t^2} = -\rho_0 \vec{\nabla} \cdot \frac{\partial \vec{v}}{\partial t} = -\rho_0 \vec{\nabla} \cdot \left(-\frac{1}{m\rho_0} \vec{\nabla} p_1 \right) = \frac{\gamma p_0}{m\rho_0} \Delta \rho_1. \tag{3.37}$$

Somit erhalten wir

$$\frac{1}{c_s^2} \frac{\partial^2 \rho_1}{\partial t^2} - \Delta \rho_1 = 0 \quad \text{mit} \quad c_s = \sqrt{\frac{\gamma p_0}{m\rho_0}} = \sqrt{\frac{\gamma kT}{m}}. \tag{3.38}$$

Im letzten Schritt haben wir die ideale Gasgleichung benützt. Hiermit haben wir die Schallgeschwindigkeit c_s eruiert.

Betrachten wir Schallwellen mit einer Kreisfrequenz ω, wird Gl. (3.38) durch den Ansatz

$$\rho_1(t, \vec{x}) = \rho_{10} \sin \left(\omega t - \vec{k} \cdot \vec{x} \right) \quad \text{mit} \quad \vec{k} = \frac{\omega}{c_s} \vec{n} \tag{3.39}$$

gelöst, wobei $\vec{n}$ ein beliebiger Einheitsvektor ist, der die Ausbreitungsrichtung der Schallwellen anzeigt. Aus Gl. (3.36) erhält man weiter

$$p_1(t, \vec{x}) = \gamma \frac{p_0}{\rho_0} \rho_{10} \sin \left(\omega t - \vec{k} \cdot \vec{x} \right) \tag{3.40}$$

und

$$\vec{v}(t, \vec{x}) = \vec{n} c_s \frac{\rho_{10}}{\rho_0} \sin \left(\omega t - \vec{k} \cdot \vec{x} \right). \tag{3.41}$$

Man kann leicht nachrechnen, dass die lineare Näherung Gl. (3.36) konsistent ist, falls

$$\frac{\rho_{10}}{\rho_0} \ll 1. \tag{3.42}$$

Insbesondere ist mit dieser Konsistenzbedingung in der Eulergleichung der zweite Term gegenüber dem ersten um den Faktor ρ_{10}/ρ_0 kleiner.

Wir haben somit das Ergebnis, dass – in der betrachteten Näherung – Schallwellen longitudinale, dispersionslose Dichteschwingungen sind, d.h. $\vec{v}(t, \vec{x}) \propto \vec{k}$ und c_s unabhängig von ω. Die Schallgeschwindigkeit ist bei gegebener Temperatur vom Druck unabhängig. Die sogenannte *Schallschnelle* $|\vec{v}|$ ist – dank Gl. (3.42) – allerdings viel kleiner als die Schallgeschwindigkeit.

Bis jetzt haben wir ein ideales Gas bestehend aus einer Teilchensorte betrachtet. Wie ändert sich die Überlegung zur Herleitung der Schallgeschwindigkeit, wenn das Gas ein Gemisch von idealen Gasen ist? Die Herleitung muss an zwei Stellen modifiziert werden:

In Gl. (3.33) muss auf der rechten Seite statt $m\rho$ die Massendichte ρ_m eingesetzt werden und in Gl. (3.34) muss γ unter Benützung von Gl. (3.17) entsprechend abgeändert werden. Nehmen wir an, es seien r ideale Gase beteiligt mit partiellen Dichten ρ_j und Massen m_j. Dann ist die Gesamtteilchendichte durch $\rho = \sum_{j=1}^{r} \rho_j$ und die Konzentrationen der Gase durch $c_j = \rho_j/\rho$ gegeben. Weiters sei f_j die Anzahl der beim Gas j angeregten Freiheitsgrade. Dann muss wegen

$$\rho_m = \bar{m}\rho \quad \text{mit} \quad \bar{m} = \sum_{j=1}^{r} m_j c_j \tag{3.43}$$

die Masse m in der Formel für die Schallgeschwindigkeit in Gl. (3.38) durch $\bar{m}$ und der Adiabatenexponent γ durch

$$\bar{\gamma} = \frac{\bar{f}+2}{\bar{f}} \quad \text{mit} \quad \bar{f} = \sum_{j=1}^{r} f_j c_j \tag{3.44}$$

ersetzt werden. Betrachten wir als Beispiel trockene Luft. Vernachlässigt man den einprozentigen Volumsanteil von Argon, so sind Stickstoff und Sauerstoff beide zweiatomige Gase und haben $f = 5$ – siehe Unterkapitel 5.4; in diesem Fall ist $\gamma = 7/5 = 1.4$. Berücksichtigung des Argon-Anteils, wobei Argon als einatomiges ideales Gas nur die drei translatorischen Freiheitsgrade hat, ergibt jedoch eine sehr kleine Korrektur: $\bar{\gamma} = 1+2/(0.99 \times 5 + 0.01 \times 3) \simeq 1.402$. Mit Volumsanteilen von 21% O_2, 78% N_2 und 1 % Ar in der Luft erhält man einen Wert der mittleren Masse von $\bar{m} = 48.14 \times 10^{-27}$ kg. Mit Gl. (3.38) berechnet sich dann die Schallgeschwindigkeit bei 20° C zu $c_s = 343\,\mathrm{m\,s^{-1}}$, was sehr gut mit dem gemessenen Wert übereinstimmt [26].

Über das mittlere thermische Geschwindigkeitsquadrat $\langle v_{\mathrm{th}}^2 \rangle$ – siehe Unterkapitel 5.1 – lässt sich eine mittlere Geschwingkeit auf folgende Art definieren:

$$\frac{m\langle v_{\mathrm{th}}^2 \rangle}{2} = \frac{3}{2} kT \quad \text{bzw.} \quad \bar{v}_{\mathrm{th}} \equiv \sqrt{\langle v_{\mathrm{th}}^2 \rangle} = \sqrt{\frac{3kT}{m}}. \tag{3.45}$$

Diese unterscheidet sich von der Schallgeschwindigkeit nur dadurch, dass γ durch 3 ersetzt ist, also sind c_s und $\bar{v}_{\mathrm{th}}$ von derselben Größenordnung; es gilt sogar $\bar{v}_{\mathrm{th}} > c_s$. Man kann sich daher fragen, warum die ungeordnete thermische Bewegung der Gasmoleküle überhaupt Schallwellen zulässt. Der Grund dafür ist die kleine mittlere freie Weglänge ℓ, also die Strecke, die ein Molekül im Mittel zwischen zwei Stößen zurücklegt. Die Bedingung für die Möglichkeit von Schallwellen ist, dass sich ein Molekül im Mittel während einer Periode $\tau = 2\pi/\omega$ viel weniger weit als die Wellenlänge λ der Schallwelle bewegt. Erleidet das Molekül in der Zeit τ eine mittlere Anzahl n von Stößen, muss daher

$$\ell\sqrt{n} \ll \lambda \tag{3.46}$$

gelten. Wir haben hier berücksichtigt, dass ein Molekül nach n Stößen im Mittel die Distanz $\ell\sqrt{n}$ vom Ausgangspunkt entfernt ist, da wir es mit einem sogenannten „random walk" zu tun haben – siehe [11]. Verwendet man $n \sim \tau\bar{v}_{\mathrm{th}}/\ell$ und $c_s = \lambda/\tau$, kommt man mit $n \sim \lambda\bar{v}_{\mathrm{th}}/(\ell c_s)$ zur Bedingung

$$\sqrt{\ell}\sqrt{\frac{\bar{v}_{\mathrm{th}}}{c_s}} \ll \sqrt{\lambda} \quad \text{bzw.} \quad \sqrt{\ell} \ll \sqrt{\lambda}. \tag{3.47}$$

Im letzten Schritt haben wir $\bar{v}_{\text{th}} \sim c_s$ verwendet.

Die mittlere freie Weglänge wird abgeschätzt durch

$$\ell \sim \frac{1}{\rho d^2 \pi}, \tag{3.48}$$

wobei d die typische Abmessung eines Moleküls ist. Betrachten wir nun Luft und berücksichtigen, dass das menschliche Ohr Töne im Bereich zwischen 15 und 20000 Hz wahrnimmt. Die kleinsten Wellenlängen sind also im Zentimeterbereich. Mit den typischen Werten $\rho \sim 10^{26}$ m^{-3} und $d \sim 10^{-10}$ m ergibt sich $\ell \sim 10^{-7}$ m, also ist die Bedingung von Gl. (3.47) erfüllt. Eine detailliertere Diskussion von Stößen von Luftmolekülen ist in Unterkapitel 7.2 zu finden.

Zum Abschluss dieses Unterkapitels wollen wir noch besprechen, wie der in Unterkapitel 2.1 angegebene Wert der Gaskonstante R bestimmt wird. Wie dort schon erwähnt, erfolgt die Bestimmung von R durch Messung der Schallgeschwindigkeit. Die Vorgangsweise ist folgendermaßen. Erweitert man den Bruch in der Formel für c_s aus Gl. (3.38) mit der Loschmidt-Zahl, wird im Zähler die Boltzmann-Konstante durch die Gaskonstante und im Nenner die Teilchenmasse durch die molare Masse ersetzt. Um eine möglichst genaue Bestimmung von R zu gewährleisten, muss sich das Gas möglichst ideal verhalten. Also nimmt man ein Edelgas, das nur die translatorischen Freiheitsgrade und somit $\gamma = 5/3$ hat. Weiters muss die Messung bei der Temperatur T_t am Tripelpunkt von Wasser erfolgen, die die Temperaturskala festlegt, und um alle Abweichungen vom idealen Verhalten soweit als möglich auszuschalten, führt man die Messung der Schallgeschwindigkeit bei kleinen Drücken durch. Als Edelgas wird Argon verwendet. Die Gleichung

$$c_s^2(\text{Ar}, T_t)\big|_{p \to 0} = \frac{5}{3} \frac{R T_t}{A_r(\text{Ar}) M_u}, \tag{3.49}$$

wobei $M_u = 1\,\text{g/mol}$ die molare Massenkonstante ist, beschreibt den Messvorgang [9]. Zur Bestimmung der Gaskonstante braucht man natürlich auch den genauen Wert der relativen Atommasse $A_r(\text{Ar})$.

3.6   Ideale Gase und das Daltonsche Gesetz

In diesem Abschnitt verwenden wir die freie Energie des idealen Gases, welche wir aus Gl. (3.7) durch $a = 0$ und $b = 0$ als

$$F(T, V, N) = N \left(\tilde{\chi}(T) - kT \ln \frac{V}{v_0 N} \right) \tag{3.50}$$

mit

$$\tilde{\chi}(T) = f_0 - s_0(T - T_0) - \int_{T_0}^{T} \mathrm{d}T' \int_{T_0}^{T'} \mathrm{d}T'' \frac{c_V(T'')}{T''} \tag{3.51}$$

erhalten. Diese Form von F wird sich auch im nächsten Unterkapitel als nützlich erwiesen. In einem Bereich, wo c_V näherungsweise temperaturunabhängig angenommen werden kann, erhält man durch Integration die explizite Form

$$\tilde{\chi}(T) = f_0 - s_0(T - T_0) + c_V \left(T - T_0 - T \ln \frac{T}{T_0} \right). \tag{3.52}$$

Für ein Gemisch von idealen Gasen ist die gesamte freie Energie durch

$$F(T, V, N_1, \ldots, N_r) = \sum_{j=1}^{r} F_j(T, V, N_j)$$

$$\text{mit} \quad F_j(T, V, N_j) = N_j \left(\tilde{\chi}_j(T) - kT \ln \frac{V}{v_0 N_j} \right) \tag{3.53}$$

gegeben. Die Größe $\tilde{\chi}_j(T)$ hängt über die in ihr vorkommenden Konstanten und über die Wärmekapazität von der Molekülsorte ab. Die Annahme idealer Gase geht zweifach in Gl. (3.53) ein, nämlich in der Form von F_j und in der Summe über j, welche nur dann gerechtfertigt ist, wenn man die Wechselwirkung der Moleküle verschiedener Sorten untereinander vernachlässigen darf.

Nun erhält man aus Gl. (3.53) den Druck durch

$$p = -\frac{\partial F}{\partial V} = \sum_{j=1}^{r} \frac{N_j kT}{V}, \tag{3.54}$$

bzw.

$$p = \sum_{j=1}^{r} p_j \quad \text{mit} \quad p_j = \frac{N_j kT}{V}. \tag{3.55}$$

Somit haben wir das *Daltonsche Gesetz* erhalten: Der Gesamtdruck p ist gleich der Summe der Partialdrücke p_j. Natürlich gilt auch bei einem Gemisch von idealen Gasen wieder $p = NkT/V$, wobei $N = \sum_{j=1}^{r} N_j$ die Gesamtanzahl der Gasmoleküle ist.

3.7   Reaktionsgleichgewichte idealer Gase

Für die Diskussion chemischer Reaktionen benötigen wir das chemische Potential. Für ideale Gase erhalten wir aus Gl. (3.50)

$$\mu(T, V, N) = \tilde{\chi}(T) + kT - kT \ln \frac{V}{v_0 N}. \tag{3.56}$$

Einsetzen von $V/N = kT/p$ liefert das Resultat

$$\mu(T, p) = \chi(T) + kT \ln \frac{p}{p_0} \tag{3.57}$$

mit

$$\chi(T) = \tilde{\chi}(T) + kT \left(1 - \ln \frac{T}{T_0} \right), \tag{3.58}$$

wobei wir als Referenzdruck $p_0 = kT_0/v_0$ gesetzt haben. Da für ideale Gase $c_p = c_V + k$ gilt, kann man aus den Gleichungen (3.51) und (3.58) leicht

$$\chi(T) = \mu_0 - s_0(T - T_0) - \int_{T_0}^{T} dT' \int_{T_0}^{T'} dT'' \frac{c_p(T'')}{T''} \qquad (3.59)$$

mit $\mu_0 \equiv f_0 + kT_0$ herleiten. Wenn man c_V bzw. c_p konstant annehmen kann, erhält man schließlich

$$\chi(T) = \mu_0 - s_0(T - T_0) + c_p \left(T - T_0 - T \ln \frac{T}{T_0} \right). \qquad (3.60)$$

Nun wollen wir die chemischen Potentiale μ_j für ein Gemisch von idealen Gasen bestimmen. Dazu schreiben wir die freie Enthalpie $G = F + pV$ an, wobei wir F aus Gl. (3.53) einsetzen und gemäß der Überlegung am Ende des vorigen Unterkapitels $pV = NkT$ benützen; N ist wiederum die Gesamtanzahl der Gasmoleküle. Dann erhalten wir

$$G(T, p, N_1, \ldots, N_r) = \sum_{j=1}^{r} N_j \left(\tilde{\chi}_j(T) - kT \ln \left(\frac{T}{T_0} \times \frac{p_0}{c_j p} \right) \right) + NkT$$

$$= \sum_{j=1}^{r} N_j \left(\chi_j(T) + kT \ln \frac{c_j p}{p_0} \right). \qquad (3.61)$$

Die Größe

$$c_j = \frac{N_j}{N} = \frac{p_j}{p} \qquad (3.62)$$

definiert die Konzentration des Gases der Sorte j, und χ_j geht wie in Gl. (3.58) angegeben aus $\tilde{\chi}_j$ hervor. Schließlich bekommen wir das Resultat

$$\mu_j(T, p, N_1, \ldots, N_r) = \frac{\partial G}{\partial N_j} = \chi_j(T) + kT \ln \frac{c_j p}{p_0}. \qquad (3.63)$$

Bei der Ableitung von G nach N_j muss $\partial N/\partial N_j = 1$ berücksichtigt werden. D.h., das chemische Potential μ_j des Gases der Sorte j in einem Gemisch erhält man aus Gl. (3.57) durch Ersetzen des Druckes durch den Partialdruck $p_j = c_j p$.

Nun betrachten wir ein Gemisch von idealen Gasen im Reaktionsgleichgewicht (2.62). Gemäß Gl. (2.63) gilt die Relation

$$\sum_{j} \nu_j \left\{ \chi_j(T) + kT \ln \frac{c_j p}{p_0} \right\} = 0. \qquad (3.64)$$

Durch Exponentieren bekommen wir das *Massenwirkungsgesetz* für Reaktionsgleichgewichte idealer Gase

$$\prod_{j} c_j^{\nu_j} = \left(\frac{p}{p_0} \right)^{-\sum_j \nu_j} K(T) \equiv K(T, p) \quad \text{mit} \quad K(T) - \exp \left(\beta \sum_{j} \nu_j \chi_j(T) \right). \qquad (3.65)$$

Die Größe $K(T,p)$ heißt *Reaktionskonstante*. Wie wir soeben hergeleitet haben, ist für ideale Gase die Abhängigkeit vom Druck in $K(T,p)$ durch ein Potenzgesetz bestimmt. Um seine Bedeutung klar zu machen, schreiben wir die chemische Reaktion in der Form

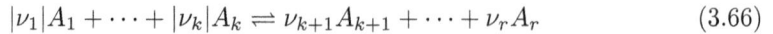

$$|\nu_1|A_1 + \cdots + |\nu_k|A_k \rightleftharpoons \nu_{k+1}A_{k+1} + \cdots + \nu_r A_r \qquad (3.66)$$

an. Die Stoffe auf der linken Seite ($\nu_j < 0$) nennen wir Ausgangssubstanzen, die auf der rechten Seite ($\nu_j > 0$) nennen wir Reaktionsprodukte. Wir erhalten aus Gl. (3.65)

$$\frac{c^{\nu_{k+1}} \cdots c^{\nu_r}}{c_1^{|\nu_1|} \cdots c_k^{|\nu_k|}} \propto p^{-\nu}, \qquad (3.67)$$

wobei wir $\nu = \sum_{j=1}^r \nu_j$ definiert haben. Ist $\nu > 0$, ist das Volumen der Reaktionsprodukte größer als das der Ausgangssubstanzen; in diesem Fall verschiebt Druckverminderung das Gleichgewicht zugunsten der Reaktionsprodukte. Umgekehrt, falls $\nu < 0$ ist, bewirkt Druckerhöhung eine höhere Konzentration der Reaktionsprodukte. Bei $\nu = 0$ hängt das Reaktionsgleichgewicht nicht vom Druck ab. Betrachten wir zum Beispiel die Ammoniaksynthese

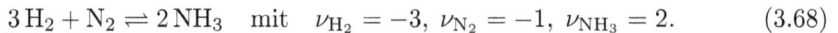

$$3\,H_2 + N_2 \rightleftharpoons 2\,NH_3 \quad \text{mit} \quad \nu_{H_2} = -3,\ \nu_{N_2} = -1,\ \nu_{NH_3} = 2. \qquad (3.68)$$

Hier ist $\nu = -2$. Die industrielle Ammoniaksynthese im Haber-Bosch-Verfahren findet tatsächlich bei Drücken von über 100 bar statt.

Betrachten wir zum Abschluss noch die Temperaturabhängigkeit der Reaktionskonstante. Wendet man auf die Ableitung

$$\frac{d}{dT} \ln K(T) = \frac{1}{kT^2} \sum_j \nu_j \left(\chi_j(T) - T\chi_j'(T)\right) \qquad (3.69)$$

die Gleichungen (2.12), (3.53) und (3.58) an, liefert das

$$\frac{d}{dT} \ln K(T) = \frac{1}{kT^2} \sum_j \nu_j \left(u_j(T) + kT\right) \quad \text{mit} \quad u_j(T) = u_{0j} + \int_{T_0}^{T} dT'\, c_{Vj}(T'), \qquad (3.70)$$

wobei u_j die kalorische Zustandsgleichung für ein Teilchen der Sorte j ist. Die Summe auf der rechten Seite der Gleichung ist aber gerade die Reaktionswärme

$$\Delta h(T) = \sum_j \nu_j u_j(T) + p\Delta V, \qquad (3.71)$$

wobei wir $kT = pV$ verwendet und berücksichtigt haben, dass $\Delta V \equiv \sum_j \nu_j V$ die Volumsänderung bei der Reaktion darstellt. Bei Temperaturerhöhung verringert sich daher für eine exotherme Reaktion ($\Delta h < 0$) die Ausbeute an Reaktionsprodukten, während sich für eine endotherme Reaktion ($\Delta h > 0$) die Ausbeute erhöht. Trotzdem kann man daraus nicht schließen, dass niedrige Temperaturen für die Herstellung eines Stoffes in einer exothermen Reaktion unbedingt günstig sind, weil bei bei Temperaturerniedrigung die Reaktiongeschwindigkeit herabgesetzt wird. Ein typisches Beispiel ist wieder die Ammoniaksynthese, die bei mehreren 100 °C durchgeführt wird, obwohl die Reaktion (3.68) exotherm ist.

3.8 Verdampfung und Verdunstung

Die Dampfdruckkurve:

In diesem Unterkapitel wollen wir die Temperaturabhängigkeit der Dampfdruckkurve $\bar{p}_d(T)$, die wir in Unterkapitel 2.5 schon besprochen haben, genauer studieren. Dazu benötigen wir das chemische Potential $\mu_f(T,P)$ der flüssigen Phase. Um dieses näherungsweise zu bekommen, kann man das Konzept der *idealen Flüssigkeit* [27] einführen, das die Konstanz des Volumens unter Temperatur- und Druckänderung postuliert:

$$\left.\frac{\partial V}{\partial p}\right|_T = 0, \quad \left.\frac{\partial V}{\partial T}\right|_p = 0. \tag{3.72}$$

Aus der zweiten Gleichung folgt eine Konsistenzbedingung für die Wärmekapazität C_p:

$$\left.\frac{\partial C_p}{\partial p}\right|_T = -T\frac{\partial}{\partial p}\frac{\partial^2 G}{\partial T^2} = -T\left.\frac{\partial^2 V}{\partial T^2}\right|_p = 0. \tag{3.73}$$

Also kann C_p/N höchstens von T abhängig sein. Im Weiteren nehmen wir jedoch an, dass C_p überhaupt konstant ist.

Anstelle der freien Energie konzentrieren wir uns auf das chemische Potential, welches die Gleichungen

$$\frac{\partial^2 \mu_f}{\partial T^2} = -\frac{c_{fp}}{T}, \quad \frac{\partial \mu_f}{\partial p} = v_f \quad \text{mit} \quad v_f = \text{konstant} \tag{3.74}$$

erfüllt. Wie früher beziehen sich Kleinbuchstaben auf Größen pro Teilchen und der Index f kennzeichnet die Flüssigkeit, während sich im Folgenden der Index d auf die Dampfphase bezieht. Mit derselben Methode wie in Unterkapitel 3.1, wo wir die freie Energie des van der Waals-Gases berechnet haben, erhalten wir jetzt

$$\mu_f(p,T) = \mu_{f0} - s_{f0}(T-T_0) + c_{fp}\left(T-T_0-T\ln\frac{T}{T_0}\right) + v_f(p-p_0), \tag{3.75}$$

wobei T_0 eine Referenztemperatur und p_0 ein Referenzdruck ist, so dass $\mu_f(T_0,p_0) = \mu_{f0}$ gilt und s_{f0} die Entropie pro Teilchen an diesem Referenzpunkt ist.

Zum Vergleich geben wir mit Hilfe der Gleichungen (3.57) und (3.60) das chemische Potential das Dampfes an:

$$\mu_d(p,T) = \mu_{d0} - s_{d0}(T-T_0) + c_{dp}\left(T-T_0-T\ln\frac{T}{T_0}\right) + kT\ln\frac{p}{p_0}. \tag{3.76}$$

Dabei betrachten wir den Dampf als ideales Gas.

Inwiefern sind die Annahmen in Gl. (3.72) gerechtfertigt? Die Druck- bzw. Temperaturabhängigkeit des Flüssigkeitsvolumens v_f hängt mit der isothermen Kompressibilität κ_{Tf} bzw. mit dem isobaren Ausdehnungskoeffizienten α_f zusammen:

$$v_f(T,p_2) - v_f(T,p_1) = -\int_{p_1}^{p_2} \mathrm{d}p\, v_f\kappa_{Tf}, \quad v_f(T_2,p) - v_f(T_1,p) = \int_{T_1}^{T_2} \mathrm{d}T\, v_f\alpha_f. \tag{3.77}$$

Betrachten wir Wasser als Beispiel. Bei $20\,^\circ\mathrm{C}$ ist $\kappa_{Tf} = 0.50 \times 10^{-4}\,\mathrm{bar}^{-1}$ in einem Druckbereich von $1 \div 25\,\mathrm{bar}$ und $\alpha_f - 2.1 \times 10^{-4}\,\mathrm{K}^{-1}$ bei $p = 1\,\mathrm{atm}$ [26]. Gleichung (3.77) zeigt daher, dass bei Bedingungen, die nicht extrem von Normbedingungen ($p_n = 1.01325\,\mathrm{bar}$, $T_n = 273.15\,\mathrm{K}$) entfernt sind, zumindest für Wasser die Annahme eines konstanten Volumens v_f recht gut erfüllt ist. Eine weitere Beobachtung betrifft den letzten Term im chemischen Potential der Flüssigkeit Gl. (3.75). In einer Flüssigkeit sind die Teilchen dicht gepackt. Nehmen wir z.B. $v_f \sim 30\,\text{Å}^3$, was für Wasser zutrifft, und einen Druck von $1\,\mathrm{bar}$ an, ergibt das Produkt dieser beiden Größen

$$1\,\mathrm{bar} \times 30\,\text{Å}^3 = 3 \times 10^{-24}\,\mathrm{J} = 1.87 \times 10^{-5}\,\mathrm{eV}. \tag{3.78}$$

Das ist eine typische Größenordnung für den letzten Term in μ_f. Andrerseits, da das chemische Potential durch Legendre-Transformation aus der inneren Energie erhalten wird, muss die Energie $-\epsilon_B$, mit der ein Teilchen in der Flüssigkeit gebunden ist, in μ_{f0} stecken. Bei Wasser ist ϵ_B wegen der Wasserstoffbrückenbindungen zwischen den Molekülen relativ groß, etwa von der Größenordnung $0.1\,\mathrm{eV}$. Bei den temperaturabhängigen Termen können wir als Größenordnung $c_{fp}T \sim kT$ annehmen, was bei $T = 300\,\mathrm{K}$ etwa $1/40\,\mathrm{eV}$ ist. Also ist der Term $v_f(p - p_0)$ bei nicht zu hohen Drücken venachlässigbar.

Nach diesen Betrachtungen können wir unter Vernachlässigung des Terms $v_f(p - p_0)$ aus der Bedingung

$$\mu_f(T, \bar{p}_d(T)) = \mu_d(T, \bar{p}_d(T)) \tag{3.79}$$

die Temperaturabhängigkeit der Dampfdruckkurve durch Einsetzen der chemischen Potentiale Gl. (3.75) und Gl. (3.76) in Gl. (3.79) berechnen:

$$\bar{p}_d(T) = p_0 \exp\left\{\frac{1}{kT}\left[-\Delta\mu_0 + \Delta s_0(T - T_0) - \Delta c_p\left(T - T_0 - T\ln\frac{T}{T_0}\right)\right]\right\}. \tag{3.80}$$

Diese Beziehung ist etwas genauer als Gl. (2.72), die wir durch einfache Näherung aus der Clausius-Clapeyronschen Gleichung erhalten haben. In Gl. (3.80) haben wir die Definitionen $\Delta\mu_0 = \mu_{d0} - \mu_{f0}$, etc. verwendet. Weil $-\Delta\mu_0$ umso kleiner ist, je stärker ein Teilchen in der Flüssigkeit gebunden ist, sehen wir, dass bei gegebener Temperatur eine größere Bindungsenergie einen kleineren Dampfdruck bewirkt.

Die Verdampfungswärme:

Die latente Wärme pro Teilchen bei der Verdampfung ist gegeben durch

$$q_v(T) = T\left(s_d(T, \bar{p}_d(T)) - s_f(T, \bar{p}_d(T))\right). \tag{3.81}$$

Mit $s_f = -\partial\mu_f/\partial T|_p$ und $s_d = -\partial\mu_d/\partial T|_p$ erhalten wir die Verdampfungswärme q_v aus den chemischen Potentialen. Das Resultat ist

$$q_v(T) = T\left[\Delta s_0 + \Delta c_p \ln\frac{T}{T_0} - k\ln\frac{\bar{p}_d(T)}{p_0}\right]. \tag{3.82}$$

Einsetzen von $\bar{p}_d$ aus Gl. (3.80) liefert [28]

$$q_v(T) = \Delta\mu_0 + \Delta s_0 T_0 + \Delta c_p(T - T_0). \tag{3.83}$$

Wegen $c_{fp} > c_{dp}$ ist $q_v(T)$ eine mit T fallende Gerade. Da wir die Näherung $v_f \ll v_d$ benützt haben und am kritischen Punkt $v_f = v_d$ gilt, verliert Gl. (3.83) bei $T \to T_c$ ihre Gültigkeit. Allerdings ist Gl. (3.83) für $T \ll T_c$ eine brauchbare Näherung. Z.B. für Wasser fällt die Verdampfungswärme zwischen $0\,°C$ und $160\,°C$ näherungsweise linear [26] von 45.03 auf 37.48 kJ/mol, bzw. von 0.47 auf 0.39 eV pro Teilchen.

Die Verdampfungswärme lässt sich aufspalten in $q_v = \Delta u + \bar{p}_d \Delta v$ mit $\Delta v = v_d - v_f$, wobei Δu die sogenannte Abtrennarbeit und $\bar{p}_d \Delta v$ die Verschiebungsarbeit ist; letztere muss aufgewendet werden, um das Volumen beim Verdampfen gegen den Druck $\bar{p}_d$ zu vergrößern. Die Verschiebungsarbeit ist klein gegenüber der Abtrennarbeit. Betrachten wir wieder Wasser. Als Dampfdruck wählen wir $\bar{p}_d = 1013$ mbar mit der dazugehörigen Siedetemperatur definiert als $\bar{p}_d(T_s) = 1013$ mbar, die in diesem Fall 100 °C ist. Weil 1 mol Wasserdampf bei 100° C ein Volumen von $31.3\,dm^3$/mol hat [26], ist die Aufspaltung in Abtrenn- und Verschiebungsarbeit $q_v(T_s) = (37.6 + 3.0)\,kJ$/mol $= 40.6\,kJ$/mol.

Gleichung (3.83) enthält nur die Temperaturabhängigkeit als Information. Die absolute Größe der Verdampfungswärme lässt sich aus unseren thermodynamischen Überlegungen nicht gewinnen, weil wir in Gl. (3.83) die Konstante Δs_0 nicht kennen. Eine Daumenregel, die sogenannte *Troutonsche Regel* [28], besagt, dass bei der Siedetemperatur und bei Normdruck die Verdampfungswärme pro Teilchen etwa

$$q_v(T_s) \simeq (8 \div 10)\,kT_s \qquad (3.84)$$

ist. Diese Regel lässt sich gut verstehen, wenn man annimmt, dass der Großteil der Entropiezunahme bei der Verdampfung durch die Volumsvergrößerung zustande kommt und dass die Volumsabhängigkeit der Entropie wie beim idealen Gas – siehe Gl. (3.8) mit $b = 0$ – durch $k \ln V$ gegeben ist. Schätzen wir die Volumsvergrößerung ab. Da bei Wasser $v_f \simeq 30\,\text{Å}^3$ gilt, nehmen wir an, dass das im Allgemeinen eine charakteristische Größenordnung für v_f ist. Für das Dampfvolumen pro Teilchen v_d benützen wir die ideale Gasgleichung und erhalten $v_d \sim 4 \times 10^4\,\text{Å}^3$ mit $T_s \sim 300\,K$. Daraus ergibt sich $v_d/v_f \sim 10^3$ und die Entropieänderung durch Volumsänderung ist etwa

$$\Delta s_v = k \ln \frac{v_d}{v_f} \simeq k \ln 10^3 \simeq 7\,k \qquad (3.85)$$

pro Teilchen. Diese Abschätzung ist in ziemlich guter Übereinstimmung mit der Troutonschen Regel.

Helium weicht anscheinend beträchtlich von der Troutonschen Regel ab, da man $q_v|_{\text{He}} \simeq 2.4\,kT_s$ hat. Allerdings ist bei Helium das Volumen v_d sehr klein, weil der Siedepunkt mit $T_s = 4.2\,K$ sehr niedrig ist, und außerdem ist $v_f \simeq 46\,\text{Å}^3$ relativ groß, was zu dem kleinen Verhältnis $v_d/v_f \simeq 10$ führt. Da $\ln 10 \simeq 2.3$ sehr gut mit dem numerischen Faktor in $q_v|_{\text{He}}$ übereinstimmt, lässt sich also auch bei Helium die Verdampfungswärme mit Entropiezunahme durch Volumsvergrößerung erklären.

Bei Wasser ist der numerische Faktor in der Troutonschen Regel etwa 13, also deutlich größer als in Gl. (3.84). Hier kann man keine Volumsargumente für die Abweichung angeben. Allerdings liest man am Vorkommen von $\Delta \mu_0$ in Gl. (3.83) ab, dass für q_v auch die Bindungsenergie der Flüssigkeitsteilchen eine gewisse Rolle spielt. Diese ist bei Wasser durch die Wasserstoffbrückenbindung besonders hoch, daher ist es nicht verwunderlich, dass Gl. (3.84) die Verdampfungswärme zu niedrig einschätzt.

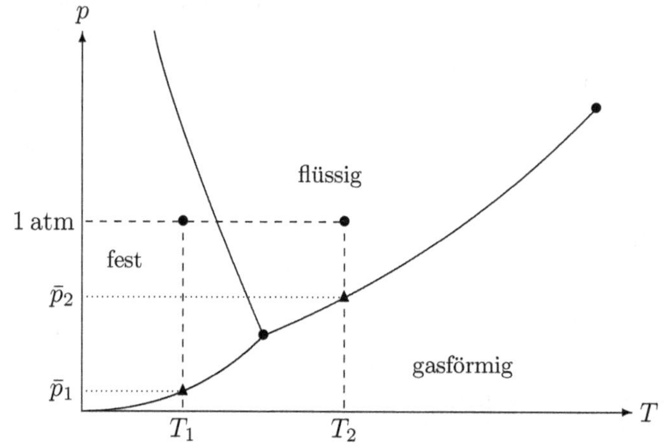

Abbildung 3.3: *Luft im thermischen Gleichgewicht mit Wasserdampf und Wasser bzw. Eis. Bei vorgebenem Gesamtdruck p (in der Abbildung ist p = 1 atm) und vorgegebener Temperatur T_i erhält man den Dampfdruck $\bar{p}_i$, indem man die Senkrechte durch T_i mit der entsprechenden Dampfdruckkurve schneidet.*

Verdunstung:

Den Übergang von Flüssigkeitsmolekülen in die Gasphase bei Anwesenheit weiterer Gase nennt man Verdunstung. Das ist eine häufige Situation, denken wir z.B. an das Verdunsten von Wasser in Luft. Verdunstet eine Flüssigkeit vollständig, um das thermische Gleichgewicht zu erreichen, hat man ein *ungesättigtes* Gas-Dampf-Gemisch. Bei Koexistenz von Dampf und Flüssigkeit nennt man den dazugehörigen Dampfdruck *Sättigungsdruck*; wir bezeichnen ihm mit $\bar{p}_s(T)$. Anstelle von Gl. (3.79) hat man jetzt die Gleichung

$$\mu_f(T, p) = \mu_d(T, \bar{p}_s(T)) \tag{3.86}$$

zur Bestimmung des Sättigungsdrucks, da die Flüssigkeit den Gesamtdruck p, der die Summe von Gasdruck und Sättigungsdruck ist, spürt. Dabei nehmen wir an, dass wir Effekte der Lösung der Gase in der Flüssigkeit vernachlässigen können. Aus der Kleinheit des druckabhängigen Terms in μ_f – siehe Gl. (3.75) – lässt sich schließen, dass der Unterschied zwischen $\bar{p}_s$ und $\bar{p}_d$ sehr klein ist, sofern der Gesamtdruck p nicht zu groß ist. Es macht daher keinen Sinn, die bei der Berechnung von $\bar{p}_d$ verwendeten Näherungen zu benützen, um die Differenz $\bar{p}_s - \bar{p}_d$ zu bekommen, sondern wir müssen von Gl. (3.86) ausgehen, um eine verlässliche Formel zu bekommen. Wir machen den Ansatz

$$\bar{p}_s(T) = \bar{p}_d(T)\,(1 + \varepsilon(T)), \tag{3.87}$$

wobei $\varepsilon(T)$ klein ist, und schreiben Gl. (3.86) um in

$$\mu_f(T, \bar{p}_d + (p - \bar{p}_d)) = \mu_d(T, \bar{p}_d + \bar{p}_d\varepsilon). \tag{3.88}$$

Entwicklung nach den Drücken links und rechts des Gleichheitszeichens ergibt

$$\mu_f(T, \bar{p}_d) + v_f(p - \bar{p}_d) \simeq \mu_d(T, \bar{p}_d) + v_d\bar{p}_d\varepsilon. \tag{3.89}$$

Auf der linken Seite haben wir soeben benützt, dass für die Flüssigkeit im Allgemeinen die Druckabhängigkeit klein ist. Weil für den Dampfdruck $\mu_f = \mu_d$ gilt, erhalten wir $\varepsilon \simeq v_f(p - \bar{p}_d)/(v_d\bar{p}_d)$. Setzen wir noch $v_d\bar{p}_d \simeq kT$, bekommen wir das Resultat

$$\bar{p}_s \simeq \bar{p}_d \left(1 + \frac{v_f(p - \bar{p}_d)}{v_d\bar{p}_d}\right) \simeq \bar{p}_d \left(1 + \frac{v_f(p - \bar{p}_d)}{kT}\right). \tag{3.90}$$

Wie erwartet, ist die Korrektur zu $\bar{p}_s = \bar{p}_d$ klein, wenn der Druck p nicht zu hoch ist. Da bei der Herleitung von Gl. (3.90) $v_f/v_d \ll 1$ wesentlich ist, sollte die Temperatur des Systems genügend weit unterhalb der kritischen Temperatur der verdunstenden Flüssigkeit sein, damit Gl. (3.90) verlässlich ist. Z.B. bei Wasser liegt $(\bar{p}_s - \bar{p}_d)/\bar{p}_d$ für Drücke von $p \sim 1 \div 10$ bar im Promillebereich – siehe [25] – und für die meisten praktischen Zwecke kann man einfach $\bar{p}_s = \bar{p}_d$ setzen. Gibt man sich also für ein gesättigtes Luft-Wasserdampf-Gemisch einen Punkt in der p–T-Ebene vor, wird der Sättigungsdruck durch den Schnitt der Senkrechten durch diesen Punkt mit der Dampfdruckkurve erhalten. In Abb. 3.3 ist diese Situation für eine Temperatur T_2 angedeutet. Über Eis erhält man den Sättigungsdampfdruck analog – siehe Temperatur T_1 in Abb. 3.3, weil die feste Phase genauso wie die flüssige nur eine geringe Kompressibilität hat.

3.9   Übungsaufgaben

1. Leiten Sie die kalorische Zustandsgleichung des van der Waals-Gases unter Verwendung von Gl. (2.18) her.

2. Berechnen Sie $S(T, V, N)$ und $G(T, p, N)$ aus der freien Energie für ein ideales Gas unter der Annahme, dass die Wärmekapazität konstant ist.

3. Diskutieren Sie den Carnot-Kreisprozess in der p-V-Ebene mit einem idealen Gas als Arbeitssubstanz (Skizze!). Dabei sei der Adiabatenexponent $\gamma = C_p/C_V$ konstant und in der p-V-Ebene habe die Ecke mit dem größten Druck die Koordinaten (p_1, V_1), die mit dem kleinsten Druck die Koordinaten (p_3, V_3) $(V_1 < V_3)$. Berechnen Sie die Koordinaten der beiden anderen Ecken, die aus dem Wärmereservoir mit der höheren Temperatur aufgenommene Wärmemenge Q_a und die an das Wärmereservoir mit der tieferen Temperatur abgegebene Wärmemenge Q_b. Überprüfen Sie, dass der Wirkungsgrad tatsächlich maximal ist.

4. Der Zyklus eines Ottomotors kann folgendermaßen approximiert werden:

    1. Adiabatische Kompression von V_1 auf V_2.
    2. Verbrennung des Treibstoff-Luft-Gemisches bei konstantem Volumen.
    3. Adiabatische Expansion von V_2 auf V_1.
    4. Wärmeabgabe bei konstantem Volumen.

    Nehmen Sie an, Sie kennen V_1, T_1, V_2/V_1 und die im Schritt 2 zugeführte Wärmemenge Q_a. Berechnen Sie die Temperaturen an den restlichen drei Ecken des Prozesses, die im Schritt 4 abgegebene Wärmemenge Q_b und den Wirkungsgrad als Funktion von V_2/V_1. Die Arbeitssubstanz sei ein ideales Gas mit konstanter Wärmekapazität C_V und konstantem Adiabatenexponenten γ.

5. Betrachten Sie die freie Expansion von Stickstoff vom Volumen V_1 zum Volumen V_2. Die Anfangsbedingungen seien durch den Normzustand gegeben und der molare Koeffizient a_m aus der van der Waals-Gleichung ist $a_m = 136\,\text{kPa}\,\text{m}^6\,\text{kmol}^{-2}$ für Stickstoff. Berechnen Sie die Temperaturdifferenz zwischen Anfangs- und Endzustand für $V_2/V_1 = 2$.

6. Berechnen Sie die Inversionskurve für den Joule-Thomson-Effekt in der p–T-Ebene und führen Sie eine Kurvendiskussion durch. Verwenden Sie dazu die schon berechnete Inversionskurve in der ρ–T-Ebene und stellen Sie den Inversionsdruck als Funktion von T/T_{inv} dar.

7. Wie hängt die Reaktion $I_2 \rightleftharpoons 2\,I$ vom Druck ab?

8. Betrachten Sie die Reaktion $H_2 + I_2 \rightleftharpoons 2\,HI$ und nehmen Sie an, dass das Reaktionsgefäß ursprünglich N_1 nichtdissoziierte Jodwasserstoffmoleküle und N_2 Wasserstoffmoleküle enthielt. Schreiben Sie das Massenwirkungsgesetz mit dem Verhältnis N_2/N_1 und dem Dissoziationsgrad $\alpha = (N_1 - N_{\text{HI}})/N_1$ an. Wie ändert sich α mit N_2/N_1? Wie hängt die Reaktion vom Druck ab?

9. Betrachten Sie die Dissoziation von Wasser: $2H_2O \rightleftharpoons 2\,H_2 + O_2$. Wie hängt diese Reaktion vom Druck ab? Schreiben Sie das Massenwirkungsgesetz unter Verwendung des Dissoziationsgrades an.

4 Methoden der Statistischen Physik

In diesem Kapitel beschränken wir uns auf die externen Parameter V und N.

4.1 Zustandssummen und thermodynamische Potentiale

Während die mikrokanonische Zustandssumme einen direkten Zusamenhang mit der Entropie hat, ist der Zusammenhang zwischen der kanonischen und großkanonischen Zustandssumme mit thermodynamischen Potentialen noch nicht herausgearbeitet. Das soll hier gemacht werden. Zuerst aber wiederholen wir das Wesentliche des mikrokanonischen Ensembles.

Mikrokanonische Zustandssumme:

Hier ist ein Energieintervall $[U-\Delta U, U]$ vorgegeben. Die Energien E_r der Mikrozustände ψ_r bestimmen eine Indexmenge I durch $E_r \in [U-\Delta U, U]$ und damit die Zustandssumme

$$\Omega(U, V, N) = \sum_{r \in I} 1 \qquad (4.1)$$

und die Entropie

$$S(U, V, N) = k \ln \Omega(U, V, N). \qquad (4.2)$$

Temperatur und innere Energie sind durch Gl. (1.55) gegeben, die Differentiale dS und dU durch Gl. (1.56). Im mikrokanonischen Ensemble ist die Energie U *vorgegeben*. Daneben gibt es aber auch den Erwartungswert des Hamiltonoperators $\widehat{H}$ in diesem Ensemble. Man kann U mit $\langle \widehat{H} \rangle$ vergleichen. Nehmen wir an, dass größenordnungsmäßig $\Omega \propto U^{\alpha N}$ ist ($\alpha \sim 1$), wie wir bei der Abzählung der Zustände in einem Kasten gesehen haben, dann kann man leicht zeigen, dass $U - \langle \widehat{H} \rangle \propto 1/N$ und auch $\Delta \widehat{H} \propto 1/N$ ist. Also ist für makroskopische Systeme U mit $\langle \widehat{H} \rangle$ praktisch identisch.

Kanonische Zustandssumme:

Hier ist die Temperatur vorgegeben und wir summieren über *alle* Energieeigenwerte der Mikrozustände in der Zustandssumme

$$Z(T, V, N) = \sum_r e^{-\beta E_r(V,N)}. \qquad (4.3)$$

Z kann auch als Funktion von $\beta = 1/(kT)$ anstatt T aufgefasst werden. Die innere Energie ist jetzt durch den Erwartungswert von $\widehat{H}$ gegeben, also

$$U \equiv \langle \widehat{H} \rangle \quad \Rightarrow \quad U(T, V, N) = -\frac{\partial}{\partial \beta} \ln Z(\beta, V, N). \tag{4.4}$$

Berechnen wir die Wärmekapazität C_V gemäß Gl. (2.16), erhalten wir

$$C_V(T, V, N) = -\frac{\partial}{\partial T}\frac{\partial}{\partial \beta} \ln Z(\beta, V, N) = \frac{1}{kT^2}\frac{\partial^2}{\partial \beta^2} \ln Z(\beta, V, N)$$

$$= \frac{1}{kT^2}\left\{\frac{1}{Z}\frac{\partial^2}{\partial \beta^2} Z(\beta, V, N) - \left(\frac{1}{Z}\frac{\partial}{\partial \beta}Z(\beta, V, N)\right)^2\right\} \tag{4.5}$$

und damit

$$C_V(T, V, N) = \frac{(\Delta \widehat{H})^2}{kT^2} \quad \text{mit} \quad (\Delta \widehat{H})^2 = \langle \widehat{H}^2 \rangle - \langle \widehat{H} \rangle^2. \tag{4.6}$$

Die Wärmekapazität C_V ist also durch die Schwankung $\Delta\widehat{H}$ des Hamiltonoperators (Energieunschärfe) bestimmt. Weiters haben wir für das Verhältnis von Schwankung $\Delta\widehat{H}$ zu mittlerer Energie

$$\frac{\Delta\widehat{H}}{\langle\widehat{H}\rangle} = \frac{\sqrt{kC_V}}{U} T. \tag{4.7}$$

Mit der plausiblen Annahme $U \propto N$, $C_V \propto N$ folgt aus Gl. (4.7), dass $\Delta\widehat{H}/\langle\widehat{H}\rangle \propto 1/\sqrt{N}$ gilt. Je größer das System ist, desto kleiner ist die relative Energieschwankung. Für ein makroskopisches System ist die Energie praktisch völlig scharf.

Nun stellen wir einen Zusammenhang von Z mit der Entropie im Fall von makroskopischen Systemen her, also von Systemen mit großer Teilchenzahl N und makroskopischem Volumen V bei vorgegebener Teilchendichte $\rho = N/V$. Im Extremfall betrachtet man den Limes $N \to \infty$ und $V \to \infty$ bei konstanter Teilchendichte. Dieser Limes wird *thermodynamischer Limes* genannt [29]. Wir behaupten, dass dieser Zusammenhang gegeben ist durch

$$S = k(\ln Z + \beta U). \tag{4.8}$$

Beweis: Zuerst betrachten wir das Differential

$$d\ln Z = -U d\beta - \beta Z^{-1}\sum_r \frac{\partial E_r}{\partial V} e^{-\beta E_r} dV - \beta Z^{-1}\sum_r \frac{\partial E_r}{\partial N} e^{-\beta E_r} dN. \tag{4.9}$$

Blicken wir zurück auf die Definition der verallgemeinerten Kräfte und auf Gl. (1.56), sehen wir Folgendes:

$$d\ln Z = -U d\beta + \beta\, p\, dV - \beta\mu\, dN \Rightarrow d(\ln Z + \beta U) = \beta(dU + p\, dV - \mu\, dN) = dS/k. \tag{4.10}$$

Der Vergleich mit Gl. (1.57) zeigt, dass Gl. (4.8) bis auf eine Konstante S' mit S übereinstimmt. Wir wollen beweisen, dass $S' = 0$ gilt. Die Energieeigenwerte seien geordnet als $E_0 < E_1 < \cdots$ und haben die Entartungen $g_0, g_1, \ldots$, also

$$Z = g_0 e^{-\beta E_0} + g_1 e^{-\beta E_1} + \ldots \tag{4.11}$$

Im asymptotischen Limes $T \to 0$ gilt daher

$$Z \to g_0 e^{-\beta E_0}, \quad U \to E_0 \quad \text{und} \quad \ln Z + \beta U \to \ln \left(g_0 e^{-\beta E_0} \right) + \beta E_0 = \ln g_0. \quad (4.12)$$

Nach dem 3. Hauptsatz ist aber $\lim_{T \to 0} S = k \ln g_0$ und daher $S' = 0$.

Nun erhalten wir mit $F = U - TS$ and Gl. (4.8) den Zusammenhang von Z mit der freien Energie:

$$F(T, V, N) = -kT \ln Z(T, V, N). \quad (4.13)$$

Ein wichtiger Spezialfall der kanonischen Zustandssumme (4.3) ist der von N nichtwechselwirkenden, ununterscheidbaren Teilchen, die im Mittel soweit voneinander entfernt sind, so dass Spin und Statistik keine Rolle spielen. In diesem Fall gilt

$$Z = \frac{Z_1^N}{N!} \quad \text{und} \quad F = -NkT \left(\ln \frac{Z_1}{N} + 1 \right), \quad (4.14)$$

wobei Z_1 die kanonischen Zustandssumme eines einzelnen Teilchens ist. Für die Herleitung von Gl. (4.14) haben wir die Stirlingsche Formel $\ln N! \simeq N(\ln N - 1)$ benützt. In Gl. (4.14) ist die Abhängigkeit von N vollständig bekannt, damit erhält man das chemische Potential als

$$\mu = -kT \ln \frac{Z_1}{N}. \quad (4.15)$$

Betrachten wir noch den Spezialfall, dass jedes Energieniveau in der kanonischen Zustandssumme denselben *Entartungsgrad* g hat, also $Z = g Z^{(0)}$ ist, wobei in $Z^{(0)}$ jedes Energieniveau nur einmal gezählt wird. Dann liefert der Entartungsgrad den Beitrag $-NkT \ln g$ zu F und daher $-kT \ln g$ zum chemischen Potential, während der Entartungsgrad nicht zur Wärmekapazität beiträgt, da man diese durch die zweite Ableitung von F nach T bekommt – siehe Gl. (2.16). Ein typischer Fall für eine solche Entartung sind Kernspins in Atomen von Molekülen eines idealen Gases; die Anzahl der Spineinstellungen hat keinen Einfluss auf die Wärmekapazitäten, jedoch muss sie sehr wohl in Reaktionsgleichgewichten berücksichtigt werden.

Großkanonische Zustandssumme:

In Abschnitt 1.6.2 haben wir die Zustandssumme

$$Y(\beta, V, \alpha) = \sum_r e^{-\beta E_r - \alpha N_r} \quad (4.16)$$

erhalten. Die Teilchenzahl ist hier nicht fixiert, sondern durch den Erwartungswert N des Teilchenzahloperators $\hat{N}$ gegeben:

$$N = \frac{1}{Y} \sum_r N_r e^{-\beta E_r - \alpha N_r}. \quad (4.17)$$

Wie vorhin gilt

$$U = -\left. \frac{\partial}{\partial \beta} \ln Y \right|_{V, \alpha}. \quad (4.18)$$

In Analogie zur Behandlung der kanonischen Zustandssumme betrachten wir

$$\mathrm{d}\ln Y = \frac{\partial \ln Y}{\partial \beta}\,\mathrm{d}\beta + \frac{\partial \ln Y}{\partial V}\,\mathrm{d}V + \frac{\partial \ln Y}{\partial \alpha}\,\mathrm{d}\alpha = -U\mathrm{d}\beta + \beta p\,\mathrm{d}V - N\,\mathrm{d}\alpha \qquad (4.19)$$

und weiters

$$\mathrm{d}(\ln Y + \beta U + \alpha N) = \beta\,\mathrm{d}U + \beta p\,\mathrm{d}V + \alpha\,\mathrm{d}N. \qquad (4.20)$$

Verwenden wir $\alpha = -\beta\mu$ und vergleichen mit dem Differential der Entropie in Gl. (1.57), erhalten wir das Resultat

$$S = k(\ln Y + \beta U - \beta\mu N). \qquad (4.21)$$

Dabei haben wir benützt, dass das chemische Potential μ die mit N assoziierte verallgemeinerte Kraft ist – siehe Gl. (1.43) – und dass man wie vorher $S' = 0$ zeigen kann. Die großkanonische Zustandssumme ist somit eine Funktion von T, V und dem chemischen Potential μ. Das dazugehörige thermodynamische Potential ist

$$J(T,V,\mu) = -p(T,\mu)V = -kT\ln Y(T,V,\mu). \qquad (4.22)$$

Das sieht man sofort aus $J = U - TS - \mu N = U - kT\,(\ln Y + \beta U - \beta\mu N) - \mu N = -kT\ln Y.$

Durch eine Umordnung der Summation in Y kann man die großkanonische Zustandssumme auf eine Summe über kanonische Zustandssummen zurückführen:

$$Y = \sum_{N=0}^{\infty} e^{\beta\mu N} \sum_{r'} e^{-\beta E_{r'}(V,N)} = \sum_{N=0}^{\infty} e^{\beta\mu N} Z(T,V,N). \qquad (4.23)$$

Übrigens konvergiert diese Summe im Allgemeinen nicht für alle μ, wie wir später explizit sehen werden.

Nun diskutieren wir die Schwankung des Teilchenzahloperators $\hat{N}$. Dieselbe Rechnung wie in Gl. (4.5) liefert uns

$$\frac{\partial^2}{\partial\mu^2}\ln Y = \beta^2(\Delta\hat{N})^2 = -\frac{1}{kT}\frac{\partial^2 J}{\partial\mu^2} = \frac{1}{kT}\left.\frac{\partial N}{\partial\mu}\right|_{T,V}, \qquad (4.24)$$

bzw.

$$(\Delta\hat{N})^2 = kT\left.\frac{\partial N}{\partial\mu}\right|_{T,V} = kT\left(\frac{\partial^2 F}{\partial N^2}\right)^{-1}. \qquad (4.25)$$

Damit haben wir

$$\frac{\Delta\hat{N}}{N} = \frac{1}{N}\sqrt{kT\left(\frac{\partial^2 F}{\partial N^2}\right)^{-1}} \sim \frac{1}{\sqrt{N}}, \quad \text{falls} \quad \frac{\partial^2 F}{\partial N^2} \sim \frac{1}{N}. \qquad (4.26)$$

Letzteres können wir uns anhand des idealen Gases plausibel machen. Dort ist $F = NkT\ln N + \cdots$ (siehe Gl. (3.7) mit $a = 0$, $b = 0$), wobei die Punkte Terme mit linearer Abhängigkeit von N andeuten. Damit ist die zweite Ableitung von F nach N gegeben durch kT/N und $\Delta N/N = 1/\sqrt{N}$. Auch für das van der Waals-Gas kann man Gl. (4.26) verifizieren, wenn man benützt, dass im thermodynamischen Limes in $\frac{\partial^2 F}{\partial N^2}$ das Volumen durch N/ρ ersetzt werden kann.

4.2 Zusammenfassung: Statistik → Thermodynamik

Wir fassen jetzt zusammen, was wir bis jetzt über Statistische Physik und Thermodynamik gelernt haben. Wir haben folgendes Schema:

$$\widehat{H} \xrightarrow{\text{QM}} E_r(V,N) \xrightarrow{\text{FP}} \begin{cases} \Omega(U,V,N) \longrightarrow S(U,V,N), \\ Z(T,V,N) \longrightarrow F(T,V,N), \\ Y(T,V,\mu) \longrightarrow J(T,V,\mu). \end{cases}$$

Am Anfang steht der Hamiltonoperator, am Schluss gewisse thermodynamische Potentiale. Die Pfeile vor diesen Potentialen symbolisieren den thermodynamischen Limes. Die Abkürzung QM steht für Quantenmechanik.

Die Hauptsätze der Thermodynamik folgen aus Energieerhaltung (1. Hauptsatz), FP (2. Hauptsatz) und QM+FP (3. Hauptsatz).

Nun einige wichtige Punkte:

- Mikrokanonisches, kanonisches und großkanonisches Ensemble sind im thermodynamischen Limes *äquivalent*; d.h., erhält man S aus Ω, dann lässt sich daraus U, F, J, etc. ausrechnen. Die so erhaltenen Funktionen F, J sind mit denen, die man aus Z bzw. Y erhält, identisch.

- Für „kleine" N beschreiben die Dichtematrizen ρ_{MK}, ρ_{K}, ρ_{GK} völlig verschieden Zustände.

- Im thermodynamischen Limes beschreibt ρ_{MK} ein abgeschlossenes System im Gleichgewicht. Das ist der Inhalt des FPs.

- Die Dichtematrix ρ_{K} ist für beliebiges N für ein System im Kontakt mit einem Wärmebad richtig.

- Die Dichtematrix ρ_{GK} ist für beliebiges μ für ein System im Kontakt mit einem Wärmebad und einem Teilchenreservoir richtig.

In Tabelle 4.1 wird der Zusammenhang Statistik – Thermodynamik noch einmal dargestellt und Hinweise gegeben, wie man die thermische und die kalorische Zustandsgleichung bekommt.

Die Äquivalenz der Ensembles im thermodynamischen Limes ist näher diskutiert in [10, 13]. Im vorigen Unterkapitel haben wir diese Äquivalenz festgestellt, indem wir mit Hilfe von Z bzw. Y je einen Ausdruck gebildet haben, der mit der Entropie identifiziert werden kann, weil dessen Differential mit dS aus Gl. (1.57) übereinstimmt. Diese Strategie hat uns auch auf den Zusammenhang zwischen F und Z bzw. J und Y geführt. In Abschnitt 4.4.3 werden wir diese Äquivalenz anhand des idealen einatomigen Gases durch expliziten Vergleich der thermodynamischen Potentiale S, F und J illustrieren. Hier wollen wir zum Abschluss noch mit einer direkteren Methode zeigen, dass im thermodynamischen Limes die aus der kanonischen Zustandssumme (4.3) folgende

Tabelle 4.1: *Zusammenhang zwischen Statistik und Thermodynamik.*

Ensemble	mikrokanonisch	kanonisch	großkanonisch
Umgebung des Systems	keine (System abgeschlossen)	Wärmebad	Wärmebad und Teilchenreservoir
Zustandssumme	$\Omega(U,V,N)$	$Z(T,V,N)$	$Y(T,V,\mu)$
thermodynamisches Potential	$S(U,V,N) = k\ln\Omega$	$F(T,V,N) = -kT\ln Z$	$J(T,V,\mu) = -kT\ln Y$
kalorische Zustandsgleichung zu berechnen aus:	$\dfrac{1}{T} = \dfrac{\partial S}{\partial U}$	$U = -\dfrac{\partial}{\partial\beta}\ln Z$ bzw. $U = F - T\dfrac{\partial F}{\partial T}$	$U(T,V,\mu) =$ $-\dfrac{\partial}{\partial\beta}\ln Y + \mu N$ und $N = -\dfrac{\partial J}{\partial\mu}$ bzw. $J \Rightarrow F \Rightarrow U(T,V,N)$
thermische Zustandsgleichung zu berechnen aus:	$\dfrac{p}{T} = \dfrac{\partial S}{\partial V}$ und $U(T,V,N)$	$p = -\dfrac{\partial F}{\partial V}$	$p(T,V,\mu) = -J/V$ und $N(T,V,\mu) = -\dfrac{\partial J}{\partial\mu}$

Entropie (4.8) mit jener definiert in Gl. (1.52) gleich ist. Wie vorhin diskutiert, ist die relative Schwankung der Energie im kanonischen Ensemble sehr klein, wenn das System makroskopisch ist. Wenn wir daher ein Energieintervall der Länge ΔU haben, für das $\Delta \hat{H} \lesssim 10 \, \Delta U \ll U = \langle \hat{H} \rangle$ gilt, so werden zwischen $U - \Delta U/2$ und $U + \Delta U/2$ praktisch alle Energien liegen, die zu Z beitragen. Denn erstens liegen die Energieniveaus sehr dicht und zweitens, wenn wir die Anzahl der Energieniveaus in $E \pm \Delta U/2$ mit $\bar{\Omega}(E)$ bezeichnen, hat die Funktion $\bar{\Omega}(E)e^{-\beta E}$ ein extrem scharfes Maximum bei $E \simeq U$. Als Konsequenz haben wir

$$Z \simeq \bar{\Omega}(U)e^{-\beta U} \;\Rightarrow\; \ln Z + \beta U \simeq \ln \bar{\Omega}(U). \tag{4.27}$$

Wegen $\ln \bar{\Omega}(U) \simeq \ln \Omega(U, V, N)$, wobei $\Omega(U, V, N)$ der Ausdruck aus Gl. (1.52) ist, folgt daraus die obige Behauptung der Gleichheit der Entropien.

4.3 Alternative Herleitung der Ensembles

Wiederholen wir nun die Ensemblewahrscheinlichkeiten:

$$\text{mikrokanonisch:} \quad \rho_r = \frac{1}{\Omega} \quad \text{für } r \in I, \; 0 \text{ sonst,}$$

$$\text{kanonisch:} \quad \rho_r = \frac{e^{-\beta E_r}}{Z},$$

$$\text{großkanonisch:} \quad \rho_r = \frac{e^{-\beta(E_r - \mu N_r)}}{Y}.$$

Die erste Zeile ist wiederum der Inhalt des Fundamentalpostulats, die beiden anderen folgen daraus unter den bekannten Bedingungen.

Auf der Menge der Dichtematrizen lässt sich durch

$$\tilde{S}(\rho) = -k \sum_r \rho_r \ln \rho_r \tag{4.28}$$

ein Funktional definieren, das man *von Neumann-Entropie* nennt. Der Begriff Funktional bedeutet hier einfach Abbildung von der Menge der Dichtematrizen nach $\mathbb{R}$. Wir machen die Beobachtungen

$$\tilde{S}(\rho_{\text{MK}}) = -k \sum_{r \in I} \frac{1}{\Omega} \ln \frac{1}{\Omega} = k \ln \Omega,$$

$$\tilde{S}(\rho_{\text{K}}) = -k \sum_r \frac{e^{-\beta E_r}}{Z} \ln \frac{e^{-\beta E_r}}{Z} = k(\ln Z + \beta \langle \hat{H} \rangle) = k(\ln Z + \beta U),$$

$$\tilde{S}(\rho_{\text{GK}}) = -k \sum_r \frac{e^{-\beta(E_r - \mu N_r)}}{Y} \ln \frac{e^{-\beta(E_r - \mu N_r)}}{Y} = k(\ln Y + \beta \langle \hat{H} \rangle - \beta \mu \langle \hat{N} \rangle)$$

$$= k(\ln Y + \beta U - \beta \mu N), \tag{4.29}$$

welche sich wie folgt zusammenfassen lassen:

> Das Funktional $\tilde{S}$ stimmt auf den Ensembles mit der Entropie überein.

Die Menge der Dichtematrizen ist *konvex*, d.h., haben wir zwei Dichtematrizen ρ_i und zwei positive Zahlen a_i mit $a_1 + a_2 = 1$ gegeben, so ist $\rho = a_1\rho_1 + a_2\rho_2$ wieder eine Dichtematrix, also positiv mit $\mathrm{Sp}\,\rho = 1$. Man kann zeigen, dass $\tilde{S}$ die interessante Eigenschaft der *Konkavität* hat [14, 29], d.h.

$$\tilde{S}(a_1\rho_1 + a_2\rho_2) \geq a_1\tilde{S}(\rho_1) + a_2\tilde{S}(\rho_2). \tag{4.30}$$

Setzt man $\tilde{S}$ mit der Entropie gleich, heißt das, dass Mischen von Zuständen die Entropie niemals kleiner sondern im Allgemeinen größer macht.

Nun wollen wir eine Überlegung anstellen, wie man ein Maß für die Gemischtheit einer Dichtematrix einführen kann. Dabei werden wir wieder auf $\tilde{S}$ geführt werden. Wir nehmen an, dass wir ein Ensemble von M gleichartigen, unterscheidbaren Systemen haben. Dabei seien M_r Systeme im Mikrozustand ψ_r. Wir definieren $M = \sum_r M_r$ und $\rho_r = M_r/M$ und nehmen $M_r \gg 1$ an. Daher ist ρ_r die Wahrscheinlichkeit, das System im Mikrozustand ψ_r zu finden. Dann ist die Anzahl der möglichen Verteilungen der M Systeme auf die Mikrozustände gegeben durch

$$\Gamma = \frac{M!}{M_1!M_2!\cdots}. \tag{4.31}$$

Nehmen wir den Logarithmus dieser Größe und benützen die Stirlingsche Formel, erhalten wir

$$\ln\Gamma = \ln M! - \sum_r \ln M_r! \simeq M(\ln M - 1) - \sum_r M_r(\ln M_r - 1)$$

$$= -M\sum_r \frac{M_r}{M}\ln\frac{M_r}{M} = \frac{M}{k}\tilde{S}(\rho). \tag{4.32}$$

Während M eine (sehr große) willkürliche Zahl ist, sind die Wahrscheinlichkeiten ρ_r für das Ensemble charakteristisch. Also ist $\tilde{S}$ in der Tat ein allgemeines Maß für die Gemischtheit eines Ensembles und damit für die Gemischtheit der entsprechenden Dichtematrix.

Nun wollen wir zeigen, dass das Maximum von $\tilde{S}(\rho)$ mit gewissen Nebenbedingungen [10, 11] genau die gewünschten Ensemblewahrscheinlichkeiten liefert:
Mit den Nebenbedingungen

    i) $\sum_r \rho_r = 1$,

    ii) $\sum_r \rho_r E_r = U$,

    iii) $\sum_r \rho_r N_r = N$

ergibt sich i) $\Rightarrow$ mikrokanonisches Ensemble, i)+ii) $\Rightarrow$ kanonisches Ensemble, i)+ii)+iii) $\Rightarrow$ großkanonisches Ensemble.

Beweis: Die Größen λ_i ($i = 1, 2, 3$) seien Lagrangemultiplikatoren. Nehmen wir nur die erste Nebenbedingung, dann müssen wir das Maximum von $\tilde{S}(\rho)/k - \lambda_1 \sum_{r'} \rho_{r'}$ suchen. Ableitung dieses Ausdrucks nach ρ_r liefert

$$\rho_r = e^{-1-\lambda_1} \equiv \frac{1}{\Omega}.$$

Die Nebenbedingung stellt eine Zusammenhang zwischen λ_1 und Ω her. Als nächstes verwenden wir die erste *und* die zweite Nebenbedingung und suchen daher das Maximum von $\tilde{S}(\rho)/k - \sum_{r'}(\lambda_1 \rho_{r'} + \lambda_2 \rho_{r'} E_{r'})$. Wir erhalten durch Ableitung

$$\ln \rho_r + 1 + \lambda_1 + \lambda_2 E_r = 0 \quad \Rightarrow \quad \rho_r = e^{-1-\lambda_1-\lambda_2 E_r}.$$

Also ergibt sich das kanonische Ensemble mit $\lambda_2 = \beta$ und $Z = \exp(1 + \lambda_1)$. Das Verfahren mit allen drei Nebenbedingungen geht analog.

4.4 Die klassische Näherung

4.4.1 Vorbetrachtungen

Gültigkeitsbereich der klassischen Näherung:

Wir betrachten ein Gas und stellen die Frage, unter welcher Bedingung quantenmechanische Effekte keine Rolle spielen und wir einfach die klassische Hamiltonfunktion anstelle des Hamiltonoperators zur Berechnung der thermodynamischen Potentiale verwenden dürfen. Die quantenmechanischen Unschärferelationen für Orts- und Impulsoperatoren eines Teilchens lauten

$$\Delta X_i \Delta P_j \geq \delta_{ij} \frac{\hbar}{2}. \tag{4.33}$$

Definiert man einen mittleren Abstand $\bar{R}$ zwischen den Gasteilchen und einen mittleren Impuls $\bar{P}$, so wird sich ein Gas klassisch beschreiben lassen, falls die Bedingung

$$\bar{R}\bar{P} \gg \hbar \tag{4.34}$$

erfüllt ist. Denn in diesem Fall hat das Teilchen im Phasenraum soviel Platz, so dass die Unschärferelation keine Einschränkung darstellt. Wir wissen, dass in einem Gas $\bar{P} \sim \sqrt{mkT}$ gilt. Daher lässt sich Bedingung Gl. (4.34) umschreiben in $\bar{R} \gg \hbar/\bar{P} \sim \lambda$, wobei λ die thermische de Broglie-Wellenlänge Gl. (1.66) ist. Hiermit erhalten wir

$$\left(\frac{V}{N}\right)^{1/3} \gg \lambda \tag{4.35}$$

als Bedingung dafür, dass sich ein Gas klassisch behandeln lässt.

Numerisch ist die thermische de Broglie-Wellenlänge sehr klein. Normieren wir sie auf die Masse des Wasserstoffmoleküls und auf eine Temperatur von $300\,\mathrm{K}$, erhalten wir

$$\lambda = 0.71\,\text{Å} \times \sqrt{\frac{m_{\mathrm{H}_2}}{m} \times \frac{300\,\mathrm{K}}{T}}. \tag{4.36}$$

Dies ist zu vergleichen mit einem Volumen von ca. $(33.4\,\text{Å})^3$, das ein Molekül eines idealen Gases bei dieser Temperatur und einem Druck von 1 bar einnimmt. Später werden wir bei der klassischen Virialentwicklung sehen, dass der relevante Entwicklungsparameter durch das Inverse von $V/(N\lambda^3)$ gegeben ist. Mit den obigen Werten von p und T ist diese Größe etwa 10^5 für Wasserstoff und 3×10^6 für Neon. Diese Gase sind also selbst bei relativ tiefen Temperaturen klassisch zu behandeln. Andrerseits gilt für das Elektronengas in einem Metall die Abschätzung $V/(N\lambda^3) \sim 10^{-4}$ und selbst bei Temperaturen viel höher als die Raumtemperatur ist die klassische Näherung ungültig.

Gültigkeit von Integration statt Summation:

Wir betrachten nichtwechselwirkende Teilchen in einem Kasten, also ein einatomiges ideales Gas. Die Energien der Mikrozustände sind in Gl. (1.28) gegeben. Wir fassen die kanonische Zustandssumme ins Auge und wollen uns überlegen, wann wir die Summe über **n** durch ein Integral $\int d^3p$ ersetzen können. Dafür muss erst einmal der Summand $\exp(-\beta E_{\mathbf{n}})$ glatt genug sein. Die Bedingung dafür ist

$$|\exp(-\beta E_{\mathbf{n}+\Delta\mathbf{n}}) - \exp(-\beta E_{\mathbf{n}})| \simeq \left|\Delta n_j \frac{\partial}{\partial n_j} \exp(-\beta E_{\mathbf{n}})\right| \ll \exp(-\beta E_{\mathbf{n}}), \qquad (4.37)$$

bzw.

$$\beta \frac{\hbar^2 \pi^2}{m} \frac{\overline{n_j}}{L_j^2} \ll 1, \qquad (4.38)$$

wobei $\overline{n_j}$ eine mittlere Quantenzahl bedeutet. Da man $\bar{P}_j = \hbar\pi\overline{n_j}/L_j$ als den mittleren Impuls des Teilchens im Kasten auffassen kann und daher $\bar{P}_j \sim \sqrt{mkT}$ gilt, erhält man schließlich die Bedingung

$$\lambda \ll \min L_j. \qquad (4.39)$$

Diese Bedingung ist viel schwächer als die Bedingung Gl. (4.35) und im Allgemeinen auch für Quantengase erfüllt. Gilt die klassische Näherung, dann kann man auf alle Fälle die Summation durch die Integration ersetzen.

Dies bewerkstelligt man durch

$$\sum_{\mathbf{n}} \simeq \int_{n_j \geq 0} d^3n = \int_{p_j \geq 0} d^3p \, \frac{L_1 L_2 L_3}{(\pi\hbar)^3}, \qquad (4.40)$$

was schließlich die Ersetzung

$$\sum_{\mathbf{n}} \to \frac{V}{(2\pi\hbar)^3} \int d^3p \qquad (4.41)$$

ergibt.

4.4.2   Zustandssummen in klassischer Näherung

Wir diskutieren die kanonische Zustandssumme, die sich als

$$Z = \mathrm{Sp}\, e^{-\beta \widehat{H}} \qquad (4.42)$$

schreiben lässt. Wir definieren das betrachtete Volumen wie für die Teilchen in einem Kasten – siehe Gl. (1.27) – und beschränken uns, um die Notation zu vereinfachen, auf ein Teilchen. Da die Spur unabhängig von der ON-Basis ist, können wir eine geeignete wählen. Wir nehmen nicht die von Gl. (1.28) sondern

$$\phi_{\mathbf{n}} = \prod_{j=1}^{3} \frac{1}{\sqrt{L_j}} e^{2\pi i n_j x_j / L_j} = \frac{1}{\sqrt{V}} e^{i \vec{p}_{\mathbf{n}} \cdot \vec{x}/\hbar} \quad \text{mit} \quad \vec{p}_{\mathbf{n}} = 2\pi\hbar \begin{pmatrix} n_1/L_1 \\ n_2/L_2 \\ n_3/L_3 \end{pmatrix}. \tag{4.43}$$

Damit schreiben wir

$$Z = \sum_{\mathbf{n}} \langle \phi_{\mathbf{n}} | e^{-\beta \widehat{H}} \phi_{\mathbf{n}} \rangle = \sum_{\mathbf{n}} \int_{V} \mathrm{d}^3 x \, \phi_{\mathbf{n}}^*(\vec{x}) \left(e^{-\beta \widehat{H}} \phi_{\mathbf{n}} \right)(\vec{x}). \tag{4.44}$$

Formal können wir nun so vorgehen. Wir definieren

$$I_\beta(\vec{x}, \vec{p}_{\mathbf{n}}) = \phi_{\mathbf{n}}^*(\vec{x}) \left(e^{-\beta \widehat{H}} \phi_{\mathbf{n}} \right)(\vec{x}). \tag{4.45}$$

Wegen $V \phi_{\mathbf{n}}(\vec{x}) \phi_{\mathbf{n}}^*(\vec{x}) = 1$ haben wir weiters

$$\frac{\partial I_\beta}{\partial \beta} = -\phi_{\mathbf{n}}^*(\vec{x}) \left(H e^{-\beta \widehat{H}} \phi_{\mathbf{n}} \right)(\vec{x}) = -V \phi_{\mathbf{n}}^*(\vec{x}) \left(\widehat{H}(\phi_{\mathbf{n}} I_\beta) \right)(\vec{x}). \tag{4.46}$$

Mit

$$\widehat{H} = \frac{\vec{P}^2}{2m} + U(\vec{X}) \quad \text{und} \quad \vec{P} = -i\hbar \vec{\nabla} \tag{4.47}$$

erhalten wir

$$\frac{\partial I_\beta}{\partial \beta} = -H_{\mathrm{kl}}(\vec{x}, \vec{p}_{\mathbf{n}}) I_\beta + \frac{i\hbar}{m} \vec{p}_{\mathbf{n}} \cdot \vec{\nabla} I_\beta + \frac{\hbar^2}{2m} \Delta I_\beta, \tag{4.48}$$

wobei der erste Term mit der klassischen Hamiltonfunktion von der Anwendung von $\vec{\nabla}^2$ auf $\phi_{\mathbf{n}}$ stammt. Im *klassischen Limes* ist $\vec{p}_{\mathbf{n}}$ fest bei $\hbar \to 0$, und somit ist

$$I_\beta = e^{-\beta H_{\mathrm{kl}}}. \tag{4.49}$$

Verallgemeinern wir auf N Teilchen und berücksichtigen, dass die Teilchen ununterscheidbar sind, erhalten wir die klassische Näherung

$$Z_{\mathrm{kl}}(T, V, N) = \frac{1}{N!} \int_V \mathrm{d}^3 x_1 \cdots \int_V \mathrm{d}^3 x_N \int \frac{\mathrm{d}^3 p_1}{(2\pi\hbar)^3} \cdots \int \frac{\mathrm{d}^3 p_N}{(2\pi\hbar)^3} e^{-\beta H_{\mathrm{kl}}(\vec{x}_1, \ldots, \vec{x}_N, \vec{p}_1, \ldots, \vec{p}_N)}. \tag{4.50}$$

Für die beiden anderen Zustandssummen ergibt sich

$$Y_{\mathrm{kl}}(T, V, \mu) = \sum_{N=0}^{\infty} e^{\beta \mu N} Z_{\mathrm{kl}}(T, V, N) \tag{4.51}$$

und

$$\Omega_{\mathrm{kl}} = \tag{4.52}$$
$$\frac{1}{N!} \int_V \mathrm{d}^3 x_1 \cdots \int_V \mathrm{d}^3 x_N \int \frac{\mathrm{d}^3 p_1}{(2\pi\hbar)^3} \cdots \int \frac{\mathrm{d}^3 p_N}{(2\pi\hbar)^3} \left[\Theta(U - H_{\mathrm{kl}}) - \Theta(U - \Delta U - H_{\mathrm{kl}}) \right]$$

mit der Heaviside-Funktion Θ.

Man kann sich noch genauer überlegen, welche Näherung man gemacht hat, um von Gl. (4.48) auf Gl. (4.49) zu kommen. Betrachten wir z.B. den zweiten Term auf der rechten Seite von Gl. (4.48). Die Ableitung von I_β nach $\vec{x}$ muss $\vec{\nabla}(e^{-\beta \hat{H}})$ und daher die Ableitung des Potentials enthalten. Daher müssen wir den Term

$$\beta \frac{\hbar}{m} \, \vec{p}_{\mathbf{n}} \cdot \vec{\nabla} U \qquad (4.53)$$

abschätzen. Wenn $\bar{D}$ die typische Distanz ist, in der sich U wesentlich ändert, hat dieser Term relativ zu U den Faktor

$$\frac{\hbar \bar{P}}{mkT\bar{D}} \sim \frac{\hbar}{\bar{D}\bar{P}}. \qquad (4.54)$$

Dieser Faktor muss viel kleiner als eins sein, damit man den zweiten Term in Gl. (4.48) gegenüber U vernachlässigen kann. Geht U näherungsweise nach einem Potenzgesetz, wird in Gl. (4.54) die Länge $\bar{D}$ durch $\bar{R}$ ersetzt, weil die Teilchen im Mittel den Abstand $\bar{R}$ haben; dann ist Gl. (4.54) auf alle Fälle viel kleiner als eins wegen der Bedingung $\hbar/(\bar{R}\bar{P}) \ll 1$ für die klassische Näherung – siehe Gl. (4.34).

Genauso wie wir die klassische Näherung für die kanonische Zustandssumme diskutiert haben, können wir die klassische Näherung für den Erwartungswert eines Operators A behandeln und bekommen

$$\langle A \rangle_K = \mathrm{Sp}\,(A\rho_K) \simeq \qquad (4.55)$$

$$\frac{1}{N!\,Z_{\mathrm{kl}}} \int \frac{\mathrm{d}^3 p_1}{(2\pi\hbar)^3} \cdots \int \frac{\mathrm{d}^3 p_N}{(2\pi\hbar)^3} \, f_{\mathrm{kl}}(\vec{x}_1, \ldots, \vec{x}_N, \vec{p}_1, \ldots, \vec{p}_N) \, e^{-\beta H_{\mathrm{kl}}(\vec{x}_1, \ldots, \vec{x}_N, \vec{p}_1, \ldots, \vec{p}_N)},$$

wobei wir A als Funktion f von Ort und Impuls angenommen haben. In Gl. (4.55) ist f_{kl} dann einfach die entsprechende Funktion im Phasenraum. Nimmt man für f_{kl} Projektoren auf Gebiete $\mathcal{P}$ im Phasenraum, also Funktionen, die den Werte eins annehmen, wenn die Koordinaten aller Teilchen in $\mathcal{P}$ liegen und sonst Null sind, folgert man daraus, dass

$$\frac{e^{-\beta H_{\mathrm{kl}}(\vec{x}_1, \ldots, \vec{x}_N, \vec{p}_1, \ldots, \vec{p}_N)}}{Z_{\mathrm{kl}}} \, \mathrm{d}^3 x_1 \cdots \mathrm{d}^3 x_N \, \frac{\mathrm{d}^3 p_1}{(2\pi\hbar)^3} \cdots \frac{\mathrm{d}^3 p_N}{(2\pi\hbar)^3} \qquad (4.56)$$

die Wahrscheinlichkeitsverteilung im Phasenraum angibt.

4.4.3 Die klassische Näherung am Beispiel des idealen einatomigen Gases

Das einatomige ideale Gas hat nur translatorische Freiheitsgrade, daher ist die kanonische Zustandssumme für N Teilchen gegeben durch

$$Z = \frac{1}{N!} \, Z_{\mathrm{tr}}^N, \qquad (4.57)$$

wobei Z_{tr} die kanonische Zustandssumme für die translatorischen Freiheitsgrade eines Teilchens ist. Wegen $H_{\text{kl}}(\vec{x}, \vec{p}) = \vec{p}^{\,2}/(2m)$ und

$$\frac{1}{(2\pi\hbar)^3} \int d^3p\, e^{-\beta\vec{p}^{\,2}/(2m)} = \frac{1}{\lambda^3} \tag{4.58}$$

erhält man

$$Z_{\text{tr}} = \frac{V}{\lambda^3}. \tag{4.59}$$

mit der thermischen de Broglie-Wellenlänge λ aus Gl. (1.66). Daher ist

$$Z_{\text{kl}} = \frac{1}{N!}\frac{V^N}{\lambda^{3N}}, \tag{4.60}$$

und gemäß Gl. (4.14) ist die freie Energie gegeben durch

$$F(T, V, N) = -NkT\left(\ln\frac{V}{N\lambda^3} + 1\right). \tag{4.61}$$

Mit Gl. (4.51) und dem Resultat Gl. (4.60) kann man die großkanonische Zustandssumme berechnen:

$$Y_{\text{kl}} = \exp\left(\frac{Ve^{\beta\mu}}{\lambda^3}\right), \tag{4.62}$$

und daher ist

$$J(T, V, \mu) = -kT\frac{Ve^{\beta\mu}}{\lambda^3}. \tag{4.63}$$

Die Entropie als Funktion von T, V, N für das einatomige ideale Gas – hergeleitet mit dem mikrokanonischen Ensemble – ist in Gl. (1.67) gegeben. Somit stehen uns die drei thermodynamischen Potentiale, die aus den drei Ensembles folgen, zur Verfügung.

Vergleich der Gesamtheiten:

Wir haben diskutiert, dass im thermodynamischen Limes die Ensembles äquivalent sind. Das können wir jetzt anhand der Resultate für das einatomige ideale Gas testen. Berechnen wir zuerst die thermische Zustandsgleichung aus J. Dazu verwenden wir

$$-\frac{\partial J}{\partial \mu} = N = \frac{Ve^{\beta\mu}}{\lambda^3}. \tag{4.64}$$

Mit $-J = pV(T, \mu)$ erhalten wir daraus $pV = NkT$.

Als nächsten Test betrachten wir die Legendre-Transformation, die uns aus J die freie Energie liefern soll. Aus Gl. (4.64) berechnen wir $\mu = kT\ln(N\lambda^3/V)$ und damit

$$F = J + \mu N - -kT \times N + kT\ln(N\lambda^3/V) \times N, \tag{4.65}$$

was mit F in Gl. (4.61) identisch ist.

Schließlich wollen wir aus dieser freien Energie noch $S(T, V, N)$ berechnen:

$$S(T, V, N) = -\frac{\partial F}{\partial T} = Nk\left(\ln\frac{V}{N\lambda^3} + 1\right) - 3NkT \times \frac{1}{\lambda}\frac{\mathrm{d}\lambda}{\mathrm{d}T}. \tag{4.66}$$

Wegen

$$\frac{\mathrm{d}\lambda}{\mathrm{d}T} = -\frac{\lambda}{2T} \tag{4.67}$$

erhalten wir schlussendlich $S = Nk\left[\ln\left(V/(N\lambda^3)\right) + 5/2\right]$, also Gl. (1.67), welche mit dem mikrokanonischen Ensemble berechnet wurde.

4.5 Übungsaufgaben

1. Ein System $\mathcal{A}$ sei im Kontakt mit einem Wärmebad und einem Volumsreservoir. Zeigen Sie, dass das Schwankungsquadrat des Volumens durch

$$(\Delta V)^2 = -kT\left.\frac{\partial \bar{V}}{\partial p}\right|_T$$

   gegeben ist, wobei $\bar{V}$ den Erwartungswert des Volumens von $\mathcal{A}$ bezeichnet. Verwenden Sie dazu die Zustandssumme X aus Beispiel 9.

2. Berechnen Sie die relative Schwankung $\Delta V/\bar{V}$ für ein ideales Gas.

3. Es sei ρ eine Dichtematrix auf einem n-dimensionalen Raum ($n < \infty$). Zeigen Sie, dass dann $\tilde{S}(\rho) \leq k\ln n$ gilt.

4. Zeigen Sie, dass

$$\rho = \frac{1}{2}\left(|\uparrow\rangle\langle\uparrow| + |\downarrow\rangle\langle\downarrow|\right) + \frac{1}{3}\left(|\uparrow\rangle\langle\downarrow| + |\downarrow\rangle\langle\uparrow|\right)$$

   eine Dichtematrix im Spinraum ist und berechnen Sie $\tilde{S}(\rho)$.

5. Bestimmen Sie für Teilchen in einem quaderförmigen Volumen mit Kantenlänge L eine charakteristische Temperatur T_0, so dass $T_0 \ll T$ die Bedingung ist für die Gültigkeit von Integration statt Summation. Schätzen Sie T_0 für Wasserstoff und $L = 1\,\mathrm{cm}$ ab.

6. Verwenden Sie das großkanonischen Potential für ein einatomiges ideales Gas und berechnen Sie damit Entropie, Energie und Druck als Funktion von T, V und μ. Rechnen Sie weiters $S(T, V, \mu)$ in $S(T, V, N)$ um.

5 Systeme von Teilchen ohne Wechselwirkung

5.1 Die Maxwellsche Geschwindigkeitsverteilung

Als erste Anwendung der kanonischen Zustandssumme wollen wir die Geschwindig-keitsverteilung eines idealen Gases berechnen. Dazu genügt die klassische Näherung. Wir greifen ein Teilchen heraus. Die anderen Teilchen bilden das Wärmebad. Weil die Translationsfreiheitsgrade unabhängig von den inneren Freiheitsgraden sind, hat die kanonische Zustandssumme die Form

$$Z = Z_{\text{tr}} Z_{\text{inn}}. \tag{5.1}$$

Die Koordinaten $\vec{x}$, $\vec{p}$ beziehen sich auf den Schwerpunkt des Teilchens. Die Bewegung des Schwerpunkts, also die Translationen, werden klassisch behandelt mit der Hamiltonfunktion

$$H_{\text{kl}}(\vec{x}, \vec{p}) = \frac{\vec{p}^2}{2m} + U(\vec{x}). \tag{5.2}$$

Dabei kann U irgendein äußeres Potential sein. Gemäß Gl. (4.56) ist die Wahrscheinlichkeit, das Teilchen im Phasenraumvolumen $\mathrm{d}^3x\, \mathrm{d}^3p$ um $(\vec{x}, \vec{p})$ zu finden, gegeben durch

$$\frac{e^{-\beta H_{\text{kl}}}}{Z_{\text{tr}} Z_U} \frac{\mathrm{d}^3x\, \mathrm{d}^3p}{(2\pi\hbar)^3} \quad \text{mit} \quad Z_U = \int_{\mathcal{V}} \mathrm{d}^3x\, e^{-\beta U(\vec{x})} \tag{5.3}$$

und Z_{tr} aus Gl. (4.59).

Weil die Hamiltonfunktion die Summe aus kinetischer und potentieller Energie ist, ist die Wahrscheinlichkeitsverteilung im Phasenraum das Produkt aus den Wahrscheinlichkeiten für Impuls und Ort. Daher gibt Gl. (5.3) an jedem Ort $\vec{x}$ die Wahrscheinlichkeitsverteilung im Impulsraum als

$$(2\pi m kT)^{-3/2}\, e^{-\beta \vec{p}^2/(2m)} \mathrm{d}^3p. \tag{5.4}$$

Wir schreiben diese Verteilung auf eine Verteilung für die Geschwindigkeit um und berücksichtigen, dass diese nur von v, dem Betrag der Geschwindigkeit abhängt. So erhalten wir die *Maxwell-Verteilung*

$$f_M(v) = 4\pi \left(\frac{m}{2\pi kT}\right)^{3/2} v^2 \exp\left(-\frac{mv^2}{2kT}\right) \quad \text{mit} \quad \int_0^\infty \mathrm{d}v\, f_M(v) = 1. \tag{5.5}$$

Wegen Gl. (5.1) gilt diese Geschwindigkeitsverteilung für beliebige Gase, unabhängig von den inneren Freiheitsgraden der Gasmoleküle.

Das mittlere Gechwindigkeitsquadrat berechnen wir zu

$$\int_0^\infty \mathrm{d}v\, v^2 f_M(v) = \frac{3kT}{m}. \tag{5.6}$$

Dieses Resultat stimmt mit Gl. (1.63) und Gl. (3.45) überein. Wir können zum Vergleich das Maximum von f_M angeben. Es liegt bei

$$v_{\mathrm{max}}^2 = \frac{2kT}{m}. \tag{5.7}$$

Machen wir eine Überschlagsrechnung für Luft. Die Massen der O_2 und N_2-Moleküle sind etwa 30 GeV$/c_l^2$, wobei c_l die Lichtgeschwindigkeit ist. Für Raumtemperatur mit $kT \simeq (1/40)\,\mathrm{eV}$ ergibt sich

$$v_{\mathrm{max}}(\mathrm{Luft}) \sim 400\,\mathrm{m/s}. \tag{5.8}$$

5.2   Die barometrische Höhenformel

Nun diskutieren wir den Einfluss des Schwerefelds auf Dichte- und Druckverteilung eines idealen Gases. Wir gehen aus von einem Gasmolekül mit der Hamiltonfunktion

$$H_{\mathrm{kl}}(\vec{x}, \vec{p}) = \frac{\vec{p}^2}{2m} + mgz, \tag{5.9}$$

wobei g die Erdbeschleunigung und z die Höhe ist. Nach der Logik des vorigen Unterkapitels ist die Wahrscheinlichkeit, ein Gasmolekül zwischen z und $z + \mathrm{d}z$ vorzufinden proportional zu $\exp(-\beta mgz)$. Damit erhalten wir eine Formel für die Teilchendichte:

$$\rho(z) = \rho(0) \exp\left(-\frac{mgz}{kT}\right). \tag{5.10}$$

Die ideale Gasgleichung in der Form $p = kT\rho$ liefert die *barometrische Höhenformel*

$$p(z) = p(0) \exp\left(-\frac{mgz}{kT}\right). \tag{5.11}$$

Allerdings haben wir hier thermisches Gleichgewicht durch alle Höhenschichten angenommen, was natürlich für die Atmosphäre nicht richtig ist.

Die Temperatur in der Atmosphäre nimmt mit der Höhe ab, jedoch ist die Abnahme nicht drastisch, denn von der Erdoberfläche bis zur Tropopause ist sie etwa 20% in der absoluten Temperatur. Man kann daher in Gl. (5.11) eine mittlere Temperatur verwenden, was zu

$$p(z) \simeq p(0) \exp\left(-\frac{z}{h_s}\right) \tag{5.12}$$

führt mit einer Skalenhöhe $h_s \simeq 8\,\mathrm{km}$ [24]. Diese Formel stimmt ganz gut für die ganze Troposphäre.

5.3 Der Gleichverteilungssatz

Wir betrachten die klassische Beschreibung eines Moleküls bestehend aus n Atomen. Die dazugehörige Hamiltonfunktion sei $H_{kl}(q_1, \ldots, q_{3n}, p_1, \ldots, p_{3n})$, wobei die q_i, p_i verallgemeinerte Koordinaten im Sinn der Hamiltonschen Theorie sind. Für jeden Index i lässt sich der Erwartungswert

$$\left\langle p_i \frac{\partial H_{kl}}{\partial p_i} \right\rangle = \frac{1}{Z_{kl}(2\pi\hbar)^{3n}} \int dq_1 \cdots dq_{3n} \int dp_1 \cdots dp_{3n} \, p_i \frac{\partial H_{kl}}{\partial p_i} e^{-\beta H_{kl}}$$

$$= -\frac{kT}{Z_{kl}(2\pi\hbar)^{3n}} \int dq_1 \cdots dq_{3n} \int dp_1 \cdots dp_{3n} \, p_i \frac{\partial}{\partial p_i} e^{-\beta H_{kl}} \quad (5.13)$$

durch partielle Integration umformen, falls

$$p_i \, e^{-\beta H_{kl}} \Big|_{p_i = \pm\infty} = 0 \qquad (5.14)$$

gilt. Für Impulse sollte diese Bedingung erfüllt sein. Das Resultat der partiellen Integration, zusammen mit dem Analogon für q_i, ist der *Gleichverteilungssatz*:

$$\left\langle p_i \frac{\partial H_{kl}}{\partial p_i} \right\rangle = kT, \quad \left\langle q_i \frac{\partial H_{kl}}{\partial q_i} \right\rangle = kT \quad \forall \, i = 1, \ldots, 3n. \qquad (5.15)$$

Im zweiten Teil dieser Gleichung haben wir allerdings auch für q_i angenommen, dass

$$q_i \, e^{-\beta H_{kl}} \Big|_{q_i \text{ am Rand}} = 0 \qquad (5.16)$$

für das betrachtete Gebiet $\mathcal{V}$ gilt, zumindest in ausreichender Näherung. Das werden wir am Ende dieses Unterkapitels bestätigen. Der Gleichverteilungssatz erlaubt die klassische Berechnung der Wärmekapazitäten von Gasen und Festkörpern. Diese Berechnung werden wir im Folgenden durchführen.

Einatomiges Gas:
In dem Fall ist $H_{kl} = \vec{p}^2/(2m)$ und daher

$$\sum_{i=1}^{3} p_i \frac{\partial H_{kl}}{\partial p_i} = 2 \, H_{kl}. \qquad (5.17)$$

Mit Gl. (5.15) erhalten wir $\langle H_{kl} \rangle = 3kT/2$ und damit eine Wärmekapazität von $c_V = 3k/2$ pro Teilchen.

Zweiatomiges Gas:
Die beiden Atome haben die Massen m_1 und m_2. Wir definieren die reduzierte Masse, die Schwerpunktskoordinaten und die Relativkoordinaten:

$$\mu = \frac{m_1 m_2}{m_1 + m_2}, \quad \vec{x} = \frac{m_1 \vec{x}_1 + m_2 \vec{x}_2}{m_1 + m_2}, \quad \vec{\xi} = \vec{x}_1 - \vec{x}_2. \qquad (5.18)$$

Die Koordinaten $\vec{x}_1$, $\vec{x}_2$ sind die Koordinaten der Atomkerne. Mit der Abkürzung $M = m_1 + m_2$ erhalten wir

$$\vec{x}_1 = \vec{x} + \frac{m_2}{M}\,\vec{\xi}, \quad \vec{x}_2 = \vec{x} - \frac{m_1}{M}\,\vec{\xi}. \tag{5.19}$$

Wir nehmen an, dass das Potential V zwischen den beiden Kernen nur vom Abstand abhängt. Um H_{kl} zu berechnen, gehen wir aus von der Lagrangefunktion

$$L = \frac{1}{2}\,m_1\big(\dot{\vec{x}}_1\big)^2 + \frac{1}{2}\,m_2\big(\dot{\vec{x}}_2\big)^2 - V(|\vec{x}_1 - \vec{x}_2|) = \frac{1}{2}\,M\big(\dot{\vec{x}}\big)^2 + \frac{1}{2}\,\mu\big(\dot{\vec{\xi}}\big)^2 - V(|\vec{\xi}|). \tag{5.20}$$

Das Potential V habe ein Minimum beim Abstand R_0. Wir machen die Näherung der kleinen Schwingungen und entwickeln V in

$$V = V(R_0) + \frac{1}{2}V''(R_0)\left(|\vec{\xi}| - R_0\right)^2 + \cdots \tag{5.21}$$

Nun betrachten wir nur Rotationen und Schwingungen des Moleküls. Zu diesem Zweck identifizieren wir den Koordinatennullpunkt mit dem Molekülschwerpunkt und der Winkel ϑ sei der Winkel zwischen z-Achse und der Verbindungslinie zwischen den beiden Atomkernen. Mit $\zeta \equiv |\vec{\xi}| - R_0$ können wir $\vec{\xi}$ darstellen als

$$\vec{\xi} = (R_0 + \zeta)\begin{pmatrix} \cos\phi\sin\vartheta \\ \sin\phi\sin\vartheta \\ \cos\vartheta \end{pmatrix}, \tag{5.22}$$

woraus

$$\big(\dot{\vec{\xi}}\big)^2 = \dot{\zeta}^2 + (R_0 + \zeta)^2\sin^2\vartheta\,\dot{\phi}^2 + (R_0 + \zeta)^2\,\dot{\vartheta}^2 \tag{5.23}$$

folgt. Weil wir kleine Schwingungen betrachten, nehmen wir $|\zeta| \ll R_0$ an und vernachlässigen ζ in der kinetischen Energie, und in der Entwicklung Gl. (5.21) brechen wir nach dem quadratischen Term ab. Wir führen das Trägheitsmoment Θ des Moleküls und die Oszillatorfrequenz ω ein:

$$\Theta = \mu R_0^2, \quad V''(R_0) = \mu\omega^2. \tag{5.24}$$

Somit erhalten wir die genäherte Lagrangefunktion

$$L' = \frac{1}{2}\,M\big(\dot{\vec{x}}\big)^2 + \frac{1}{2}\,\mu\dot{\zeta}^2 + \frac{1}{2}\,\Theta\left(\sin^2\vartheta\,\dot{\phi}^2 + \dot{\vartheta}^2\right) - \frac{1}{2}\mu\omega^2\zeta^2. \tag{5.25}$$

Mit den verallgemeinerten Impulsen

$$\vec{p} = M\dot{\vec{x}}, \quad p_\zeta = \mu\dot{\zeta}, \quad p_\phi = \Theta\sin^2\vartheta\dot{\phi}, \quad p_\vartheta = \Theta\dot{\vartheta} \tag{5.26}$$

finden wir schließlich die gewünschte Hamiltonfunktion

$$H_{kl} = \frac{\vec{p}^2}{2M} + \frac{p_\zeta^2}{2\mu} + \frac{p_\phi^2}{2\Theta\sin^2\vartheta} + \frac{p_\vartheta^2}{2\Theta} + \frac{1}{2}\mu\omega^2\zeta^2. \tag{5.27}$$

Tabelle 5.1: *Zusammenfassung der Anzahl der Freiheitsgrade eines Moleküls gemäß dem Gleichverteilungssatz.*

	f_t	f_r	f_v	f
einatomig	3	0	0	3
linear $(n \geq 2)$	3	2	$3n - 5$	$6n - 5$
nichtlinear $(n \geq 3)$	3	3	$3n - 6$	$6n - 6$

Jetzt können wir den Zusammenhang mit Gl. (5.15) herstellen durch

$$\left(\sum_{i=1}^{3} p_i \frac{\partial}{\partial p_i} + p_\zeta \frac{\partial}{\partial p_\zeta} + p_\vartheta \frac{\partial}{\partial p_\vartheta} + p_\phi \frac{\partial}{\partial p_\phi} + \zeta \frac{\partial}{\partial \zeta} \right) H_{\mathrm{kl}} = 2 \, H_{\mathrm{kl}}. \tag{5.28}$$

Das liefert das Resultat

$$\langle H_{\mathrm{kl}} \rangle = \frac{7}{2} kT, \tag{5.29}$$

weil in Gl. (5.27) sieben quadratische Variable vorkommen.

n-atomiges Gas:
Die Rechnung für das zweiatomige Gas lässt sich sofort auf ein n-atomiges verallgemeinern, wenn wir wieder in der Näherung der kleinen Schwingungen rechnen. Wir setzen

$$f = f_t + f_r + 2f_v, \tag{5.30}$$

wobei die Anzahl der Translationsfreiheitsgrade f_t, die sich auf die Schwerpunktsbewegung bezieht, immer drei ist. Bei den Rotationsfreiheitsgraden f_r müssen wir zwischen einem linearen und einem nichtlinearen Molekül unterscheiden. Im linearen Fall ist $f_r = 2$, im nichtlinearen gibt es drei unabhängige Rotationsfreiheitsgrade, also $f_r = 3$. Nach dem Gleichverteilungsatz trägt jeder dieser Freiheitsgrade $\frac{1}{2}kT$ zur mittleren Energie des Moleküls bei, da Translationen und Rotationen keine Änderungen der relativen Positionen der Atome beinhalten und daher der zweite Teil von Gl. (5.15) nicht wirksam ist. Die Anzahl der Koordinaten f_v, die für die Schwingungen übrig bleiben, ist $3n - f_t - f_r$. Pro Schwingungsfreiheitsgrad sind nun beide Teile von Gl. (5.15) wirksam, d.h., wir haben kT pro Schwingungsfreiheitsgrad. Diese Überlegungen sind in Tabelle 5.1 zusammengefasst. Dabei ist f die effektive Anzahl der Freiheitsgrade, die mittlere Energie ist also

$$\langle H_{\mathrm{kl}} \rangle = \frac{1}{2} f kT \tag{5.31}$$

in unserer klassischen Betrachtung.

Widersprüche zum Gleichverteilungssatz:
Gemäß dem Gleichverteilungssatz sollten zweiatomige Gase die Wärmekapazität $C_V = 7Nk/2$ haben. Tatsächlich wird im Allgemeinen $C_V = 5Nk/2$ gemessen (z.B. bei Wasserstoff, Stickstoff, Sauerstoff, HCl, etc.). Weiters können wir aus dem Gleichverteilungssatz die *Regel von Dulong–Petit* herleiten. Wir fassen einen Kristall als großes Molekül

bestehend aus N Atomen auf. Wegen $N \gg 6$ muss der Kristall die Wärmekapazität $3Nk$ haben. Das ist tatsächlich meistens gut erfüllt bei Temperaturen wie der Raumtemperatur und darüber, jedoch gibt es davon auch signifikante Abweichungen, z.B. bei Diamant. Die Widersprüche zum Gleichverteilungssatz, der aus der klassischen Physik folgt, werden durch die Quantenmechanik gelöst. In den nächsten Unterkapiteln werden wir die Wärmekapazität von idealen Gasen und Festkörpern mit Hilfe der Quantenmechanik diskutieren und dabei die Grenzen der klassischen Physik sehen.

Betrachtung zur Bedingung Gl. (5.16):

Wie wir gesehen haben, ist für Gl. (5.16) das Potential eines harmonischen Oszillators $U(q) = m\omega^2 q^2 / 2$ relevant. Wir wollen herleiten, dass Gl. (5.16) für „große" Auslenkungen von Molekülschwingungen für alle praktischen Zwecke erfüllt ist. Wir nehmen dabei folgende typische Werte an:

$$\hbar\omega \sim 0.1 \,\text{eV}, \quad q_{max} \sim 10^{-10} \,\text{m}, \quad \mu \gtrsim 0.5 \,\text{GeV}/c_l^2.$$

Der erste Wert ist dem Experiment entnommen, q_{max} kann sicher nicht größer als der typische Atomabstand sein, ohne dass das Molekül zerfällt, und die reduzierte Masse muss mindestens so groß wie die des H_2-Moleküls sein. Damit bekommen wir

$$\frac{\mu\omega^2 q_{max}^2}{2} = \frac{\mu c_l^2}{2} \left(\frac{\hbar\omega \, q_{max}}{\hbar c_l} \right)^2 \gtrsim \frac{10}{16} \,\text{eV},$$

wobei wir $\hbar c_l \simeq 200 \,\text{MeV fm}$ benützt haben. Bei Raumtemperatur mit $\beta \simeq 40 \,\text{eV}^{-1}$ erhalten wir daher

$$e^{-\beta U}\big|_{q_{max}} \lesssim e^{-25}.$$

Also ist Gl. (5.16) erfüllt und die Verletzung des Gleichverteilungssatzes kann nicht auf einen Randterm in der partiellen Integration von q_i zurückgeführt werden.

5.4   Das zweiatomige ideale Gas

Vorbetrachtungen:

Im Gegensatz zum vorigen Unterkapitel führen wir nun eine quantenmechanische Beschreibung der Schwingungs- und Rotationsfreiheitsgrade durch und diskutieren deren Einfluss auf die Wärmekapazität. Wir stellen ein paar allgemeine Überlegungen an den Anfang. Ein ideales Gas hat per Definition keine Wechselwirkung zwischen den Molekülen. Wir nehmen zusätzlich an, dass sich die Freiheitsgrade des zweiatomigen idealen Gases, Translationen (tr), Vibrationen (vib) und Rotationen (rot), gegenseitig nicht beeinflussen. Daher haben wir die Form der kanonischen Zustandssumme

$$Z = \frac{1}{N!} \left(Z_{tr} Z_{vib} Z_{rot} \right)^N. \tag{5.32}$$

Damit ist die kalorische Zustandsgleichung durch die Summe

$$U = U_{tr} + U_{vib} + U_{rot} \tag{5.33}$$

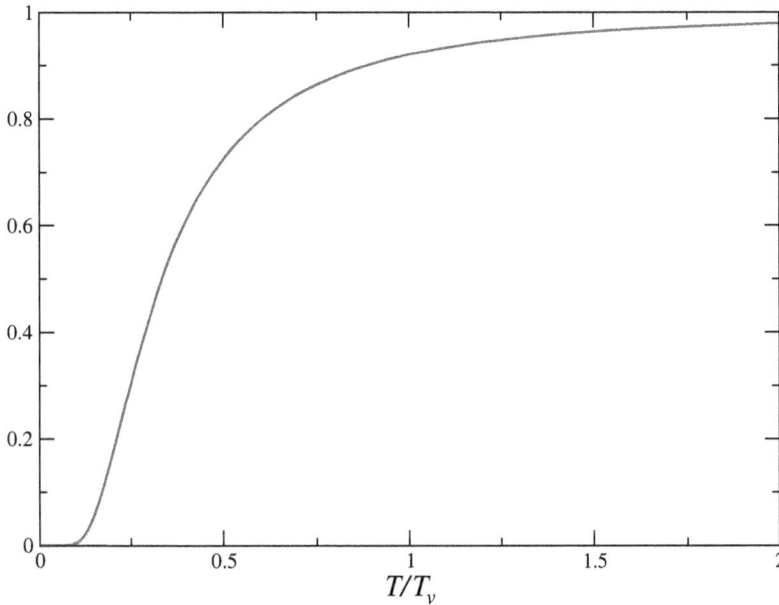

Abbildung 5.1: $C_{\text{vib}}/(Nk)$ als Funktion von T/T_v.

gegeben und die Wärmekapazität, die wir in diesem Unterkapitel ausrechnen wollen, hat ebenfalls drei Beiträge:

$$C_V = C_{\text{tr}} + C_{\text{vib}} + C_{\text{rot}}. \tag{5.34}$$

Wir haben früher – siehe Gl. (1.63) – hergeleitet, dass $U_{\text{tr}} = \frac{3}{2}NkT$ gilt. Damit haben wir

$$C_{\text{tr}} = \frac{3}{2}\,Nk. \tag{5.35}$$

Nur für die mit den Translationen verbundene Wärmekapazität ist es von Belang, dass wir C_V und nicht C_p berechnen.

Vibrationen:

Wir nähern das Potential zwischen den zwei Atomkernen durch das Potential eines harmonischen Oszillators an. Das ist richtig für nicht zu große Auslenkungen. Wir haben damit die Energiewerte

$$E_n = \hbar\omega\left(n + \frac{1}{2}\right)\quad (n = 0, 1, \ldots) \tag{5.36}$$

und

$$Z_{\text{vib}} = \sum_{n=0}^{\infty} e^{-\beta E_n} = \frac{e^{-\beta \hbar \omega / 2}}{1 - e^{-\beta \hbar \omega}}. \tag{5.37}$$

Diese Formel liefert mit Hilfe von Gl. (4.4)

$$U_{\text{vib}}(T) = N \hbar \omega \left(\frac{1}{2} + \frac{1}{e^{\hbar \omega / (kT)} - 1} \right). \tag{5.38}$$

Schließlich erhalten wir das gewünschte Ergebnis

$$C_{\text{vib}} = N k \left(\frac{T_v}{T} \right)^2 \frac{e^{T_v / T}}{\left(e^{T_v / T} - 1 \right)^2} \quad \text{mit} \quad T_v = \hbar \omega / k. \tag{5.39}$$

Für $T \gg T_v$ ist $C_{\text{vib}} \simeq Nk$ und der klassische Gleichverteilungssatz gilt. Aber für $T \ll T_v$ haben wir

$$C_{\text{vib}} \simeq N k \left(\frac{T_v}{T} \right)^2 e^{-T_v / T}, \tag{5.40}$$

d.h., für tiefe Temperaturen sind die Schwingungen „eingefroren". Dieser quantenmechanische Effekt ist in Abb. 5.1 illustriert. Bei $T = T_v$ ist $C_{\text{vib}} / (Nk) \simeq 0.92$.

Rotationen:

Zur exakten quantenmechanischen Beschreibung der Rotationen eines Moleküls benötigt man den quantenmechanischen Kreisel – siehe z.B. [30]. Hier genügt es plausibel zu argumentieren, um auf die gewünschten Energieeigenwerte und Entartungen zu kommen. Wir haben ein raumfestes xyz-Koordinatensystem und ein körperfestes $\xi\eta\zeta$-System. Letzteres hat den Nullpunkt im Schwerpunkt des Moleküls und die ζ-Achse ist durch die Symmetrieachse des zweiatomigen Moleküls gegeben. Der Hamiltonoperator bezüglich Rotationen ist daher

$$H_{\text{rot}} = \frac{L_\xi^2}{2\Theta} + \frac{L_\eta^2}{2\Theta} + \frac{L_\zeta^2}{2\Theta_\zeta} = \frac{\vec{L}^2}{2\Theta} + \frac{1}{2} \left(\frac{1}{\Theta_\zeta} - \frac{1}{\Theta} \right) L_\zeta^2, \tag{5.41}$$

wobei L_ξ, etc. die Drehimpulskomponenten im körperfesten Koordinatensystem sind, Θ das Trägheitsmoment orthogonal zur Symmetrieachse und Θ_ζ das Trägheitsmoment um die Symmetrieachse ist. Der Satz von Drehimpulsoperatoren

$$\vec{L}^2 = L_x^2 + L_y^2 + L_z^2 = L_\xi^2 + L_\eta^2 + L_\zeta^2, \quad L_z, \quad L_\zeta \tag{5.42}$$

kommutiert miteinander. Dass $[L_z, L_\zeta] = 0$ gilt, ist plausibel, da die Rotation eines Körpers um die z-Achse von der um die ζ-Achse unabhängig ist. Wegen $\Theta_\zeta \ll \Theta$ sind Rotationen um die ζ-Achse sehr energiereich und in guter Näherung kann der Eigenwert von L_ζ als Null angenommen werden. Andererseits hängt H_{rot} gar nicht von den Eigenwerten von L_z ab, d.h., bei gegebener Bahndrehimpulsquantenzahl ℓ von

$\vec{L}^2$ hat der Eigenwert $\hbar^2\ell(\ell+1)/(2\Theta)$ von H_{rot} eine $(2\ell+1)$-fache Entartung. Damit kommen wir zur kanonischen Zustandssumme

$$Z_{\text{rot}} = \sum_{\ell=0}^{\infty}(2\ell+1)e^{-\beta E_\ell} \quad \text{mit} \quad E_\ell = \frac{\hbar^2\ell(\ell+1)}{2\Theta}. \tag{5.43}$$

Für diese Zustandssumme kann keine geschlossene Formel in elementaren Funktionen angegeben werden. Jedoch kann man Aussagen über Z_{rot} gewinnen, indem man die Eulersche Summenformel benützt.

Theorem 5

Eulersche Summenformel:

$$\sum_{\ell=\ell_0}^{\ell_1} f(\ell) = \int_{\ell_0}^{\ell_1} d\ell f(\ell) + \frac{f(\ell_0)+f(\ell_1)}{2} - \frac{f'(\ell_0)-f'(\ell_1)}{12} + \frac{f'''(\ell_0)-f'''(\ell_1)}{720} \pm \cdots$$

In unserem Fall ist

$$f(\ell) = (2\ell+1)\exp\left(-\frac{T_r\ell(\ell+1)}{2T}\right), \tag{5.44}$$

wobei die *Rotationstemperatur* T_r gegeben ist durch

$$T_r = \frac{\hbar^2}{\Theta k}. \tag{5.45}$$

Theorem 5 erlaubt, für hohe Temperaturen, also $T \gg T_r$, eine Näherung für Z_{rot} zu erhalten. Der Integralterm in der Eulerschen Summenformel mit $\ell_0 = 0$ und $\ell_1 = \infty$ ergibt

$$\int_0^{\infty} d\ell(2\ell+1)\exp\left(-\frac{T_r\ell(\ell+1)}{2T}\right) = \frac{2T}{T_r}. \tag{5.46}$$

Es stellt sich heraus, dass man bis zur dritten Ableitung von $f(\ell)$ gehen muss, um die Zustandssumme vollständig bis zur Ordnung T_r/T zu erhalten. Erst die vierte Ableitung enthält $(T_r/T)^2$ und höhere Potenzen. Das Ergebnis dieser Rechnung ist [11, 31]

$$Z_{\text{rot}} = \frac{2T}{T_r} + \frac{1}{3} + \frac{T_r}{30T} + \cdots, \tag{5.47}$$

bzw.

$$\ln Z_{\text{rot}} = \ln\frac{2T}{T_r} + \frac{1}{6}\frac{T_r}{T} + \frac{1}{360}\left(\frac{T_r}{T}\right)^2 + \cdots \tag{5.48}$$

Die Punkte in der letzten Gleichung stehen für Terme der Ordnung $(T_r/T)^3$ und höhere Potenzen.

Mit

$$U_{\text{rot}}(T,N) = NkT^2\frac{\partial}{\partial T}\ln Z_{\text{rot}} \tag{5.49}$$

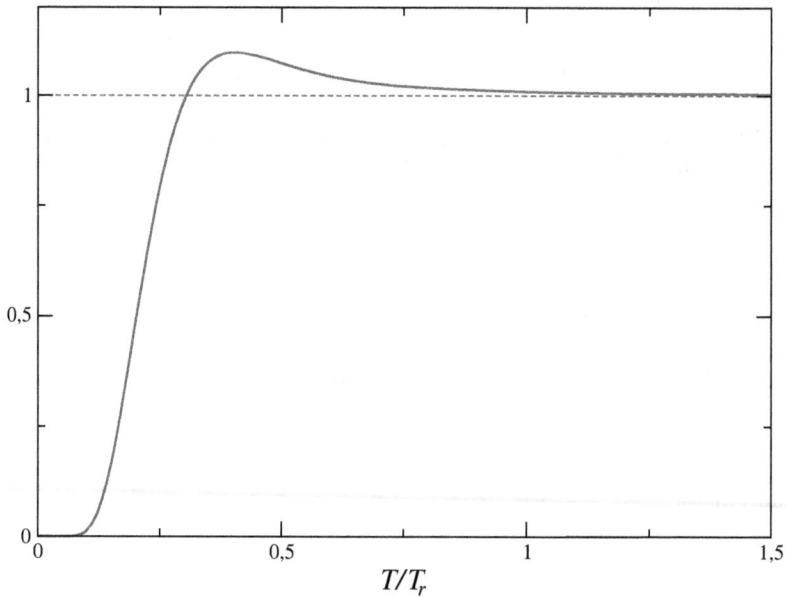

Abbildung 5.2: $C_{\rm rot}/(Nk)$ *als Funktion von* T/T_r.

erhalten wir das Ergebnis der Näherung im Limes hoher Temperaturen:

$$U_{\rm rot}(T, N) = Nk \left(T - \frac{1}{6} T_r - \frac{1}{180} \frac{T_r^2}{T} + \cdots \right), \tag{5.50}$$

$$C_{\rm rot}(T, N) = Nk \left(1 + \frac{1}{180} \frac{T_r^2}{T^2} + \cdots \right). \tag{5.51}$$

Wir lesen ab, dass für $T \gg T_r$ der klassische Gleichverteilungssatz gilt. Interessanterweise nähert sich $C_{\rm rot}/(Nk)$ von *oben* dem Grenzwert eins – siehe Abb. 5.2.

Im Limes $T \ll T_r$, erhalten wir

$$Z_{\rm rot} \simeq 1 + 3\, e^{-T_r/T} + \cdots \tag{5.52}$$

und damit

$$U_{\rm rot}(T, N) \simeq 3NkT_r\, e^{-T_r/T}, \tag{5.53}$$

$$C_{\rm rot}(T, N) \simeq 3Nk \left(\frac{T_r}{T} \right)^2 e^{-T_r/T}. \tag{5.54}$$

Also sind die Rotationen für $T \ll T_r$ eingefroren.

Numerisch lässt sich $C_{\text{rot}}/(Nk)$ leicht berechen. Diese Funktion ist in Abb. 5.2 angegeben. Man sieht, dass sie über eins hinausschießt, bevor sie asymptotisch von oben gegen eins geht. Das Maximum der Funktion ist bei $T \simeq 0.40\, T_r$, wo die Funktion etwa 1.098 ist, also um fast 10% über eins hinausschießt. Die Temperatur, wo die Rotationsfreiheitsgrade voll angeregt sind, ist daher eher $T_r/2$ als T_r.

Das Verhältnis von T_v zu T_r:
Der Grundzustand des harmonischen Oszillators ist gegeben durch die Wellenfunktion

$$\psi(x) = \frac{1}{\sqrt{x_0\sqrt{\pi}}} \exp\left(-\frac{1}{2}\left(\frac{x}{x_0}\right)^2 \right) \quad \text{mit} \quad x_0 = \sqrt{\frac{\hbar}{\mu\omega}}. \tag{5.55}$$

Die Größe x_0 ist die charakteristische Länge, die die Breite der Wellenfunktion wiedergibt. Damit kann T_v ausgedrückt werden als

$$T_v = \frac{\hbar^2}{k\mu x_0^2}, \tag{5.56}$$

was zum Verhältnis

$$\frac{T_v}{T_r} = \left(\frac{R_0}{x_0}\right)^2 \tag{5.57}$$

führt. Da x_0 von der Größenordnung der Auslenkung der Schwingung ist, muss $x_0 \ll R_0$ und daher $T_v \gg T_r$ gelten.

Schematisch lässt sich der Verlauf der Wärmekapazität eines zweiatomigen idealen Gases bei Temperaturerhöhung so angeben:

$$\frac{3}{2} \xrightarrow{T_r} \frac{5}{2} \xrightarrow{T_v} \frac{7}{2} \xrightarrow{T_{\text{diss}}} 3. \tag{5.58}$$

Dabei ist T_{diss} die typische Temperatur, bei der das Molekül dissoziiert. In der Realität ist der Anstieg von $3/2$ auf $5/2$ nur bei Wasserstoff und seinen Isotopen zu sehen, da der Siedepunkt jedes anderen zweiatomigen Gases über T_r liegt; denn T_r ist proportional zu $1/\Theta$, was sehr kleine Rotationstemperaturen für größere Massenzahlen bedingt. Das bedeutet, dass – abgesehen von Wasserstoff – nach dem Verdampfen des Gases sofort die Rotationsfreiheitsgrade angeregt sind.

Wir führen einige Gase mit ihren Temperaturen T_r und T_v an [12]: HCl mit $T_v = 4227$ K, $T_r/2 = 15.0$ K, NO mit 2719 bzw. 2.5, CO mit 3103 bzw. 2.8, Cl_2 mit 808 bzw. 0.35 und N_2 mit 3374 bzw. 2.9. Man sieht, dass T_v außerordentlich hoch ist, hingegen T_r sehr niedrig. Also ist die Wärmekapaziät eines zweiatomigen Gases bei „normalen" Temperaturen ($T_r \ll T \ll T_v$) durch $5/2$ gegeben.

Die Behandlung der Rotationen, die wir hier durchgeführt haben, ist, genau genommen, nur für zweiatomige Gase mit *verschiedenen* Atomen anwendbar. Da der Siedepunkt eines jeden Stoffes außer Wasserstoff weit über T_r liegt und das Molekül aus zwei verschiedenen Atomen bestehen soll, ist die Kurve in Abb. 5.2 nur für ein einziges Molekül relevant, nämlich HD, wobei D für Deuterium steht. Der Fall mit identischen Atomen wird im nächsten Unterkapitel anhand vom H_2-Molekül behandelt. Der volle Verlauf des Schemas in Gl. (5.58) gilt jedoch für alle Moleküle, die aus Wasserstoffisotopen zusammengesetzt sind. Für andere Gase fängt das Schema erst bei $5/2$ an.

5.5   Ortho- und Parawasserstoff

Bei identischen Atomen muss in der Diskussion von C_{rot} das Pauli-Prinzip berücksichtigt werden, was interessante Effekte ergibt. Da aber, wie vorher erwähnt, nur bei Wasserstoff und seinen Isotopen das Einfrieren der Rotationsfreiheitsgrade beobachtet werden kann, beschränken wir hier die Diskussion auf H_2.

Das H_2-Molekül besteht aus zwei Protonen und zwei Elektronen. Im Grundzustand haben die Elektronen zusammen Spin 0 und Bahndrehimpuls Null. Da elektronische Anregungsenergien von der Größenordnung eV sind ($1\,\text{eV} \,\hat{=}\, 11600\,\text{K}$), können wir elektronische Anregungen als eingefroren betrachten.

Die beiden Protonspins können allerdings Gesamtspin $s = 0$ oder $s = 1$ und damit folgende Spinzustände haben:

$$\text{Para-}H_2: \quad \frac{1}{\sqrt{2}}\left(\uparrow\downarrow - \downarrow\uparrow\right), \tag{5.59}$$

$$\text{Ortho-}H_2: \quad \begin{cases} & \uparrow\uparrow \\ \frac{1}{\sqrt{2}}\left(\uparrow\downarrow + \downarrow\uparrow\right). \\ & \downarrow\downarrow \end{cases} \tag{5.60}$$

Da das Potential zwischen den beiden Protonen nur vom Abstand R abhängt, ist ihr relativer Bahndrehimpuls erhalten und die Protonwellenfunktion in den Relativkoordinaten $\vec{\xi}$ hat einen wohldefinierten Bahndrehimpuls ℓ. Damit ist der Winkelteil der Protonwellenfunktion gegeben durch die Kugelflächenfunktionen $Y_{\ell m}(\theta, \phi)$. Die Koordinaten R, θ und ϕ sind die zu $\vec{\xi}$ gehörigen Kugelkoordinaten. Wegen

$$\vec{\xi} \to -\vec{\xi} \ \Rightarrow\ \theta \to \pi - \theta,\ \phi \to \phi + \pi \ \Rightarrow\ Y_{\ell m}(\theta, \phi) \to (-1)^{\ell} Y_{\ell m}(\theta, \phi), \tag{5.61}$$

bekommt die Gesamtwellenfunktion der Protonen unter Vertauschung der Orts- und Spinargumente das Vorzeichen

$$(-1)^{s+\ell+1}. \tag{5.62}$$

Da Protonen Fermionen sind, kommen wir damit zu folgendem Schluss:

$$\text{Para-}H_2: \quad s = 0,\ \ell = 0,\, 2,\, 4,\, \ldots,$$
$$\text{Ortho-}H_2: \quad s = 1,\ \ell = 1,\, 3,\, 5,\, \ldots.$$

Nun können wir Z_{rot} hinschreiben als [11, 31]

$$Z_{\text{rot}} = Z_{\text{para}} + 3\, Z_{\text{ortho}} \tag{5.63}$$

mit

$$Z_{\text{para}} = \sum_{\ell=0,2,\ldots} (2\ell + 1) \exp\left(-\frac{T_r \ell(\ell+1)}{2T}\right), \tag{5.64}$$

$$Z_{\text{ortho}} = \sum_{\ell=1,3,\ldots} (2\ell + 1) \exp\left(-\frac{T_r \ell(\ell+1)}{2T}\right), \tag{5.65}$$

wobei wir in Gl. (5.63) die drei Spineinstellungen für ortho-H_2 berücksichtigt haben. Damit erhalten wir das Verhältnis der Dichten von Ortho- zu Paramodifikation im Gleichgewicht als

$$\eta(T) = 3\frac{Z_{\text{ortho}}(T)}{Z_{\text{para}}(T)} \simeq \begin{cases} 3 & (T \gg T_r), \\ 9\,e^{-T_r/T} & (T \ll T_r). \end{cases} \tag{5.66}$$

Die obere Relation folgt aus Gl. (5.46), die auch für para- und ortho-H_2 angewendet werden kann, wenn man die rechte Seite durch 2 dividiert:

$$Z_{\text{para}}(T) \simeq Z_{\text{ortho}}(T) \simeq \frac{T}{T_r}. \tag{5.67}$$

Die untere Relation folgt aus der Betrachtung der dominanten Terme in den beiden Zustandssummen.

Definieren wir

$$U_{\text{para}} = -N\frac{\partial}{\partial\beta}\ln Z_{\text{para}}, \quad U_{\text{ortho}} = -N\frac{\partial}{\partial\beta}\ln Z_{\text{ortho}}, \tag{5.68}$$

erhalten wir mit Gl. (4.4)

$$U_{\text{rot}}(T,N) = -N\frac{\partial}{\partial\beta}\ln(Z_{\text{para}} + 3\,Z_{\text{ortho}})$$

$$= \frac{1}{1+\eta(T)}U_{\text{para}}(T,N) + \frac{\eta(T)}{1+\eta(T)}U_{\text{ortho}}(T,N). \tag{5.69}$$

Wir drücken damit die Wärmekapazität aus als

$$C_{\text{rot}}(T,N) = \frac{1}{1+\eta(T)}C_{\text{para}}(T,N) + \frac{\eta(T)}{1+\eta(T)}C_{\text{ortho}}(T,N) + \tag{5.70}$$

$$\left(\frac{d}{dT}\frac{1}{1+\eta(T)}\right)U_{\text{para}}(T,N) + \left(\frac{d}{dT}\frac{\eta(T)}{1+\eta(T)}\right)U_{\text{ortho}}(T,N) \tag{5.71}$$

mit

$$C_{\text{para}} = \frac{\partial U_{\text{para}}}{\partial T}, \quad C_{\text{ortho}} = \frac{\partial U_{\text{ortho}}}{\partial T}. \tag{5.72}$$

Die Aufteilung von C_{rot} in Gl. (5.70) und Gl. (5.71) macht Sinn für H_2, weil die Relaxationszeit τ_r, in der Para- und Orthomodifikation miteinander ins Gleichgewicht kommen, viel größer als die Zeit ist, in der die beiden Modifikationen für sich ins thermische Gleichgewicht kommen. Tatsächlich ist bei Normaldruck, wenn keine besonderen Vorkehrungen getroffen werden, τ_r von der Größenordnung von Jahren. Lagert man daher Wasserstoff sehr lang bei der Temperatur T_0 und führt dann Temperaturänderungen in Zeiträumen viel kleiner als τ_r durch, trägt die Zeile Gl. (5.71) nicht zu C_{rot} bei. In dieser Situation misst man daher die Wärmekapazität

$$C_{\text{rot}}(T,T_0,N) = \frac{1}{1+\eta(T_0)}C_{\text{para}}(T,N) + \frac{\eta(T_0)}{1+\eta(T_0)}C_{\text{ortho}}(T,N). \tag{5.73}$$

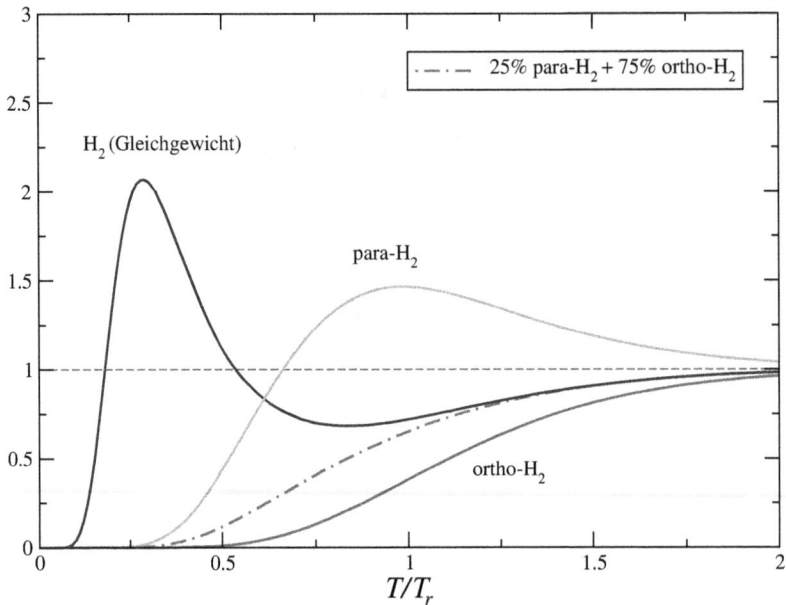

Abbildung 5.3: $C_{\mathrm{rot}}/(Nk)$ *als Funktion von* T/T_r. *Die Kurven bezeichnet mit para-*H_2 *und ortho-*H_2 *beziehen sich auf reinen Para- bzw. Orthowasserstoff. Bei der mit* H_2 *(Gleichgewicht) bezeichneten Kurve wird angenommen, dass zwischen den Para- und Orthomodifikationen thermisches Gleichgewicht herrscht, während bei der strichpunktierten Kurve angenommen wird, dass kein Wärmeaustausch zwischen den Modifikationen stattfindet.*

Ist insbesondere $T_0 \ll T_r$, misst man $C_{\mathrm{rot}}(T, T_0, N) \simeq C_{\mathrm{para}}(T, N)$. Ist $T_0 \gg T_r$, hat man 25% Para- und 75% Orthowasserstoff. Daher ist bei hohen Temperatur wegen Gl. (5.67) $C_{\mathrm{rot}} \simeq C_{\mathrm{para}} \simeq C_{\mathrm{ortho}} \simeq Nk$. Die Wärmekapazitäten C_{para}, C_{ortho} und $0.25\, C_{\mathrm{para}} + 0.75\, C_{\mathrm{ortho}}$ sind in Abb. 5.3 dargestellt. Für H_2 ist $T_r/2 = 85.3\,\mathrm{K}$ und $T_v = 6215\,\mathrm{K}$. Die Rotationstemperatur liegt weit über dem Siedepunkt $T_s = 20.35\,\mathrm{K}$. Durch Katalysatoren (Aktivkohle) kann man die Relaxation ins Gleichgewicht zwischen Para- und Orthomodifkation beschleunigen. In dem Fall sieht man die in Abb. 5.3 mit „Gleichgewicht" bezeichnete Kurve, welche ein ausgeprägtes Maximum bei $T \simeq 0.29\, T_r$ hat. Siehe auch die Diskussion in [32].

Die Diskussion für T_2 (T = Tritium) ist völlig analog zu der für H_2, da Tritium Spin 1/2 hat. Anders ist die Situation für D_2, weil Deuterium ein Boson mit Spin 1 ist. Wie aus den Theoremen der Drehimpulsaddition hervorgeht, kann der Gesamtspin der Deuteriumkerne $s = 0$, 1 oder 2 sein, wobei die Spinwellenfunktion unter Vertauschung der Kerne gerade ist für $s = 0$, 2 und ungerade für $s = 1$. Daher hat man 6 Spinzustände pro geradem Bahndrehimpuls und 3 Spinzustände pro ungeradem Bahndrehimpuls.

5.6 Wärmekapazität eines Systems mit zwei Energieniveaus

Bisher haben wir in diesem Kapitel Systeme mit unendlich vielen Energieniveaus betrachtet. Nun nehmen wir im Gegensatz dazu an, dass wir ein System mit nur zwei Niveaus ϵ_1 und ϵ_2 mit $\Delta\epsilon = \epsilon_2 - \epsilon_1 > 0$ haben, deren Entartungsgrad g_1 bzw. g_2 sei. Damit ist die kanonische Zustandssumme einfach

$$Z_{2\epsilon} = g_1 e^{-\beta\epsilon_1} + g_2 e^{-\beta\epsilon_2}. \tag{5.74}$$

Die dazugehörige Wärmekapazität ist dann durch [31]

$$c_{2\epsilon}(T) = k\left(\frac{\Delta\epsilon}{kT}\right)^2 \frac{g_1 g_2 e^{-\beta\Delta\epsilon}}{(g_1 + g_2 e^{-\beta\Delta\epsilon})^2} \tag{5.75}$$

gegeben. Es ist leicht zu sehen, dass

$$\lim_{T\to 0} c_{2\epsilon}(T) = \lim_{T\to\infty} c_{2\epsilon}(T) = 0 \tag{5.76}$$

gilt. Also ist $c_{2\epsilon}(T) \simeq 0$ sowohl für $kT \ll \Delta\epsilon$ als auch für $kT \gg \Delta\epsilon$, und nur in einem Bereich $kT \sim \Delta\epsilon$ von Null verschieden. Eine weitere Eigenschaft von Gl. (5.75) ist, dass die Wärmekapazität für $g_1 = g_2$ nicht von der Entartung abhängt, wie schon in Unterkapitel 4.1 besprochen. Man kann nachrechnen, dass Gl. (5.76) immer gilt, wenn man nur eine endliche Zahl von Energieniveaus in der Zustandssumme hat.

Tatsächlich treten Systeme mit zwei Energieniveaus in der Natur auf, z.B. bei Stickstoffmonoxid. Beim NO-Molekül ist die Projektion des Bahndrehimpulses auf die Verbindungslinie der beiden Atome im Grundzustand gleich $1\,\hbar$. Weil das NO-Molekül ein Radikal ist, also ein ungepaartes Elektron hat, ist die Projektion des Gesamtdrehimpulses auf die Verbindungslinie entweder $\hbar/2$ oder $3\hbar/2$ ($^2\Pi_{1/2}$ bzw. $^2\Pi_{3/2}$-Zustände). Der Energieunterschied $\Delta\epsilon$ zwischen den beiden elektronischen Zuständen ist $0.015\,\text{eV}$, entspricht der Feinstruktur und ist weit kleiner als die Energien üblicher elektronischer Anregungen, die wir bei der Diskussion zweiatomiger Moleküle vernachlässigen. Da die Gesamtdrehimpulse zwei mögliche Richtungen auf der Verbindungslinie haben, ist $g_1 = g_2 = 2$. Für eine Diskussion des NO-Moleküls verweisen wir z.B. auf [33]. Da das NO-Molekül natürlich auch die Translations- und Rotationsfreiheitsgrade besitzt, ist die kanonische Zustandssumme durch

$$Z = \frac{1}{N!}\left(Z_{2\epsilon} Z_{\text{tr}} Z_{\text{rot}}\right)^N \tag{5.77}$$

gegeben, und die Wärmekapazität bei Temperaturen, wo die Schwingungen noch nicht angeregt sind, ist daher

$$\frac{C_V}{Nk} = \frac{c_{2\epsilon}}{k} + \frac{5}{2}. \tag{5.78}$$

Z.B. bei $T = 300\,\text{K}$ ist $C_V/(Nk)$ um 0.077 größer als $5/2$. Das Maximum von $c_{2\epsilon}/k$ liegt bei etwa $73\,\text{K}$ und ist relativ weit unterhalb von $T_e = \Delta\epsilon/k$, ja sogar unterhalb des Siedepunkts von Stickstoffmonoxid.

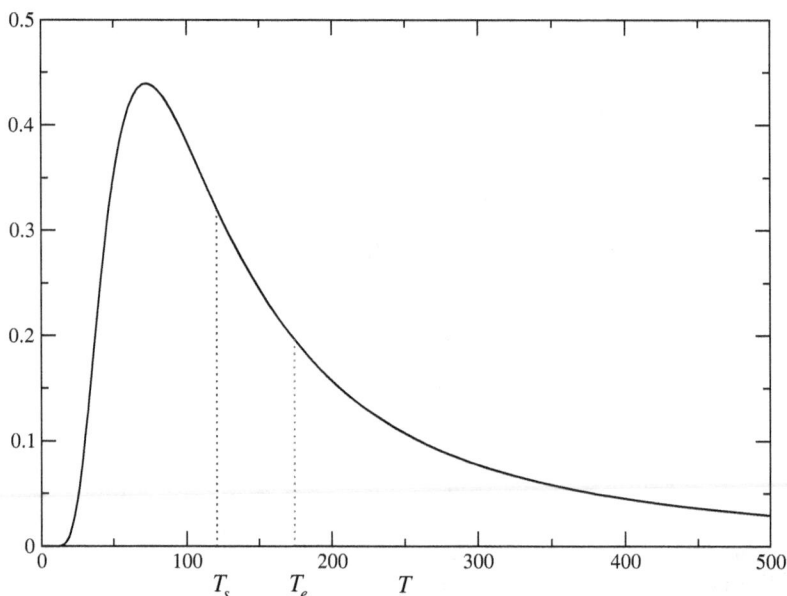

Abbildung 5.4: *Die Wärmekapazität $c_{2\epsilon}/k$ als Funktion von T. Für $T_e = \Delta\epsilon/k$ wurde der für Stickstoffmonoxid relevante Wert $T_e = 174\,\mathrm{K}$ eingesetzt. Unterhalb des NO-Siedepunkts $T_s = 121\,\mathrm{K}$ macht die Kurve für das NO-Gas keinen Sinn, ist jedoch relevant für die allgemeine Form von $c_{2\epsilon}$.*

Der in Abb. 5.4 dargestellte *Zwei-Level-Effekt* für die Wärmekapazität ist auch bei den Rotationen des Wasserstoffmoleküls bemerkbar, denn die Spitze der $c_{2\epsilon}$-Kurve ist umso schmäler, je größer das Verhältnis der Entartungsgrade ist [31]; auf dem Hintergrund von unendlich vielen Energieniveaus kann dadurch ein lokales Maximum erzeugt werden. Solche lokalen Maxima treten in C_{para} bei para-H_2 und in C_{rot} beim Gleichgewicht zwischen Para- und Orthowasserstoff auf, wie in Abb. 5.3 ersichtlich ist. Bei Parawasserstoff ist das Verhältnis der Entartungsgrade zwischen $\ell = 0$ und $\ell = 2$ gleich 5, was für ein lokales Maximum ausreicht; bei Orthowasserstoff hingegen beginnt man mit $\ell = 1$ und $\ell = 3$ und einem Verhältnis von $7/3$, was kein Maximum produziert. Wesentlich ausgeprägter ist das Maximum im Fall von Ortho- und Parawasserstoff im Gleichgewicht, wo der Entartungsgrad von 1 bei $\ell = 0$ auf 9 bei $\ell = 1$ (drei Spineinstellungen mal drei Bahndrehimpulseinstellungen) hinaufgeht und bei $\ell = 2$ wieder auf 3 zurückfällt.

5.7   Verdünnte Lösungen

5.7.1   Die freie Enthalpie von verdünnten Lösungen

In einem Lösungsmittel bestehend aus N Molekülen einer Sorte seien N_c Moleküle eines anderen Stoffes gelöst. Wir betrachten eine Lösung als verdünnt, wenn wir die Konzentration c des gelösten Stoffes durch $c = N_c/(N + N_c) \simeq N_c/N$ annähern und die gegenseitige Wechselwirkung der Moleküle des gelösten Stoffes vernachlässigen können. In diesem Sinn ist eine verdünnte Lösung ein System von Teilchen ohne Wechselwirkung. Die Wechselwirkung des gelösten Stoffes mit dem Lösungsmittel dürfen wir natürlich nicht vernachlässigen; wir werden sie berücksichtigen, ohne sie näher festzulegen. Auf diese Weise werden wir gewisse universelle Eigenschaften von verdünnten Lösungen beschreiben können.

Vorderhand nehmen wir auch an, dass der gelöste Stoff nicht dissoziiert ist. Ein gutes Beispiel wäre eine Zuckerlösung in Wasser. Das Ziel dieses Abschnitts ist es, die Abhängigkeit der freien Enthalpie $G(T, p, N, N_c)$ von N und N_c zu bestimmen und daraus Aussagen über die chemischen Potentiale des Lösungsmittels und des gelösten Stoffes zu bekommen. Wegen der Annahme der Verdünntheit ist es naheliegend, die freie Enthalpie nach N_c zu entwickeln. Allerdings, wenn wir uns vorstellen, dass wir G aus F gewinnen, sehen wir aus Gl. (4.14), dass wegen der Ununterscheidbarkeit der N_c Moleküle des gelösten Stoffes der bei $N_c = 0$ nichtanalytische Term $kT \ln N_c! \simeq N_c kT (\ln N_c - 1)$ in G vorkommen muss [34]. Das legt den Ansatz

$$G(T, p, N, N_c) = G(T, p, N, 0) + N_c f(T, p, N) + N_c kT (\ln N_c - 1) \qquad (5.79)$$

nahe, wobei

$$G(T, p, N, 0) = N \mu_l^{(0)}(T, p) \qquad (5.80)$$

die freie Enthalpie des reinen Lösungsmittels ist. Die Funktion f ist unbekannt, aber immerhin lässt sich mit folgender Überlegung ihre Abhängigkeit von N bestimmen. Die extensiven Variablen in G sind N und N_c. Daher gilt nach Gl. (2.7)

$$\left(N \frac{\partial}{\partial N} + N_c \frac{\partial}{\partial N_c} \right) G(T, p, N, N_c) = G(T, p, N, N_c). \qquad (5.81)$$

Einsetzen von Gl. (5.79) und Gl. (5.80) in diese partielle Differentialgleichung liefert

$$N \frac{\partial f}{\partial N} = -kT \quad \Rightarrow \quad f(T, p, N) = -kT \ln N + \varphi(T, p) \qquad (5.82)$$

mit einer Funktion $\varphi(T, p)$, die aus unseren allgemeinen Überlegungen nicht hervorgeht; zu deren Bestimmung müsste man Kenntnis der Wechselwirkung zwischen Lösungsmittel und gelöstem Stoff haben. Somit erhalten wir als Resultat, dass G für eine verdünnte Lösung die Gestalt

$$G(T, p, N, N_c) = N \mu_l^{(0)}(T, p) + N_c \left\{ \varphi(T, p) + kT \left(\ln \frac{N_c}{N} - 1 \right) \right\} \qquad (5.83)$$

hat. Daraus folgen durch Ableiten nach N und N_c die chemischen Potentiale [22, 34]

$$\mu_l(T,p,c) = \mu_l^{(0)}(T,p) - ckT, \tag{5.84}$$
$$\mu_c(T,p,c) = \varphi(T,p) + kT \ln c \tag{5.85}$$

für Lösungsmittel und gelöstem Stoff im Fall einer verdünnten Lösung. Insbesondere haben wir erhalten, dass die Abhängigkeit der chemischen Potentiale von der Konzentration c universell, also unabhängig von Lösungsmittel und gelöstem Stoff ist.

Wir erweitern unsere Überlegungen auf dissoziierte gelöste Stoffe. Wir behandeln nur die vollständige Dissoziation. Ein Beispiel wäre Wasser als Lösungsmittel, in dem Kochsalz gemäß $NaCl \rightarrow Na^+ + Cl^-$ dissoziiert. Etwas komplizierter ist der Fall von Natriumsulfat in Wasser mit $Na_2SO_4 \rightarrow 2Na^+ + (SO_4)^{2-}$. Um alle denkbaren Fälle zu berücksichtigen, nehmen wir eine Dissoziation der Moleküle des gelösten Stoffes in ν Ionen an, von denen ν_1 von einer Sorte, ν_2 von einer anderen Sorte, etc. sind, also $\nu = \nu_1 + \nu_2 + \cdots$ gilt. Im obigen Beispiel von Kochsalz wäre $\nu_1 = \nu_2 = 1$, für Natriumsulfat hätten wir $\nu_1 = 2$, $\nu_2 = 1$. Nun haben wir $\nu_1 N_c$, $\nu_2 N_c$, etc. gleiche Ionen und anstelle von Gl. (5.79) schreiben wir

$$G(T,p,N,N_c) = N\mu_l^{(0)}(T,p) + N_c f(T,p,N) + \sum_j (\nu_j N_c)\, kT\, [\ln(\nu_j N_c) - 1] \tag{5.86}$$

$$= N\mu_l^{(0)}(T,p) + N_c \bar{f}(T,p,N) + \nu N_c kT (\ln N_c - 1), \tag{5.87}$$

wobei wir

$$\nu = \sum_j \nu_j \quad \text{und} \quad \bar{f}(T,p,N) = f(T,p,N) + kT \sum_j \nu_j \ln \nu_j \tag{5.88}$$

definiert haben. Dabei ist ν die Gesamtzahl der Ionen, in die das gelöste Molekül dissoziiert. Gilt $\nu_j = 1\ \forall j$, dann ist $\bar{f} = f$; das ist z.B. für Kochsalz der Fall. Wie für f finden wir nun

$$\bar{f}(T,p,N) = -\nu kT \ln N + \varphi(T,p) \tag{5.89}$$

und

$$G(T,p,N,N_c) = N\mu_l^{(0)}(T,p) + N_c \left\{ \varphi(T,p) + \nu kT \left(\ln \frac{N_c}{N} - 1 \right) \right\}. \tag{5.90}$$

Setzt man $\nu = 1$ (keine Dissoziation), erhält man wieder Gl. (5.83). Die chemischen Potentiale, verallgemeinert auf die Möglichkeit der Dissoziation in ν Bestandteile, sind daher gegeben durch

$$\mu_l(T,p,c) = \mu_l^{(0)}(T,p) - \nu ckT, \tag{5.91}$$
$$\mu_c(T,p,c) = \varphi(T,p) + \nu kT \ln c, \tag{5.92}$$

wobei die Konzentration weiterhin als $c = N_c/N$ definiert ist.

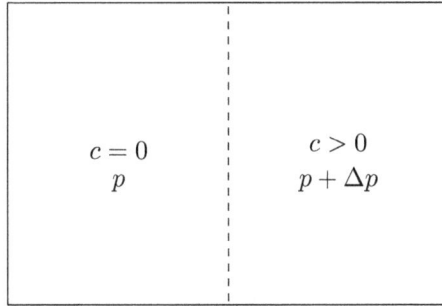

Abbildung 5.5: *Das System besteht aus zwei Teilsystemen und erlaubt Austausch der Moleküle des Lösungsmittels durch die semipermeable Membran. Nur im rechten Teilsystem befindet sich gelöster Stoff mit Konzentration c. Die Membran soll außerdem Wärmeaustausch erlauben.*

5.7.2 Der osmotische Druck

Wir betrachten ein System, das aus zwei Teilsystemen mit den Volumina V_0 und V besteht – siehe Abb. 5.5. Das Gesamtvolumen $V_0 + V$ sei mit einem Lösungsmittel gefüllt, außerdem seien im rechten Teilsystem (Volumen V) N_c Moleküle eines Stoffes gelöst. Wir machen die Annahme, dass die beiden Teilsysteme durch eine ideale semipermeable Membran getrennt sind, welche nur die Moleküle des Lösungsmittels durchlässt. Weiters sei Wärmeaustausch möglich und daher die Temperaturen der Teilsysteme gleich. Da die Membran unbeweglich sein soll, ist kein Volumsaustausch möglich, und die Drücke in den Teilsystemen können verschieden sein. Weil die Membran für die Moleküle des Lösungsmittel durchlässig ist, müssen aber die chemischen Potentiale des Lösungsmittels in den Teilsystemen gleich sein:

$$\mu_l^{(0)}(T,p) = \mu_l(T,p+\Delta p,c). \tag{5.93}$$

Die Druckdifferenz Δp wird osmotischer Druck genannt.

Unser Ziel ist die Berechnung von Δp. Wir benützen Gl. (5.91) für die rechte Seite von Gl. (5.93) und entwickeln $\mu_l^{(0)}(T,p+\Delta p)$ bis zum Term linear in Δp; letzteres ist gerechtfertigt, da wir verdünnte Lösungen behandeln. Diese Schritte führen zu

$$\mu_l(T,p+\Delta p,c) = \mu_l^{(0)}(T,p) + \frac{\partial \mu_l^{(0)}}{\partial p}\Delta p - \nu c k T. \tag{5.94}$$

Die Ableitung von $\mu_l^{(0)}$ nach p liefert das Volumen v_l, das von einem Molekül des Lösungsmittels eingenommen wird. Somit ergibt sich $\Delta p = \nu c k T / v_l$. Mit $\Delta p \equiv p_{\text{osm}}$ und $v_l = V/N$ erhalten wir das *van t' Hoffsche Gesetz*

$$p_{\text{osm}} = \frac{\nu N_c k T}{V}. \tag{5.95}$$

Der osmotische Druck einer verdünnten Lösung hat dieselbe Form wie der Druck eines idealen Gases; die Anzahl der Gasmoleküle ist ersetzt durch die Anzahl νN_c der Ionen in der Lösung.

Berechnen wir als Beispiel den osmotischen Druck von Meerwasser. Die Salzhaltigkeit wird durch die Salinität σ_S angegeben, ist m_S die Masse der gelösten Salze und m_W die Masses des Wassers, in dem die Salze aufgelöst sind, dann ist die Salinität durch $\sigma_S = m_S/(m_W + m_S)$ definiert [25]. Wenn im Wasser nur eine Sorte von Salz aufgelöst ist, kann man sich leicht überlegen, dass man die Teilchendichte des Salzes in der Lösung durch

$$\rho_c = \frac{\sigma_S \, \rho_m}{M_S} \tag{5.96}$$

erhält, wobei ρ_m die Massendichte der Lösung und M_S die Masse des Salzmoleküls ist. Die Salinität der verschiedenen Meere ist beträchtlich verschieden. Die sogenannte Standardsalinität ist durch $\sigma_S = 34.449\,\text{g/kg}$ festgelegt. Um p_{osm} zu berechnen, legen wir im Weiteren die Standardsalinität zugrunde und nehmen an, dass wir es mit einer reinen Kochsalzlösung zu tun haben. Die Masse von Na Cl ist $M_S = 97.04 \times 10^{-27}$ kg. In guter Näherung nehmen wir an, dass $\rho_m = 1\,\text{kg/Liter}$ gilt. Dann gibt Gl. (5.96) die Teilchendichte von Kochsalz als $\rho_c \simeq 35.5 \times 10^{22}$ pro Liter. Mit Gl. (5.95) und $\nu = 2$ erhält man für eine Temperatur von 15 °C den erstaunlich hohen Wert $p_{\text{osm}} \simeq 28$ bar. Dieser Wert ist mit 25 bar zu vergleichen, der in [25] mit Hilfe einer empirischen Formel berechnet wurde; die Übereinstimmung ist in Anbetracht der verwendeten Näherungen nicht schlecht. Allerdings sind so hohe Werte für p_{osm} nur bei idealen semipermeablen Membranen zu erreichen. Sind Salze im Wasser gelöst, erhöht sich seine Dichte, da Wasserstoffbrückenbindungen durch die Salzionen aufgebrochen werden. Berücksichtigt man das im vorliegenden Fall, wäre ρ_c und damit p_{osm} um etwa 2% größer [35], der Effekt ist also klein. Für die Standardsalinität ist die Konzentration $c \simeq 0.011$, und die Annahme der verdünnten Lösung ist gerechtfertigt.

5.7.3   Die Siedepunktserhöhung

Der gelöste Stoff beeinflusst den Übergang zwischen der flüssigen Phase und der Dampfphase des Lösungsmittels. Betrachten wir das System der Lösung im Gleichgewicht mit dem Dampf des Lösungsmittels. Wir nehmen an, dass der gelöste Stoff nichtflüchtig ist, also nur in der flüssigen Phase des Lösungsmittels enthalten ist. Daher haben wir den Fall von Teilchenaustausch des Lösungsmittels über die Oberfläche der Flüssigkeit. Da bei einem Phasenübergang flüssig – gasförmig im Schwerefeld sich die Höhe des Flüssigkeitsstandes an die Gleichgewichtsbedingung anpasst, ist Volumsaustausch möglich und daher der Druck in der flüssigen Phase gleich dem in der Gasphase. Geben wir also p und c vor, lautet die Gleichgewichtsbedingung $\mu_l(T, p, c) = \mu_d(T, p)$, wobei μ_d das chemische Potential des Lösungsmittels in der Gasphase ist. Der Druck p ist identisch mit dem Dampfdruck p_d des Lösungsmittels.

Obige Bedingung bestimmt den Siedepunkt der Lösung, da T der einzige freie Parameter ist, wenn wir p festhalten. Wenn T_s der Siedepunkt des Lösungsmittels bei $c = 0$ ist, wird sich der Siedepunkt bei $c \neq 0$ um ΔT_s verändern. Somit erhalten wir die Gleichung

$$\mu_l(T_s + \Delta T_s, p, c) = \mu_d(T_s + \Delta T_s, p) \tag{5.97}$$

zur Bestimmung von ΔT_s. Wiederum benützen wir, dass die Lösung verdünnt ist, und entwickeln Gl. (5.97) bis zur ersten Ordnung in ΔT_s. Wegen $\mu_l^{(0)}(T_s, p) = \mu_d(T_s, p)$, was ja den Siedepunkt für $c = 0$ festlegt, erhalten wir mit Gl. (5.91)

$$\left.\frac{\partial \mu_l^{(0)}}{\partial T}\right|_{T_s} \Delta T_s - \nu c k T_s = \left.\frac{\partial \mu_d}{\partial T}\right|_{T_s} \Delta T_s \quad \Rightarrow \quad -s_l \Delta T_s - \nu c k T_s = -s_d \Delta T_s. \tag{5.98}$$

In dieser Gleichung sind s_l und s_d die Entropien pro Teilchen in der Flüssigkeit bzw. im Dampf bei der Temperatur T_s. Mit der Verdampfungswärme pro Lösungsmittelmolekül $q_v = T_s(s_d(T_s, p_d) - s_l(T_s, p_d))$ im reinen Lösungsmittel erhalten wir schließlich

$$\Delta T_s = \frac{\nu c k T_s^2}{q_v}. \tag{5.99}$$

Die Änderung des Siedepunkts ist positiv, daher führt der gelöste Stoff zu einer Erhöhung des Siedepunkts.

Nun betrachten wir die Situation, dass die Lösung mit einem Gasgemisch im Gleichgewicht ist. Dann ist der Druck p nicht mit dem Dampfdruck p_d identisch, sondern $p > p_d$. Anstelle von Gl. (5.97) ist die Gleichgewichtsbedingung

$$\mu_l(T_s + \Delta T_s, p, c) = \mu_d(T_s + \Delta T_s, p_d) \tag{5.100}$$

und die latente Wärme

$$\tilde{q} = T_s\left(s_d(T_s, p_d) - s_l(T_s, p)\right) = q_v + T_s\left(s_l(T_s, p_d) - s_l(T_s, p)\right), \tag{5.101}$$

wobei q_v vor Gl. (5.99) definiert ist. Analog zu Gl. (5.98) und mit $\Delta p = p - p_d$ erhalten wir

$$-s_l \Delta T_s - \nu c k T_s + v_l \Delta p \simeq -s_d \Delta T_s, \tag{5.102}$$

wobei v_l das Volumen pro Lösungsmittelmolekül ist, und die Entropien s_l and s_d sind wie in Gl. (5.98) bei T_s und p_d zu nehmen. Der dritte Term auf der linken Seite von Gl. (5.102) ist vernachlässigbar, da, wie wir in Unterkapitel 3.8 argumentiert haben, dieser für Flüssigkeiten sehr klein ist. Somit gilt auch in dem hier betrachteten Fall wiederum Gl. (5.99) für die Siedpunktserhöhung. Auch die latente Wärme bleibt praktisch unverändert, denn $\tilde{q} \simeq q_v + T_s \alpha_l v_l \Delta p \simeq q_v$, wobei α_l der isobare Ausdehnungskoeffizient des Lösungsmittels ist.

In Analogie kann man argumentieren, dass bei einer verdünnten Lösung eine Gefrierpunktserniedrigung vorliegt. Wir legen die Annahme zugrunde, dass der gelöste Stoff beim Gefrieren im flüssigen Anteil des Lösungsmittels bleibt. Wenn T_g den Gefrierpunkt bezeichnet, ist die Gleichgewichtsbedingung

$$\mu_l(T_g + \Delta T_g, p, c) = \mu_k(T_g + \Delta T_g, p). \tag{5.103}$$

Der Index k bezeichnet den Festkörper. Wie oben erhält man sofort

$$\Delta T_g = -\frac{\nu c k T_g^2}{q_s} \quad \text{mit} \quad q_s = T_g(s_l(T_g, p) - s_k(T_y, p)). \tag{5.104}$$

Da die Schmelzwärme q_s positiv ist, tritt nun eine Gefrierpunktserniedrigung ein.

Betrachten wir als Beispiel NaCl gelöst in Wasser. Bei gegebener Salinität ist das exakte Verhältnis der Anzahl der gelösten Salzmoleküle zur Anzahl der Wassermoleküle

$$\frac{N_c}{N} = \frac{\sigma_S}{1 - \sigma_S} \frac{A_r(\mathrm{H_2O})}{A_r(\mathrm{NaCl})}, \tag{5.105}$$

wobei $A_r(\mathrm{X})$ die relative Molekülmasse von X symbolisiert. Für 1 g Kochsalz pro Kilogramm Lösung erhält man mit dieser Formel die Konzentration $c \simeq N_c/N \simeq 3.08 \times 10^{-4}$, wobei für unsere Genauigkeit der Term linear in σ_S genügt. Kochsalz zerfällt in Lösung in zwei Ionen, also ist $\nu = 2$. Die Formeln Gl. (5.99)) und Gl. (5.104) liefern $\Delta T_s \simeq 0.018\,\mathrm{K}$ und $\Delta T_g \simeq -0.064\,\mathrm{K}$. Nach dieser Rechnung sollte Meerwasser mit Standardsalinität erst bei etwa $-2\,°\mathrm{C}$ gefrieren.

5.7.4 Die Dampfdruckerniedrigung

Nun geben wir die Temperatur vor und wollen die Änderung der Dampfdruckkurve $\bar{p}_d(T)$ einer Flüssigkeit aufgrund der Konzentration c eines gelösten Stoffes berechnen. Unter diesen Voraussetzungen lautet die Gleichgewichtsbedingung

$$\mu_l(T, \bar{p}_d + \Delta\bar{p}_d, c) = \mu_d(T, \bar{p}_d + \Delta\bar{p}_d), \tag{5.106}$$

aus der wir $\Delta\bar{p}_d$ bestimmen können. Um die Notation nicht zu schwerfällig zu machen, haben wir bei $\bar{p}_d$ die T-Abhängigkeit weggelassen. Einsetzen von Gl. (5.91) in Gl. (5.106) und Entwicklung bis zur ersten Ordnung in den kleinen Größen liefert

$$v_l \Delta\bar{p}_d - \nu c k T = v_d \Delta\bar{p}_d, \tag{5.107}$$

wobei v_l und v_d die molekularen Flüssigkeits- und Dampfvolumina des Lösungsmittels beim Phasenübergang sind. Mit $v_l \ll v_d$ erhalten wir

$$\Delta\bar{p}_d = \frac{\nu c k T}{v_l - v_d} \simeq -\frac{\nu c k T}{v_d} \simeq -\nu c \bar{p}_d, \tag{5.108}$$

wobei im letzten Schritt die ideale Gasgleichung $\bar{p}_d v_d = kT$ als Näherung für den Dampf verwendet wurde. Somit erhalten wir das *Raoultsche Gesetz*:

$$\frac{\Delta\bar{p}_d}{\bar{p}_d} \simeq -\nu c. \tag{5.109}$$

Es besagt, dass über einer Lösung der Dampfdruck erniedrigt ist; unabhängig von der Temperatur ist die relative Dampfdruckerniedrigung für verdünnte Lösungen einfach durch die Konzentration νc der gelösten Ionen gegeben.

5.7.5 Das Henrysche Gesetz

Hier betrachten wir die Situation, dass sich über dem Lösungsmittel ein Gemisch von r idealen Gasen befindet. Der Gesamtdruck p der Gase ist daher gleich der Summe aus den Partialdrücken p_j der Gase plus dem Dampfdruck des Lösungsmittels. Wir haben es also hier mit Lösungen von Gasen und nicht Salzen zu tun. Es soll die Frage erörtert werden, wie hoch die Konzentration der Gase in der Lösung ist. Zum Unterschied zu den vorigen Abschnitten diskutieren wir nicht den Austausch der Lösungsmittelteilchen zwischen flüssigem und gasförmigem Aggregatzustand, sondern den Austausch von Gasmolekülen zwischen Gasphase und Lösung.

Da wir jetzt r gelöste Stoffe haben, müssen wir die in Abschnitt 5.7.1 durchgeführte Diskussion der freien Enthalpie auf den Fall von mehreren gelösten Stoffen erweitern. Das Lösungsmittel enthalte wieder N Moleküle, während vom Gas der Sorte j ($j = 1, \ldots, r$) die Anzahl der Moleküle in der Lösung N_j sei mit $N_j \ll N$. Somit machen wir analog zu Gl. (5.79) den Ansatz

$$G(T,p,N,N_1,\ldots,N_r) = G_0(T,p,N) + \sum_{j=1}^{r} N_j f_j(T,p,N) + kT \sum_{j=1}^{r} N_j (\ln N_j - 1),$$

(5.110)

wobei $G_0(T,p,N) \equiv G(T,p,N,0,\ldots,0) = N\mu_l^{(0)}(T,p)$ die freie Enthalpie des reinen Lösungsmittels ist. Benützen wir wiederum, dass

$$\left(N\frac{\partial}{\partial N} + \sum_j N_j \frac{\partial}{\partial N_j} \right) G(T,p,N,N_1,\ldots,N_r) = G(T,p,N,N_1,\ldots,N_r) \quad (5.111)$$

erfüllt sein muss, werden wir entsprechend Gl. (5.82) auf

$$N\frac{\partial f_j}{\partial N} = -kT \quad \Rightarrow \quad f_j(T,p,N) = -kT \ln N + \varphi_j(T,p) \quad (5.112)$$

geführt und erhalten somit

$$G(T,p,N,N_1,\ldots,N_r) = N\mu_l^{(0)}(T,p) + \sum_{j=1}^{r} N_j \left\{ \varphi_j(T,p) + kT \left(\ln \frac{N_j}{N} - 1 \right) \right\}. \quad (5.113)$$

Daraus folgen die chemischen Potentiale [22, 34]

$$\mu_l = \mu_l^{(0)}(T,p) - \sum_{j=1}^{r} c_j \, kT, \quad (5.114)$$

$$\mu_{cj} = \varphi_j(T,p) + kT \ln c_j \quad (5.115)$$

für das Lösungsmittel und die gelösten Stoffe, wobei wir die Konzentrationen $c_j = N_j/N$ in der Näherung $N_j \ll N$ definiert haben. Diese Formeln stellen die Verallgemeinerung von Gl. (5.84) und Gl. (5.85) dar. Eine triviale Bemerkung dazu: Während die Größen c_j die Konzentrationen der Gase der Sorte j im Lösungsmittel bezeichnen, sind ihre Konzentrationen in der Gasphase durch p_j/p mit den Partialdrücken p_j gegeben.

Nun ist es ein Leichtes, die am Beginn dieses Abschnittes gestellte Aufgabe zu lösen. Die Gleichgewichtsbedingung für das j-te Gas lautet $\mu_{cj} = \mu_{gj}$, wobei μ_{gj} das chemische Potential (3.57) eines idealen Gases ist, in dem p durch den Partialdruck p_j ersetzt wird. Einsetzen der chemischen Potentiale in die Gleichgewichtsbedingung ergibt

$$\varphi_j(T,p) + kT \ln c_j = \chi_j(T) + kT \ln \frac{p_j}{p_0} \quad (5.116)$$

und daher

$$c_j - \frac{p_j}{p_0} \exp\{\beta\left(\chi_j(T) - \varphi_j(T,p)\right)\}. \qquad (5.117)$$

Das wesentliche Resultat ist, dass die Konzentration des j-ten Gases in der Lösung zu seinem Partialdruck proportional ist. Der Proportionalitätsfaktor hängt von der Gassorte und der Temperatur ab und enthält auch den Gesamtdruck p. Die Abhängigkeit vom Referenzdruck p_0 hat physikalisch natürlich keine Bedeutung; er erscheint in Gl. (3.57) ja nur, um allen vorkommenden Größen eine geeignete physikalische Dimension zuzuschreiben. Die Abhängigkeit von p auf der rechten Seite von Gl. (5.117) kann jedoch für nicht zu große Drücke vernachlässigt werden. Das kann mit Hilfe der aus der freien Enthalpie der Lösung folgenden Maxwell-Relation

$$\frac{\partial \varphi_j(T,p)}{\partial p} = \frac{\partial}{\partial p}\frac{\partial G}{\partial N_j} = \left.\frac{\partial V}{\partial N_j}\right|_{T,\,p,\,N,\,N_k \neq N_j} \qquad (5.118)$$

geschlossen werden; bei der Ableitung von V nach N_j sind N_k mit $k \neq j$ festgehalten. Die rechte Seite dieser Gleichung ist nämlich von der Größenordnung v_j, das ist das Volumen, das ein Gasmolekül der Sorte j in der Lösung einnimmt. Daher ist der druckabhängige Teil in $\varphi_j(T,p)$ größenordnungsmäßig durch pv_j gegeben. Wie in Unterkapitel 3.8 besprochen, ist so ein Term auf alle Fälle gegenüber $\chi_j(T)$ vernachlässigbar. Damit erhalten wir das *Gesetz von Henry*:

$$c_j \propto p_j. \qquad (5.119)$$

In Worten besagt es, dass die Konzentration der Gasmoleküle der Sorte j in der Lösung proportional zum Partialdruck dieses Gases über der Flüssigkeitsoberfläche ist und dieser Proportionalitätsfaktor nur von der Temperatur und der Gassorte j abhängt.

5.8 Ionisierung einatomiger idealer Gase

Die Ionisierung von Gasatomen kann man bei vorgegebener Temperatur und vorgegebenem Druck als Reaktionsgleichgewicht

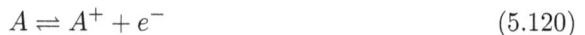

$$A \rightleftharpoons A^+ + e^- \qquad (5.120)$$

auffassen, welches über

$$\mu_A = \mu_{A^+} + \mu_{e^-} \qquad (5.121)$$

zu einem Massenwirkungsgesetz führt. Um dieses herzuleiten, legen wir folgende vereinfachende Annahmen zugrunde:

1. Wenn das Gas kein Edelgas ist, kann es bei nicht zu hohen Temperaturen z.B. aus A_2-Molekülen bestehen. Wir nehmen jedoch an, dass T so hoch ist, dass praktisch alle Moleküle dissoziiert sind.

2. Für Atome mit mehreren Elektronen soll T nicht zu hoch sein, so dass wir Mehrfachionisation vernachlässigen können. Für die Behandlung von Mehrfachionisation siehe z.B. [34].

3. Angeregte Zustände in A und A^+ sollen für unsere Betrachtungen ebenfalls vernachlässigbar sein.

Nun können wir das angekündigte Massenwirkungsgesetz schnell herleiten [31, 34]. Gemäß Gl. (4.59) hat man für einatomige ideale Gase, welche nur translatorische Freiheitsgrade besitzen, die kanonische Zustandssumme

$$Z_{1a} = g_a \frac{V}{\lambda_a^3} e^{-\beta\varepsilon_a} \tag{5.122}$$

mit dem Index $a = A, A^+, e^-$ für das neutrale Atom, das ionisierte Atom und das Elektron. Dabei bezeichnet ε_a $(a = A, A^+)$ die Grundzustandsenergie der Elektronenhülle. Das Elektron ist frei und hat daher $\varepsilon_{e^-} = 0$. Die Größen g_a bezeichnen den Entartungsgrad der Grundzustände von A und A^+, der aus dem Drehimpuls des elektronischen Grundzustands und dem Kernspin resultiert. Für das (freie) Elektron gilt immer $g_{e^-} = 2$, weil das Elektron Spin 1/2 und daher zwei Spineinstellungen hat. Z.B. beim Wasserstoffatom hat sowohl der Kern als auch das Elektron im Grundzustand Spin 1/2, also ist $g_A = 2 \times 2 = 4$ und $g_{A^+} = 2$. Mit Gl. (4.15) erhält man aus Z_{1a} durch Einsetzen der Formel Gl. (1.66) für die de Broglie-Wellenlänge λ das chemische Potential

$$\mu_a(T,p) = -kT \ln\left(g_a \left(\frac{2\pi m_a}{h^2}\right)^{3/2} \frac{(kT)^{5/2}}{c_a p}\right) + \varepsilon_a. \tag{5.123}$$

Wir haben hier außerdem die thermische Zustandsgleichung des idealen Gases und das Gesetz von Dalton benützt in der Form $V/N_a = kT/(c_a p)$, was uns die Abhängigkeit von der Konzentration c_a in $\mu_a(T,p)$ liefert. Mit $g_{e^-} = 2$ und $m_A \simeq m_{A^+}$ führt uns Gl. (5.121) zum Massenwirkungsgesetz

$$\frac{c_{A^+} c_{e^-}}{c_A} = \frac{2g_{A^+}}{g_A} \left(\frac{2\pi m_e}{h^2}\right)^{3/2} \frac{(kT)^{5/2}}{p} e^{-B/(kT)}. \tag{5.124}$$

Dabei ist $B = \varepsilon_{A^+} - \varepsilon_A$ die Bindungsenergie des Elektrons.

Nun definieren wir die Zahl $N_0 \equiv N_A + N_{A^+}$, welche bei der Ionisierung gleich bleibt, und den Ionisierungsgrad $\alpha = N_{A^+}/N_0$. Unter Berücksichtigung von $N_{A^+} = N_{e^-}$ können wir die Konzentrationen in

$$c_A = \frac{1-\alpha}{1+\alpha}, \quad c_{A^+} = c_{e^-} = \frac{\alpha}{1+\alpha} \tag{5.125}$$

umschreiben. Damit erhalten wir aus Gl. (5.124) die *Saha-Gleichung*

$$\frac{\alpha^2}{1-\alpha^2} = \frac{2g_{A^+}}{g_A} \left(\frac{2\pi m_e}{h^2}\right)^{3/2} \frac{(kT)^{5/2}}{p} e^{-B/(kT)} \tag{5.126}$$

für das Ionisierungsgleichgewicht. Schreibt man die rechte Seite dieser Gleichung als $K(T)/p$, ergibt sich der Ionisierungsgrad zu

$$\alpha = \frac{1}{\sqrt{1 + p/K(T)}}. \tag{5.127}$$

Eine nützliche Version von Gl. (5.126) erhält man, wenn der Druck durch

$$p = \frac{(N_A + N_{A^+} + N_{e^-})\,kT}{V} = \frac{(N_A + 2N_{A^+})\,kT}{V} \tag{5.128}$$

ersetzt wird. Dann kann man nämlich

$$\frac{\alpha^2}{1-\alpha} = 2\,\varphi(T,V) \quad \text{mit} \quad \varphi(T,V) = \frac{g_{A^+}}{g_A} \frac{V}{N_0} \left(\frac{2\pi m_e kT}{h^2}\right)^{3/2} e^{-B/(kT)} \tag{5.129}$$

herleiten. In dieser Version ist der Ionisierungsgrad durch

$$\alpha(T,V) = -\varphi(T,V) + \sqrt{\varphi^2(T,V) + 2\varphi(T,V)} \tag{5.130}$$

gegeben und hängt statt vom Druck von der Gesamtdichte N_0/V der schweren Teilchen ab. Weiters lässt sich noch die Funktion $\varphi(T,V)$ auf die Gestalt

$$\varphi(T,V) = \left(\frac{T}{T_0}\right)^{3/2} e^{-B/(kT)} \tag{5.131}$$

bringen, wenn wir die Temperatur T_0 definiert durch

$$kT_0 = \left(\frac{g_A}{g_{A^+}}\right)^{2/3} \left(\frac{N_0}{V}\right)^{2/3} \frac{h^2}{2\pi m_e} \tag{5.132}$$

einführen.

Mit Gl. (5.130) können wir eine kritische Temperatur [31] durch $\varphi(T_{kr},V) = 1$ definieren, bei welcher daher $\alpha(T_{kr},V) = \sqrt{3} - 1 \simeq 0.73$ gilt. Damit lassen sich die Grenzfälle

$$\begin{aligned} T \gg T_{kr} &: \alpha(T,V) \simeq 1 - 1/(2\varphi(T,V)), \\ T \ll T_{kr} &: \alpha(T,V) \simeq \sqrt{2\,\varphi(T,V)} \end{aligned} \tag{5.133}$$

unterscheiden; T_{kr} ist die typische Temperatur, wo der Übergang zur Ionisierung stattfindet.

Ist die Dichte N_0/V so gering, so dass kT_0 viele Größenordnungen kleiner als die Bindungsenergie B ist, dann kann kT_{kr} beträchtlich unterhalb von B liegen; d.h., das Gas ist schon ionisiert, auch wenn T noch beträchtlich kleiner als B/k ist. Um das zu sehen, wollen wir unter diesen Voraussetzungen die Gleichung

$$\frac{B}{kT_{kr}} = \frac{3}{2} \ln \frac{T_{kr}}{T_0} \tag{5.134}$$

für T_{kr} lösen. Mit $\ln(T_{kr}/T_0) = \ln\{B/(kT_0)\} - \ln\{B/(kT_{kr})\}$ und unter Vernachlässigung von $\ln\{B/(kT_{kr})\}$ liefert Gl. (5.134) die Abschätzung

$$kT_{kr} \simeq \frac{B}{\frac{3}{2}\ln\frac{B}{kT_0}}. \tag{5.135}$$

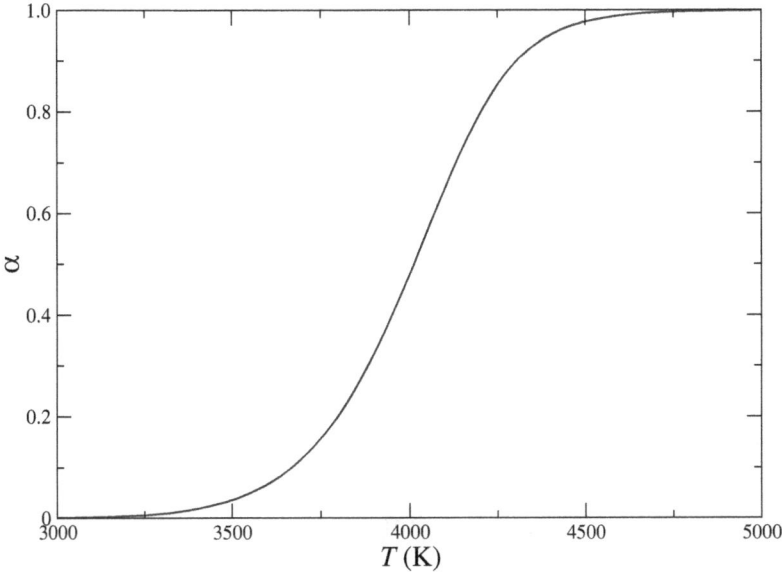

Abbildung 5.6: *Der Ionisierungsgrad* α *als Funktion von* T. *Als Dichte wurde* $N_0/V = 10^4 \, cm^{-3}$ *angenommen.*

Als Illustration betrachten wir ein H II-Gebiet um heiße Sterne, welches aus Wasserstoffatomen und H-Ionen besteht. Als tyische Richtwerte nehmen wir $N_0/V = 10^4 \, cm^{-3}$ und $T = 10^4 \, K$. Dann ergibt sich $T_0 \simeq 4.1 \times 10^{-8} \, K$. Mit der Ionisierungsenergie $B = 13.6 \, eV$ für Wasserstoff erhält man aus Gl. (5.135) $kT_{kr} \simeq B/43.5$ bzw. $T_{kr} \simeq 3630 \, K$. Also sollte, weil $T = 10^4 \, K$ beträchtlich über T_{kr} liegt, das Gas stark ionisiert sein. Tatsächlich ist es schon bei $5000 \, K$ vollständig ionisiert – siehe Abb. 5.6. Aus dieser Abbildung sieht man auch, dass der Temperaturbereich, in dem α stark zunimmt, relativ schmal ist: von $3700 \, K$ bis $4300 \, K$ ändert sich α von etwa 0.1 auf 0.9. Es zeigt sich auch, dass Gl. (5.135) die Temperatur T_{kr} unterschätzt, denn im vorliegenden Fall ergibt die numerische Lösung von Gl. (5.134) den Wert $T_{kr} \simeq 4150 \, K$.

5.9   Festkörper: Wärmekapazität des Gitters

In Unterkapitel 5.3 haben wir aus dem klassischen Gleichverteilungssatz die Regel von Dulong-Petit erhalten. Gleichzeitig haben wir jedoch festgestellt, dass die gemessenen Wärmekapazitäten von Festkörpern oft unterhalb von $C_V = 3Nk$ liegen. Wie wir im Folgenden sehen werden, liefert die Quantenmechanik eine natürliche Erklärung für diesen Sachverhalt.

Normalschwingungen:

Wir betrachten einen Kristall, der aus N Atomen oder N einatomigen Ionen besteht, welche Schwingungen mit kleinen Amplituden durchführen. Es gibt $3N - 6$ Normalschwingungen (Phononen), d.h., harmonische Oszillatoren. Wir nehmen an, dass diese Oszillatoren voneinander entkoppelt sind. Der Kristall soll makroskopisch groß sein, daher kann die Frequenzverteilung als kontinuierlich aufgefasst werden und es gilt $3N - 6 \simeq 3N$. Bezeichnen wir mit $\sigma(\omega)\,d\omega$ die Anzahl der Normalschwingungen im Intervall $[\omega, \omega + d\omega]$, haben wir die Normierungsbedingung

$$\int_0^\infty d\omega\,\sigma(\omega) = 3N, \tag{5.136}$$

die kalorische Zustandsgleichung (siehe Gl. (5.38))

$$U = \int_0^\infty d\omega\,\sigma(\omega)\,\hbar\omega \left(\frac{1}{2} + \frac{1}{e^{\beta\hbar\omega} - 1} \right) \tag{5.137}$$

und die Wärmekapazität

$$C_V = k \int_0^\infty d\omega\,\sigma(\omega)\,\frac{(\beta\hbar\omega)^2 e^{\beta\hbar\omega}}{\left(e^{\beta\hbar\omega} - 1\right)^2}. \tag{5.138}$$

Mit der Variablen $x = \beta\hbar\omega$ lässt sich die Wärmekapazität in

$$C_V = k \int_0^\infty \frac{dx}{\beta\hbar}\,\sigma\left(\frac{x}{\beta\hbar}\right) \frac{x^2 e^x}{(e^x - 1)^2} \tag{5.139}$$

umformen. Die Funktion $g(x) = x^2 e^x/(e^x - 1)^2$ schneidet das Integral bei ca. $x = 1$ ab. Für $x \ll 1$ ist $g(x)$ näherungsweise eins.

Regel von Dulong-Petit:

Wir untersuchen nun Gl. (5.139) im Limes $T \to \infty$ bzw. $\beta \to 0$. Da im Kristall die Gitterkonstante(n) eine untere Schranke an die Wellenlänge der Schwingungen vorgeben, gibt es ein $\omega_{\max}$, so dass

$$\sigma(\omega) = 0 \quad \text{für} \quad \omega > \omega_{\max} \tag{5.140}$$

gilt. Sobald $kT \gg \hbar\omega_{\max}$ erfüllt ist, ist $x \leq \beta\hbar\omega_{\max} \ll 1$ und Gl. (5.139) liefert

$$C_V \xrightarrow{T \to \infty} k \int_0^{\beta\hbar\omega_{\max}} \frac{dx}{\beta\hbar}\,\sigma\left(\frac{x}{\beta\hbar}\right) = k \int_0^{\omega_{\max}} d\omega\,\sigma(\omega). \tag{5.141}$$

Somit erhalten wir die Regel von Dulong-Petit

$$\lim_{T \to \infty} C_V(T, N) = 3Nk, \tag{5.142}$$

unabhängig von der speziellen Form der Verteilung $\sigma(\omega)$.

Allerdings muss man beachten, dass die Regel von Dulong-Petit nicht für molekulare Kristalle Gültigkeit haben kann; Beispiele wären fester Stickstoff, der aus N_2-Molekülen besteht, oder Wassereis, dessen Bausteine H_2O-Moleküle sind. In solchen Fällen ist die Wärmekapazität pro Molekül immer größer als $3k$, da zusätzliche Freiheitsgrade vorhanden sind. Z.B. bei Eis hat man etwa $4.5k$. Natürlich trifft dasselbe auch für Ionenkristalle zu, die zusammengesetzte Ionen enthalten wie z.B. $Ca^{2+}\,(SO_4)^{2-}$; die Wärmekapazität pro Molekül ist höher als $6k$, was der Wert nach der Regel von Dulong-Petit wäre.

Das Verhalten von C_V für $T \to 0$:

Bevor wir diesen Limes durchführen, müssen wir einige Fakten über die Normalschwingungen zusammenstellen – siehe z.B. [36]. Angenommen, der Kristall sei aus N_e Kopien seiner kleinsten Einheit, der Elementarzelle, aufgebaut. Die Elementarzelle wiederum bestehe aus r Atomen oder Ionen, also ist $N = rN_e$. Bei einem monoatomaren Kristall gilt in den meisten Fällen $r = 1$, während z.B. bei NaCl $r = 2$ gilt. Dann gibt es $3r$ Dispersionsrelationen $\omega_s(\vec{k})$, wobei $\vec{k}$ der Wellenzahlvektor und $s = 1, \ldots, 3r$ ist. Von diesen $3r$ Dispersionsrelationen gibt es drei sogenannte akustische Zweige ($s = 1, 2, 3$), für die $\lim_{k \to 0} \omega_s(\vec{k}) = 0$ erfüllt ist ($k \equiv |\vec{k}|$). Für die anderen Zweige, die sogenannten optischen Zweige, ist $\omega_s(\vec{0}) \neq 0$. Üblicherweise liegen die Frequenzen der optischen Zweige über denen der akustischen Zweige. Fixieren wir eine Richtung durch einen Einheitsvektor $\vec{n}$, dann können wir für die akustischen Zweige den Limes

$$\lim_{k \to 0} \frac{\omega_s(k\vec{n})}{k} \equiv u_s(\vec{n}) \quad (s = 1, 2, 3) \tag{5.143}$$

bilden, wobei $u_s(\vec{n})$ die Schallgeschwindigkeiten sind, die im Allgemeinen von der Richtung $\vec{n}$ abhängen. In Kristallgittern mit hoher Symmetrie ist $u_s(\vec{n})$ jedoch richtungsunabhängig und es gibt zwei Schallgeschwindigkeiten, u_ℓ mit longitudinaler Polarisation und u_t mit zwei transversalen Polarisationen.

Für sehr niedrige Temperaturen tragen in Gl. (5.139) nur kleine Frequenzen bei, da $g(x)$ die hohen Frequenzen unterdrückt. Im Limes $T \to 0$ sind daher nur mehr die akustischen Moden im linearen Bereich ihrer Dispersionskurve relevant:

$$\omega_s(k\vec{n}) \simeq u_s(\vec{n})\,k. \tag{5.144}$$

Da die Zählung der Schwingungsmoden über $\vec{k}$ erfolgt, müssen wir auf die Integration über ω umrechnen. Wenn die Wellenlänge λ der Normalschwingung sehr viel größer als der Gitterabstand ist, kann der Festkörper als Kontinuum aufgefasst werden und die Zählung der Freiheitsgrade erfolgt wie beim idealen Gas über den Impuls gemäß Gl. (4.41). Allerdings verwendet man beim Festkörper den Wellenzahlvektor $\vec{k}$ anstelle des Impulsvektors $\vec{p} = \hbar\vec{k}$. Damit erfolgt die Zählung der Freiheitsgrade durch die Integration $V\mathrm{d}^3k/(2\pi)^3$. Da wir letzten Endes die Integration nur auf Funktionen von ω anwenden werden, können wir sie folgendermaßen durchführen:

$$\sum_{s=1}^{3} \int \frac{V\mathrm{d}^3k}{(2\pi)^3} \cdots = \frac{V}{2\pi^2} \sum_{s=1}^{3} \int \frac{\mathrm{d}\Omega}{4\pi} \int_0^\infty \mathrm{d}k\, k^2 \cdots$$

$$\simeq \frac{3V}{2\pi^2} \frac{1}{3} \sum_{s=1}^{3} \int \frac{\mathrm{d}\Omega}{4\pi} \frac{1}{u_s^3(\vec{n})} \int_0^\infty \mathrm{d}\omega\, \omega^2 \cdots , \tag{5.145}$$

wobei $d\Omega$ das Raumwinkelelement ist. Im letzten Schritt haben wir Gl. (5.144) benützt. Zur Abkürzung definieren wir die effektive Schallgeschwindigkeit u über

$$\frac{1}{u^3} = \frac{1}{3} \sum_{s=1}^{3} \int \frac{d\Omega}{4\pi} \frac{1}{u_s^3(\vec{n})}. \tag{5.146}$$

Bei hoher Kristallsymmetrie hat man daher

$$\frac{1}{u^3} = \frac{1}{3} \left(\frac{1}{u_\ell^3} + \frac{2}{c_t^3} \right). \tag{5.147}$$

Gleichungen (5.139), (5.145) und (5.146) liefern somit das asymptotische Verhalten der Wärmekapazität für kleine Temperaturen:

$$C_V \xrightarrow{T\to 0} k \frac{3V}{2\pi^2} \left(\frac{kT}{\hbar u} \right)^3 \int_0^\infty dx \frac{x^4 e^x}{(e^x - 1)^2}. \tag{5.148}$$

Jetzt benötigen wir noch den Wert des Integrals Gl. (5.148). Da bei der Behandlung der freien Quantengase ähnliche Integrale vorkommen, formulieren wir ein nützliches Theorem.

Theorem 6

Integralformeln: Wir definieren die Integrale

$$I_\pm(\alpha) = \int_0^\infty dx \frac{x^\alpha}{e^x \pm 1} \ (\alpha > 0), \quad J_\pm(\alpha) = \int_0^\infty dx \frac{x^\alpha e^x}{(e^x \pm 1)^2} \ (\alpha > 1).$$

Dann ergibt sich der Zusammenhang

$$J_\pm(\alpha) = \alpha I_\pm(\alpha - 1)$$

und weiters

$$I_-(\alpha) = \zeta(\alpha + 1)\Gamma(\alpha + 1), \quad I_+(\alpha) = \zeta(\alpha + 1)\Gamma(\alpha + 1) \left(1 - \frac{1}{2^\alpha} \right),$$

wobei die Zeta-Funktion definiert ist durch

$$\zeta(y) = \sum_{n=1}^{\infty} \frac{1}{n^y} \ (y > 1).$$

Zwei wichtige Werte der Zeta-Funktion sind $\zeta(2) = \pi^2/6$ und $\zeta(4) = \pi^4/90$.

Anwendung des Theorems liefert

$$\int_0^\infty dx \frac{x^4 e^x}{(e^x - 1)^2} = \frac{4\pi^4}{15} \tag{5.149}$$

und somit

$$C_V \xrightarrow{T\to 0} k \frac{2\pi^2}{5} \left(\frac{kT}{\hbar u} \right)^3 V. \tag{5.150}$$

Das ist ein wichtiges, allgemein gültiges Resultat: auf Grund der akustischen Phononen verhält sich C_V für kleine Temperaturen wir T^3.

Das Debye-Modell:

Durch Wahl einer speziellen Verteilung σ_D interpoliert dieses Modell zwischen den Grenzfällen des T^3-Gesetzes im Limes $T \to 0$ und der Regel von Dulong-Petit im Limes $T \to \infty$. Das Modell nimmt sich die linearen Dispersionsrelationen Gl. (5.144) zum Vorbild, woraus für kleine Frequenzen gemäß Gl. (5.145) $\sigma(\omega) \propto \omega^2$ folgt. Die Grundannahme des Debye-Modells ist, diese Relation bis zur maximalen Frequenz als gültig anzunehmen. Daher ist

$$\sigma_D(\omega) = \begin{cases} K\omega^2 & (\omega < \omega_D), \\ 0 & (\omega > \omega_D). \end{cases} \tag{5.151}$$

Durch die Normierungsbedingung Gl. (5.136) können wir die Konstante K durch die *Debye-Frequenz* ω_D ausdrücken, womit wir

$$\sigma_D(\omega) = \frac{9N\omega^2}{\omega_D^3} \quad (\omega < \omega_D) \tag{5.152}$$

erhalten. Damit können wir Gl. (5.139) umschreiben in

$$C_V(T, N) = 9Nk \left(\frac{T}{T_D}\right)^3 \int_0^{T_D/T} dx \, \frac{x^4 e^x}{(e^x - 1)^2} \quad \text{mit} \quad T_D = \frac{\hbar \omega_D}{k}. \tag{5.153}$$

Das ist die Debye-Formel für die Wärmekapazität eines Kristalls. Die Temperatur T_D heißt Debye-Temperatur.

Mit dem Integral Gl. (5.149) erhalten wir sofort

$$C_V \simeq \frac{12\pi^4}{5} Nk \left(\frac{T}{T_D}\right)^3 \quad \text{für} \quad T \ll T_D. \tag{5.154}$$

Mit Hilfe von Gl. (5.150) können wir einen Zusammenhang zwischen der Debye-Temperatur bzw. Debye-Frequenz und der effektiven Schallgeschwindigkeit u herstellen:

$$(kT_D)^3 \equiv (\hbar \omega_D)^3 = 6\pi^2 (\hbar u)^3 \rho \tag{5.155}$$

mit der Teilchendichte $\rho = N/V$.

Die Verteilung $\sigma(\omega)$ kann durch inelastische Neutronstreuung am Kristall gemessen und mit $\sigma_D(\omega)$ verglichen werden. Wie erwartet, ist die Übereinstimmung für große ω sehr schlecht – siehe z.B. [36]. Die Interpolationsformel Gl. (5.153) für die Wärmekapazität stimmt trotzdem auch im mittleren Temperaturbereich in den meisten Fällen überraschend gut mit den Messungen überein. Deutliche Abweichungen von Gl. (5.153) im mittleren Bereich kommen jedoch vor, z.B. bei Diamant. Es ist nicht eindeutig, wie man mit experimentellen Daten für die Wärmekapazität aus Gl. (5.153) die Debye-Temperatur extrahiert. Man könnte z.B. T_D durch einen Fit an Daten über einen großen Temperaturbereich bestimmen. Andrerseits könnte man T_D im Tieftemperaturbereich mit Hilfe von Gl. (5.154) festlegen; da für $T \to 0$ nur $\sigma(\omega) \propto \omega^2$ beiträgt und damit das T^3-Gesetz exakt wird, ist das eine physikalisch sinnvolle Festlegung, wie in [36] argumentiert wird. Die numerische Werte von T_D, die im Folgenden angegeben werden, sind durch diese Konvention bestimmt worden.

Das Einstein-Modell und optische Phononen:

Dieses Modell ist noch einfacher als das Debye-Modell. Es nimmt an, dass im Phono-
nenspektrum nur eine einzige Frequenz ω_E vorkommt, also die Verteilung durch eine
δ-Funktion

$$\sigma_E(\omega) = 3N\delta(\omega - \omega_E) \tag{5.156}$$

gegeben ist. Aus der Diskussion in diesem Unterkapitel ist offensichtlich, dass dieses
Model zwar die Regel von Dulong-Petit wiedergibt, jedoch nicht das T^3-Gesetz; für tiefe
Temperaturen fällt die Wärmekapazität exponentiell ab, wie man sofort aus Gl. (5.138)
herleiten kann:

$$C_V^{(E)}(T, N) = Nk\left(\frac{\hbar\omega_E}{2kT}\right)^2 \frac{1}{\sinh^2\frac{\hbar\omega_E}{2kT}}. \tag{5.157}$$

In manchen Fällen macht es jedoch Sinn, das Einstein-Modell für die optischen Phononen zu verwenden, falls die Dispersionsrelationen $\omega_s(\vec{k})$ $(s = 4, \ldots, 3r)$ nicht stark
von $\vec{k}$ abhängig sind. Für die akustischen Phononen gilt natürlich weiterhin das Debye-
Modell. Nehmen wir der Einfachheit halber an, dass eine Frequenz ω_{opt} für alle optischen
Phononenzweige genügt, bekommen wir die Verteilung

$$\sigma(\omega) = \frac{9N_e\omega^2}{\omega_D^3}\Theta(\omega_D - \omega) + (3r - 3)N_e\,\delta(\omega - \omega_{\text{opt}}). \tag{5.158}$$

Jetzt ist die Debyefrequenz nur über die akustischen Phononen definiert, daher haben
wir

$$\omega_D^3 = 6\pi^2u^3N_e/V \tag{5.159}$$

anstelle von Gl. (5.155). Nachdem weiterhin Gl. (5.154) mit N statt N_e zur Bestimmung
der Debye-Temperatur verwendet werden soll, muss man selbige als

$$kT_D = r^{1/3}\hbar\omega_D \tag{5.160}$$

definieren. Andrerseits ist die maximale Frequenz der akustischen Phononen wie früher
durch ω_D gegeben. Daher lautet die Wärmekapazität [12, 36]

$$C_V(T, N) = 9rN_ek\left(\frac{T}{T_D}\right)^3 \int_0^{T_D/(r^{1/3}T)} dx\,\frac{x^4e^x}{(e^x - 1)^2}$$
$$+ (3r - 3)N_ek\left(\frac{\hbar\omega_{\text{opt}}}{2kT}\right)^2 \frac{1}{\sinh^2\frac{\hbar\omega_{\text{opt}}}{2kT}}. \tag{5.161}$$

Von dieser Form von C_V kann man unter obigen Bedingungen an die akustischen Phononen erwarten, dass sich die Qualität der Interpolation zwischen $T \ll T_D$ und $T \sim T_D$
verbessert.

Vergleich mit dem Experiment:

Viele Debye-Temperaturen sind von der Größenordnung 10^2 K. Die folgenden Werte
sind aus [37]. Z.B. ist $T_D = 640$ K für Si, 428 K für Al, 105 K für Pb, 321 K für NaCl
und 174 K für KBr. Bei Diamant ist $T_D = 2230$ K ungewöhnlich hoch und die Regel

von Dulong-Petit gilt nicht bei Raumtemperatur; auch bei Si ist sie verletzt, wenn auch schwächer. Numerisch erhält man aus Gl. (5.153) für $T = T_D$ den Wert $C_V/(3Nk) =$ 0.952. Daher ist laut Debye-Modell die Regel von Dulong-Petit recht gut erfüllt für $T \gtrsim T_D$. Für Metalle muss man bei der Bestimmung von T_D beachten, dass bei tiefen Temperaturen nicht nur das Kristallgitter mit $C_V \propto T^3$ sondern auch die Elektronen zur Wärmekapazität beitragen; allerdings ist deren Beitrag proportional zu T und kann daher gut von dem des Kristallgitters absepariert werden – siehe Unterkapitel 5.15.

Freie Energie und Enthalpie des Festkörpers:

In diesem Unterkapitel haben wir nur die kalorische Zustandsgleichung des Festkörpers und Folgerungen daraus besprochen. Für manche Anwendungen ist es jedoch nützlich, die freie Energie bzw. Enthalpie zu kennen. Um diese thermodynamischen Potentiale zu berechnen, gehen wir von der allgemeinen Form der kalorischen Zustandsgleichung (5.137) aus. Will man das Debye-Modell verwenden, braucht man nur $\sigma(\omega)$ durch $\sigma_D(\omega)$ ersetzen. Es ist nicht schwer nachzuprüfen, dass

$$F = F_0 + \phi(V)T + kT \int_0^\infty \mathrm{d}\omega\, \sigma(\omega) \ln\left(1 - e^{-\beta\hbar\omega}\right) \tag{5.162}$$

die Gibbs-Helmholtz-Gleichung (2.12) erfüllt, wobei die Nullpunktsenergie in der Konstante F_0 steckt. Natürlich bleibt die Funktion $\phi(V)$ bei Verwendung von Gl. (2.12) unbestimmt. Allerdings können wir eine Aussage zu $\phi(V)$ durch Anwendung des 3. Hauptsatzes erhalten, welcher besagt, dass für $T \to 0$ die Entropie verschwinden sollte, weil dann alle Oszillatoren im Grundzustand sind. Berechnen wir die Entropie S durch Ableiten von F aus Gl. (5.162) nach T, erhalten wir $\lim_{T \to 0} S = -\phi(V) = 0$. Das erscheint auf dem ersten Blick seltsam, allerdings kann man sich überlegen, dass harmonische Schwingungen des Kristalls sein Volumen konstant lassen – siehe [31], also unsere Näherung gar keine Volumsabhängigkeit beinhaltet und somit $F = G$ gilt. Da ein Festkörper tatsächlich relativ inkompressibel ist, ist die Näherung, dass G nicht vom Druck abhängt, für die meisten Zwecke ziemlich gut; Ähnliches haben wir schon bei Flüssigkeiten diskutiert. Zum Schluss kommen wir noch zur Konstante F_0. Wenn wir die freie Energie des Festkörpers mit jener seines flüssigen oder gasförmigen Aggregatzustandes vergleichen, müssen wir F_0 relativ zur anderen Phase festlegen. Damit schreiben wir $F_0 = -N\epsilon_B$, wobei ϵ_B die Bindungsenergie eines Atoms im Festköper ist, wenn wir eine monoatomare Substanz betrachten. Somit erhalten wir

$$F = -N\epsilon_B + 3NkT \int_0^\infty \mathrm{d}\omega\, \bar{\sigma}(\omega) \ln\left(1 - e^{-\beta\hbar\omega}\right), \tag{5.163}$$

wobei $\bar{\sigma}(\omega)$ auf eins normiert ist, um die Abhängigkeit des Integralterms von N sichtbar zu machen.

5.10 Ideale Spinsysteme: Paramagnetismus

Wir betrachten N Atome oder Ionen mit Spin bzw. Gesamtdrehimpuls j (j ist ganz- oder halbzahlig), welche genügend Abstand voneinander haben, so dass man die Wechselwirkung der Atome bzw. Ionen untereinander vernachlässigen kann. Alternativ kann man auch annehmen, dass das Magnetfeld $\vec{\mathcal{H}}$ so stark ist, dass die Wechselwirkung der Spins mit dem Magnetfeld dominiert. D.h., wir betrachten für ein Teilchen den Hamiltonoperator

$$\widehat{H} = -\vec{\mu} \cdot \vec{\mathcal{H}} \quad \text{mit} \quad \vec{\mu} = \mu_M \vec{J}/\hbar. \tag{5.164}$$

Wegen der Division durch $\hbar$ hat μ_M die Dimension eines magnetischen Moments. In dieser Gleichung haben wir ausgenützt, dass nur der Gesamtdrehimpuls $\vec{J}$ des Teilchens eine Richtung vorgibt und dass für das magnetische Moment daher nur dieser Vektor zur Verfügung steht. (Das ist nicht ganz richtig. Ist die Elektronenschale des Ions nicht gefüllt aber $\langle \vec{J} \rangle = \vec{0}$, kann trotzdem ein kleiner paramagnetischer Effekt, der van Vleck-Paramagnetismus, auftreten – siehe [36].) Unser Ziel ist es, mit dem Hamiltonoperator (5.164) bei vorgegebener Temperatur die Magnetisierung des Systems zu berechnen.

Wir bezeichnen die z-Komponente des Magnetfelds mit $\mathcal{H}$. Die Energieeigenwerte für einen einzelnen Spin sind somit

$$E_m = -\mu_M \mathcal{H} m \quad \text{mit} \quad m = -j, -j+1, \ldots, j-1, j. \tag{5.165}$$

Wir nehmen an, dass sich die Spins in einem Wärmebad der Temperatur T befinden. Definieren wir

$$\eta = \beta \mu_M \mathcal{H}, \tag{5.166}$$

ist die kanonische Zustandssumme gegeben durch Aufsummierung einer geometrischen Reihe:

$$Z_{\text{mag}} = \sum_{m=-j}^{j} e^{\eta m} = e^{-\eta j} \frac{1 - e^{\eta(2j+1)}}{1 - e^{\eta}} = \frac{\sinh \eta(j + 1/2)}{\sinh \eta/2}. \tag{5.167}$$

Nun können wir leicht den Erwartungswert des magnetischen Moments hinschreiben:

$$\langle \mu_z \rangle = \frac{1}{Z_{\text{mag}}} \sum_{m=-j}^{j} \mu_M m e^{\eta m} = \frac{\mu_M}{Z_{\text{mag}}} \frac{\partial Z_{\text{mag}}}{\partial \eta} = \frac{1}{Z_{\text{mag}} \beta} \frac{\partial Z_{\text{mag}}}{\partial \mathcal{H}}. \tag{5.168}$$

Die Differentiation liefert

$$\langle \mu_z \rangle = \mu_M j B_j(\eta) \quad \text{mit} \quad B_j(\eta) = \frac{1}{j} \left[\left(j + \frac{1}{2} \right) \coth \left(j + \frac{1}{2} \right) \eta - \frac{1}{2} \coth \frac{1}{2} \eta \right], \tag{5.169}$$

wobei B_j die sogenannte *Brillouin-Funktion* ist.

Das gesamte Magnetfeld ist im Gaußschen System gegeben durch [41]

$$\vec{B} = \vec{\mathcal{H}} + 4\pi \vec{M}. \tag{5.170}$$

Es setzt sich zusammen aus dem äußeren Magnetfeld $\vec{\mathcal{H}}$ und dem Feld, das durch die Ausrichtung der magnetischen Momente entsteht. Die Magnetisierung $\vec{M}$ wird erhalten aus

$$\vec{M} = \frac{N}{V} \langle \vec{\mu} \rangle. \tag{5.171}$$

Gemäß Gl. (5.169) ergibt sich

$$M_z = \frac{N}{V}\,\mu_M j B_j(\eta).$$ (5.172)

Nun wollen wir die Grenzfälle $|\mu_M \mathcal{H}|/(kT) \gg 1$ und $|\mu_M \mathcal{H}|/(kT) \ll 1$ betrachten. Dazu benützen das

Theorem 7

Die Funktion $\coth y$ hat folgende Eigenschaften:

$$\lim_{y\to\pm\infty}\coth y = \pm 1 \quad \text{und} \quad \coth y = \frac{1}{y} + \frac{y}{3} + \cdots,$$

wobei diese Entwicklung die Laurent-Reihe um $y = 0$ ist.

Für die weiteren Überlegungen nehmen wir $\mathcal{H} > 0$ an. Der erste Grenzfall wird mit dem ersten Teil des Theorems behandelt, aus dem

$$\lim_{\eta\to\infty} B_j(\eta) = \operatorname{sgn}(\mu_M)$$ (5.173)

folgt. Damit erhalten wir

$$M_z \to \frac{N}{V}\,|\mu_M| j,$$ (5.174)

also die maximale Magnetisierung.

Im zweiten Grenzfall benützen wir die Laurent-Reihenentwicklung um $\eta = 0$ mit dem Resultat

$$B_j(\eta) \to \frac{j+1}{3}\,\eta.$$ (5.175)

Damit erhalten wir das *Curie-Gesetz*

$$M_z = \chi \mathcal{H} \quad \text{mit} \quad \chi = \frac{N}{V}\,\frac{\mu_M^2 j(j+1)}{3kT},$$ (5.176)

wobei

$$\chi = \frac{\partial M_z}{\partial \mathcal{H}}\bigg|_T$$ (5.177)

die isotherme magnetische Suszeptibilität ist.

Wie kommt das magnetische Moment eines Ions oder Atoms zustande? Wir vernachlässigen Kernmomente, die ca. drei Größenordnungen kleiner als das Bohrsche Magneton

$$\mu_B = \frac{e\hbar}{2m_e c_l}$$ (5.178)

sind, und betrachten freie Ionen bzw. Atome. Das magnetische Moment kommt daher von der Elektronenhülle und wir können den Ansatz $\mu_M = -g\mu_B$ machen, wobei wir mit dem Minuszeichen die negative Ladung des Elektrons berücksichtigen. Allerdings folgt aus den obigen Gleichungen, dass das Vorzeichen des magnetischen Moments irrelevant ist. Die Magnetisierung zeigt immer in dieselbe Richtung wie das äußere Magnetfeld und verstärkt es daher. Genau diesen Effekt nennt man *Paramagnetismus*. Wie groß ist nun g, der sogenannte *Landé-Faktor*? Wir nehmen an, dass der Zustand der Elektronenspins einen wohldefinierten Gesamtspin mit Quantenzahl s hat und ebenso der Gesamtbahndrehimpuls durch ℓ gegeben ist. Kommt der Spin des Ions nur von den Elektronenspins ($s \neq 0$, $\ell = 0$), haben wir $g = 2$. Addieren sich die Elektronenspins zu Null ($s = 0$) und nur der Bahndrehimpuls $\ell \neq 0$ trägt bei, dann ist $g = 1$. Im Allgemeinen muss daher der Landé-Faktor durch die Erwartungswerte

$$\langle \vec{L} + 2\vec{S} \rangle = g \langle \vec{J} \rangle \tag{5.179}$$

bestimmt werden. Als Resultat bekommt man

$$g = 1 + \frac{j(j+1) + s(s+1) - \ell(\ell+1)}{2j(j+1)}. \tag{5.180}$$

Die Berechnung des Landé-Faktors ist z.B. in [38] durchgeführt. Es stellt sich heraus, dass für die meisten Ionenkristalle mit dreiwertigen Ionen der seltenen Erden (4f-Elemente) das Curie-Gesetz mit dem Faktor in Gl. (5.180) gut zutrifft [36], z.B. für Ce^{3+}, Pr^{3+}, etc. D.h., für die seltenen Erden hat das Feld des Kristallgitters wenig Einfluss auf das Ion. Dies ist nicht so für Übergangsmetalle (3d-Metalle), wo man näherungsweise $g\sqrt{j(j+1)} \simeq 2\sqrt{s(s+1)}$ hat, z.B. bei V^{4+}, V^{3+}, V^{2+}, Cr^{3+}, Cr^{2+}, Fe^{3+}, Fe^{2+}, etc. Hier stört das Kristallfeld die Rotationssymmetrie so stark, dass man effektiv $\ell = 0$ erhält. Näheres siehe bei [36].

5.11   Adiabatische Entmagnetisierung

Mit adiabatischer Entmagnetisierung kann man paramagnetische Salze von ca. 1 K bis ca. 0.01 K abkühlen. Da wir die Anzahl der paramagnetischen Ionen im Salz nicht verändern, bezeichnen wir hier die Abhängigkeit der thermodynamischen Größen von N nicht. Dasselbe machen wir mit dem Volumen V, das hier ebenfalls keine Rolle spielt. Im Unterschied zum vorigen Unterkapitel berücksichtigen wir hier in einer effektiven Weise eine Wechselwirkung zwischen benachbarten Ionen.

Die freie Energie der paramagnetischen Ionen im Kristall:

Wir nehmen wieder an, dass wir die Dipolwechselwirkung benachbarter paramagnetischer Ionen vernachlässigen können, erlauben aber die Möglichkeit einer gewissen Aufspaltung der elektronischen Energieniveaus durch das Magnetfeld benachbarter paramagnetischer Ionen [39]. Das berücksichtigen wir mit dem heuristischen Ansatz

$$E_{im} = \delta_i + g\mu_B \mathcal{H} m \tag{5.181}$$

für die Energieniveaus eines einzelnen Ions, wobei die δ_i die Aufspaltungsenergien des elektronischen Grundzustands angegeben. Somit ist die kanonische Zustandssumme näherungsweise durch

$$Z = (Z_{\text{int}} Z_{\text{mag}})^N \tag{5.182}$$

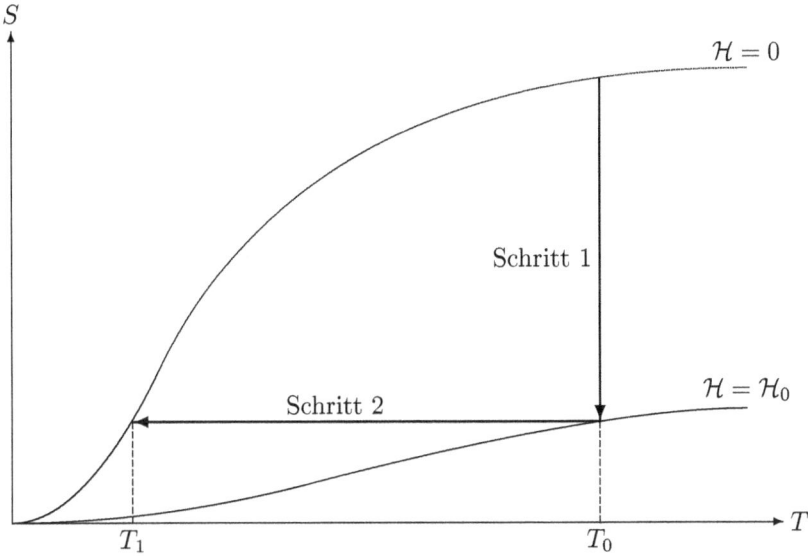

Abbildung 5.7: *Das Prinzip der Kühlung durch adiabatische Entmagnetisierung.*

gegeben mit

$$Z_{\text{int}} = \sum_i e^{-\beta \delta_i} \tag{5.183}$$

und Z_{mag} aus Gl. (5.167). Dann erhalten wir mit Gl. (5.168) und Gl. (5.171)

$$F(T, \mathcal{H}) = -kT \ln Z \quad \text{und} \quad \frac{\partial F}{\partial \mathcal{H}} = -NkT \frac{\partial}{\partial \mathcal{H}} \ln Z_{\text{mag}} = -\mathcal{M}_z(T, \mathcal{H}), \tag{5.184}$$

wobei wir das totale magnetische Moment $\mathcal{M}_z = V M_z$ definiert haben. Somit ist das Differential der freien Energie gegeben durch

$$\mathrm{d}F = -S\mathrm{d}T - \mathcal{M}_z \mathrm{d}\mathcal{H}. \tag{5.185}$$

Das Prinzip der Kühlung durch adiabatische Entmagnetisierung:
Wir definieren die Wärmekapazität bei konstantem Magnetfeld

$$C_H(T, \mathcal{H}) = \left.\frac{\mathrm{d}Q}{\mathrm{d}T}\right|_{\mathcal{H}} = T \left.\frac{\partial S}{\partial T}\right|_{\mathcal{H}}, \tag{5.186}$$

woraus wir

$$C_H > 0 \Rightarrow \left.\frac{\partial S}{\partial T}\right|_{\mathcal{H}} > 0 \tag{5.187}$$

ablesen. Nun leiten wir die Maxwell-Relation

$$\left.\frac{\partial S}{\partial \mathcal{H}}\right|_T = -\frac{\partial}{\partial \mathcal{H}} \frac{\partial F}{\partial T} = \left.\frac{\partial \mathcal{M}_z}{\partial T}\right|_{\mathcal{H}} \tag{5.188}$$

her und folgern aus dem Curie-Gesetz Gl. (5.176), dass

$$\left.\frac{\partial S}{\partial \mathcal{H}}\right|_T < 0 \tag{5.189}$$

gilt. Die Gleichungen (5.187) und (5.189) bilden die Grundlage für die Kühlung durch adiabatische Entmagnetisierung.

Die Kühlung erfolgt in zwei Schritten:

i. Isotherme Magnetisierung bei Temperatur T_0 von $\mathcal{H} = 0$ nach $\mathcal{H} = \mathcal{H}_0$.

ii. Adiabatische (und quasistatische) Entmagnetisierung von $\mathcal{H} = \mathcal{H}_0$ nach $\mathcal{H} = 0$; dabei erfolgt die Temperaturänderung von T_0 auf $T_1 < T_0$.

Im ersten Schritt wird die Entropie verringert – siehe Gl. (5.189). Im zweiten Schritt bleibt die Entropie konstant. Die Entropiezunahme durch das langsame Abschalten des Magnetfelds – siehe wiederum Gl. (5.189) – wird kompensiert durch die Entropieabnahme durch Temperaturverringerung – siehe Gl. (5.187). Die beiden Schritte sind in Abb. 5.7 skizziert; die obere Kurve stellt $S(T, \mathcal{H} = 0)$ dar, die untere $S(T, \mathcal{H} = \mathcal{H}_0)$.

Thermodynamik der adiabatischen Entmagnetisierung:
Unser Ziel ist es, eine Formel für die Änderung der Temperatur bei adiabatischer Entmagnetisierung herzuleiten. Wir betrachten das Differential der Entropie

$$dS(T, \mathcal{H}) = \left.\frac{\partial S}{\partial T}\right|_{\mathcal{H}} dT + \left.\frac{\partial S}{\partial \mathcal{H}}\right|_T d\mathcal{H}. \tag{5.190}$$

Damit erhalten wir

$$dS = 0 \;\Rightarrow\; \left.\frac{\partial T}{\partial \mathcal{H}}\right|_S = -\frac{\left.\dfrac{\partial S}{\partial \mathcal{H}}\right|_T}{\left.\dfrac{\partial S}{\partial T}\right|_{\mathcal{H}}} = -\frac{T}{C_H} \left.\frac{\partial \mathcal{M}_z}{\partial T}\right|_{\mathcal{H}} \tag{5.191}$$

bzw.

$$\left.\frac{\partial T}{\partial \mathcal{H}}\right|_S = -\frac{VT}{C_H} \left.\frac{\partial \mathcal{M}_z}{\partial T}\right|_{\mathcal{H}}. \tag{5.192}$$

Wir benötigen weiters die Abhängigkeit der Wärmekapazität C_H von $\mathcal{H}$. Zu diesem Zweck leiten wir die Maxwell-Relation

$$\left.\frac{\partial C_H}{\partial \mathcal{H}}\right|_T = \left.\frac{\partial}{\partial \mathcal{H}}\right|_T T \left.\frac{\partial S}{\partial T}\right|_{\mathcal{H}} = T \left.\frac{\partial}{\partial T}\right|_{\mathcal{H}} \left.\frac{\partial S}{\partial \mathcal{H}}\right|_T = T \left.\frac{\partial^2 \mathcal{M}_z}{\partial T^2}\right|_{\mathcal{H}} \tag{5.193}$$

her, woraus wir

$$\left.\frac{\partial C_H}{\partial \mathcal{H}}\right|_T = VT \left.\frac{\partial^2 \mathcal{M}_z}{\partial T^2}\right|_{\mathcal{H}} \quad \text{bzw.} \quad C_H(T, \mathcal{H}) = C_H(T, 0) + VT \int_0^{\mathcal{H}} d\mathcal{H}' \left.\frac{\partial^2 \mathcal{M}_z}{\partial T^2}\right|_{\mathcal{H}'} \tag{5.194}$$

erhalten [10]. D.h., die Abhängigkeit von $\mathcal{H}$ in C_H ist durch M_z bestimmt.

Aus dieser Rechnung folgern wir, dass für die Berechnung von $\partial T/\partial \mathcal{H}|_S$ die Größen $C_H(T,0)$ und $M_z(T,\mathcal{H})$ bzw. die magnetische Suszeptibilität $\chi(T,\mathcal{H})$ bekannt sein müssen.

Eine Näherung für $\chi(T,\mathcal{H})$ und $C_H(T,0)$:
Für die magnetische Suszeptibilität nehmen wir das Curie-Gesetz Gl. (5.176)

$$\chi(T,\mathcal{H}) = \frac{a}{T} \tag{5.195}$$

mit einer Konstanten a, denn in der Näherung des Curie-Gesetzes ist χ von $\mathcal{H}$ unabhängig, bzw. die Magnetisierung M_z ist linear in $\mathcal{H}$.

Für $C_H(T,0)$ ist Z_{int} verantwortlich [10, 39]. Gleichung (4.6) liefert

$$C_H(T,0) = \frac{N}{kT^2}\frac{\partial^2}{\partial\beta^2}\ln Z_{\text{int}} = \frac{N}{kT^2}(\Delta H_{\text{int}})^2 \tag{5.196}$$

mit

$$(\Delta H_{\text{int}})^2 = \frac{\sum_i \delta_i^2 e^{-\beta\delta_i}}{Z_{\text{int}}} - \left(\frac{\sum_i \delta_i e^{-\beta\delta_i}}{Z_{\text{int}}}\right)^2. \tag{5.197}$$

Wir machen die Annahme

$$\frac{|\delta_i|}{kT} \ll 1, \tag{5.198}$$

wir betrachten also Temperaturen, bei denen kT immer noch größer als die Aufspaltung des elektronischen Grundzustands des Ions durch das Magnetfeld der benachbarten Ionen ist. Angenommen, die Aufspaltung erfolgt in k Niveaus, dann ist

$$(\Delta H_{\text{int}})^2 \simeq \frac{1}{k}\sum_i \delta_i^2 - \frac{1}{k^2}\left(\sum_i \delta_i\right)^2. \tag{5.199}$$

Gleichung (5.198) bewirkt also, dass $(\Delta H_{\text{int}})^2$ näherungsweise konstant ist. Damit erhalten wir

$$C_H(T,0) \simeq \frac{Vb}{T^2} \tag{5.200}$$

mit einer Konstanten b, und mit Gl. (5.194) und Gl. (5.195) folgt

$$C_H(T,\mathcal{H}) \simeq \frac{Vb}{T^2} + VT\int_0^{\mathcal{H}} d\mathcal{H}'\frac{2a\mathcal{H}'}{T^3} = \frac{V}{T^2}\left(b + a\mathcal{H}^2\right). \tag{5.201}$$

In unserer Näherung erhalten wir also

$$\left.\frac{\partial T}{\partial \mathcal{H}}\right|_S = \frac{aT\mathcal{H}}{b + a\mathcal{H}^2}. \tag{5.202}$$

Diese Differentialgleichung lässt sich leicht lösen:

$$\frac{T_1}{T_0} = \left(\frac{b + a\mathcal{H}_1^2}{b + a\mathcal{H}_0^2}\right)^{1/2}.$$
(5.203)

Schritt 2 der adiabatischen Entmagnetisierung beginnt mit $(T_0, \mathcal{H}_0)$, der Endzustand ist charakterisiert durch $(T_1, \mathcal{H}_1)$. Üblicherweise ist $\mathcal{H}_1 = 0$ wie in Abb. 5.7. Gleichung (5.203) zeigt, dass die Konstante b, welche von der Aufspaltung des elektronischen Grundzustands durch die umgebenden Ionen herrührt (Zeeman-Effekt), die Begrenzung von T_1 nach unten verursacht.

Beispiele für paramagnetische Salze:
Die beiden Beispiele und ihre typischen Kühlbereiche sind aus [10] und [39].

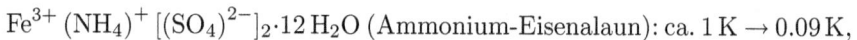

$Fe^{3+} (NH_4)^+ [(SO_4)^{2-}]_2 \cdot 12\,H_2O$ (Ammonium-Eisenalaun): ca. $1\,K \rightarrow 0.09\,K$,

$[Ce^{3+}]_2 [Mg^{2+}]_3 [(NO_3)^-]_{12} \cdot 24\,H_2O$ (Cer-Magnesiumnitrat): ca. $1\,K \rightarrow 0.01\,K$.

Die paramagnetischen Ionen sind Ce^{3+} und Fe^{3+}, welche in diesen Salzen weit separiert sind. Noch ein Wort zu den Spins der Ionen Fe^{3+} und Ce^{3+}. Beide haben Gesamtdrehimpuls $j = 5/2$. Bei Ce^{3+} ist das relativ leicht zu verstehen: Die einzige nichtaufgefüllte Schale ist 4f ($\ell = 3$) mit einem Elektron. Mit den Spineinstellungen wären $j = 5/2$ und 7/2 möglich. Das energetische Minimum ist nach den Hundschen Regeln – siehe z.B. [36] – bei der antiparallelen Einstellung, also $j = 5/2$.

5.12   Ideale Quantengase

In diesem Unterkapitel besprechen wir Fermionen und Bosonen ohne Wechselwirkung, jedoch soll ihre Dichte so groß sein, dass die Unterscheidung zwischen Bose-Einstein-Statistik (BE) und Fermi-Dirac-Statistik (FD) wichtig wird. Weil wir Teilchen ohne Wechselwirkung betrachten, lässt sich der N-Teilchen-Hamiltonoperator als Summe

$$\widehat{H}_N = \sum_{n=1}^N \hat{h}(n)$$
(5.204)

schreiben. Wir nehmen an, dass wir die Eigenzustände und Eigenwerte des Einteilchen-Hamiltonoperators $\hat{h}$ vollständig kennen:

$$\hat{h}\phi_j = \varepsilon_j \phi_j.$$
(5.205)

Den Vielteilchenzustand können wir dadurch charakterisieren, indem wir angeben, wieviele Teilchen sich in den Zuständen ϕ_j befinden. Jeder Vielteilchenzustand wird also durch eine Folge

$$\{\nu\} = \{\nu_1, \nu_2, \nu_3, \ldots\}$$
(5.206)

beschrieben. Anzahl der Teilchen N und Energie $E_{\{\nu\}}$ des Vielteilchenzustands sind daher

$$N = \sum_j \nu_j, \quad E_{\{\nu\}} = \sum_j \nu_j \varepsilon_j. \tag{5.207}$$

Der entscheidende Unterschied zwischen Bosonen und Fermionen ist, dass Bosonen der BE-Statistik und Fermionen der FD-Statistik gehorchen. Daher gilt für die ν_j Folgendes:

$$\text{Bosonen: } \nu_j \in \{0, 1, 2, 3, \ldots\} \equiv \mathbb{N}_0, \quad \text{Fermionen: } \nu_j \in \{0, 1\}. \tag{5.208}$$

Wir berechnen die großkanonische Zustandssumme

$$Y = \sum_{\{\nu\}} \exp\left(-\beta(E_{\{\nu\}} - \mu N_{\{\nu\}})\right)$$

$$= \sum_{\{\nu\}} \exp\left(-\beta \sum_j \nu_j(\varepsilon_j - \mu)\right) = \prod_j \sum_{\nu_j} e^{-\beta \nu_j(\varepsilon_j - \mu)}. \tag{5.209}$$

Gleichung (5.208) besagt, dass für Fermionen in der Summation über ν_j nur zwei Terme vorkommen, während wir für Bosonen eine unendliche geometrische Reihe haben. Das Resultat der Rechnung ist

$$Y = \begin{cases} \prod_j \left(1 - e^{-\beta(\varepsilon_j - \mu)}\right)^{-1} & \text{(BE)}, \\ \prod_j \left(1 + e^{-\beta(\varepsilon_j - \mu)}\right) & \text{(FD)}. \end{cases} \tag{5.210}$$

Damit $\forall j$ der Faktor in der geometrischen Reihe kleiner als eins ist, muss

$$\text{BE:} \quad \mu < \min_j \varepsilon_j \tag{5.211}$$

erfüllt sein. Da wir zwar beliebig viele, aber pro Vielteilchenzustand eine endliche Anzahl von Teilchen haben, sind die Operationen, die zu Gl. (5.210) führen, gerechtfertigt – vorausgesetzt, das unendliche Produkt konvergiert.

Damit haben wir das großkanonische Potential

$$J(T, V, \mu) = -Vp(T, \mu) = -kT \ln Y \tag{5.212}$$

und auch den Druck

$$p(T, \mu) = \begin{cases} -\frac{kT}{V} \sum_j \ln\left(1 - e^{-\beta(\varepsilon_j - \mu)}\right) & \text{(BE)}, \\ \frac{kT}{V} \sum_j \ln\left(1 + e^{-\beta(\varepsilon_j - \mu)}\right) & \text{(FD)}. \end{cases} \tag{5.213}$$

als Funktion von T, V, μ gefunden.

Mit dem Potential J bestimmen wir N durch

$$N = -\frac{\partial J}{\partial \mu} = V \frac{\partial p}{\partial \mu}, \tag{5.214}$$

was mit Gl. (5.213)

$$N = \sum_j \frac{1}{e^{\beta(\varepsilon_j - \mu)} \mp 1} \quad \text{mit} \quad - \text{ für BE}, \; + \text{ für FD} \tag{5.215}$$

ergibt. Geben wir N vor, dann wird aus dieser Gleichung das chemische Potential μ bestimmt. Die Bedeutung des chemischen Potentials μ ist also, die gewünschte Teilchenzahl einzustellen. Die Energie kann man leicht mit Hilfe von Gl. (4.18) bestimmen, was

$$U = \sum_j \frac{\varepsilon_j}{e^{\beta(\varepsilon_j - \mu)} \mp 1} \tag{5.216}$$

liefert.

Es ist naheliegend, dass die einzelnen Summanden in Gl. (5.215) die mittleren Besetzungszahlen des Energieniveaus ε_j sind – siehe auch Gl. (5.216). Dass dies tatsächlich so ist, wollen wir jetzt präzisieren. Eigentlich ist die Besetzungszahl des Energieniveaus ε_j ein Operator $\hat{\nu}_j$ und wir wollen den Erwartungswert von $\hat{\nu}_j$ im großkanonischen Ensemble ausrechnen. Diesen Erwartungswert bezeichnen wir mit $\bar{\nu}_j$. Er ist gegeben durch

$$\begin{aligned}
\bar{\nu}_j &= \frac{1}{Y} \sum_{\{\nu\}} \nu_j \, \exp\left(-\beta \sum_k \nu_k(\varepsilon_k - \mu) \right) \\
&= \left(1 \mp e^{-\beta(\varepsilon_j - \mu)}\right)^{\pm 1} \sum_{\nu_j = 0}^{\nu_{\max}} \nu_j \, e^{-\nu_j(\beta\varepsilon_j + \alpha)} \\
&= -\left(1 \mp e^{-\beta(\varepsilon_j - \mu)}\right)^{\pm 1} \frac{\partial}{\partial \alpha} \left(1 \mp e^{-(\beta\varepsilon_j + \alpha)}\right)^{\mp 1},
\end{aligned} \tag{5.217}$$

wobei die oberen Vorzeichen und $\nu_{\max} = \infty$ für BE anzuwenden sind und die unteren Vorzeichen und $\nu_{\max} = 1$ für FD. Weiters haben wir in der Zwischenrechnung die Abkürzung $\alpha = -\beta\mu$ benützt. Auswertung von Gl. (5.217) ergibt die erwartete mittlere Besetzungszahl

$$\bar{\nu}_j = \frac{1}{e^{\beta(\varepsilon_j - \mu)} \mp 1}. \tag{5.218}$$

Damit lassen sich Gl. (5.215) und Gl. (5.216) als

$$N = \sum_j \bar{\nu}_j, \quad U = \sum_j \bar{\nu}_j \varepsilon_j \tag{5.219}$$

schreiben.

Der Limes kleiner Besetzungszahlen:
Wir untersuchen jetzt den Fall, dass $\bar{\nu}_j \ll 1 \; \forall\, j$ gilt. Das ist äquivalent mit

$$\bar{\nu}_j \simeq e^{-\beta(\varepsilon_j - \mu)} \ll 1. \tag{5.220}$$

D.h., in diesem Limes verschwindet der Unterschied zwischen FD und BE, und die mittleren Besetzungszahlen verhalten sich nach der Maxwell-Boltzmann-Statistik (MB). In diesem Grenzfall lässt sich μ leicht ausrechnen, denn es gilt dann

$$N \simeq \sum_k e^{-\beta(\varepsilon_k - \mu)} = e^{\beta\mu} \sum_k e^{-\beta\varepsilon_k} \;\Rightarrow\; e^{\beta\mu} \simeq \frac{N}{\sum_k e^{-\beta\varepsilon_k}}. \tag{5.221}$$

Somit sind die mittleren Besetzungszahlen gegeben durch

$$\bar{\nu}_j \simeq \frac{N e^{-\beta\varepsilon_j}}{\sum_k e^{-\beta\varepsilon_k}}. \tag{5.222}$$

Da wir μ im obigen Limes ausrechnen konnten, ist es naheliegend, Z zu berechnen. Aus der freien Energie F erhält man J durch Legendre-Transformation: $J = F - \mu N$. Wegen $F = -kT \ln Z$ und $J = -kT \ln Y$ erhalten wir die allgemeine Relation

$$\ln Z = \ln Y - \beta\mu N. \tag{5.223}$$

Anwendung auf Gl. (5.210) ergibt

$$\ln Z = \mp \sum_j \ln\left(1 \mp e^{-\beta(\varepsilon_j - \mu)}\right) - \beta\mu N. \tag{5.224}$$

Mit Gl. (5.220) und Gl. (5.221) berechnen wir

$$\ln Z \simeq \sum_j e^{-\beta(\varepsilon_j - \mu)} - \beta\mu N \simeq N - N \ln\frac{N}{\sum_j e^{-\beta\varepsilon_j}} = -(N \ln N - N) + N \ln \sum_j e^{-\beta\varepsilon_j}. \tag{5.225}$$

Durch Anwendung der Stirlingschen Formel in der Gestalt $N \ln N - N \simeq \ln N!$ erhalten wir Gl. (4.14):

$$Z \simeq \frac{1}{N!} \left(\sum_j e^{-\beta\varepsilon_j}\right)^N. \tag{5.226}$$

Zusammenfassend finden wir also Folgendes:

$$\bar{\nu}_j \ll 1 \,\forall j \;\Rightarrow\; Z_{\mathrm{FD,BE}} \to \frac{1}{N!} Z_{\mathrm{MB}} \quad \text{mit} \quad Z_{\mathrm{MB}} = \left(\sum_j e^{-\beta\varepsilon_j}\right)^N. \tag{5.227}$$

Wären die Teilchen unterscheidbar, hätten wir die kanonische Zustandssumme Z_{MB} der Maxwell-Boltzmann-Verteilung.

Zum Abschluss noch zwei Bemerkungen zur früheren Behandlung des einatomigen idealen Gases:

1. In diesem Fall ist $\bar{\nu}_j \ll 1$ äquivalent zu

$$e^{\beta\mu} = \frac{N}{Z_{\mathrm{tr}}} = \frac{N\lambda^3}{V} \ll 1. \tag{5.228}$$

Letzteres ergibt $\lambda^3 \ll N/V$, also genau die Bedingung für die klassische Behandlung des Gases.

2. Bei der Abzählung der Zustände im Kasten – siehe Unterkapitel 1.3 – haben wir implizit angenommen, dass mehrfach besetzte Einteilchen-Zustände nicht relevant sind, daher war die Unterscheidung FD-BE unwichtig und wir haben ein verdünntes, klassisches Gas behandelt. Das Ergebnis der Abzählung $\tilde{\Omega}$ entspricht der MB-Statistik, das wir dann mit dem Faktor $1/N!$ zu Ω korrigiert haben.

Illustration des Unterschieds zwischen den Statistiken:

Nun betrachten wir einen Fall, der zu dem mit kleinen Besetzungszahlen entgegengesetzt ist. Wir gehen von nur zwei Energieniveaus und zwei Teilchen aus. Dann kann man die kanonische Zustandssumme für die verschiedenen Statistiken sofort hinschreiben und sehen, dass die entsprechenden kanonischen Zustandssummen bei dichter Besetzung im Allgemeinen ganz verschieden sind:

$$Z_{FD} = e^{-\beta(\varepsilon_1+\varepsilon_2)}, \tag{5.229}$$

$$Z_{BE} = e^{-2\beta\varepsilon_1} + e^{-\beta(\varepsilon_1+\varepsilon_2)} + e^{-2\beta\varepsilon_2}, \tag{5.230}$$

$$Z_{MB} = e^{-2\beta\varepsilon_1} + 2\,e^{-\beta(\varepsilon_1+\varepsilon_2)} + e^{-2\beta\varepsilon_2} = \left(e^{-\beta\varepsilon_1} + e^{-\beta\varepsilon_2}\right)^2. \tag{5.231}$$

Das freie ideale Quantengas:

Hier sollen die Teilchen nicht nur nichtwechselwirkend sondern auch frei sein. Weiters machen wir die Annahme, dass außer dem Spin keine inneren Freiheitsgrade vorhanden sind bzw. keine Rolle spielen. Damit ist die Energie der Teilchen einfach durch die kinetische Energie

$$\varepsilon(\vec{p}) = \frac{\vec{p}^2}{2m} \tag{5.232}$$

gegeben. Wegen Gl. (5.211) haben wir außerdem $\mu < 0$ für Bosonen. Gemäß Gl. (4.41) ersetzen wir Summation durch Integration und erhalten für Teilchenzahl und Energie

$$N = (2s+1)\frac{V}{(2\pi\hbar)^3}\int \mathrm{d}^3p\,\frac{1}{e^{\beta(\varepsilon-\mu)}\mp 1},\quad U = (2s+1)\frac{V}{(2\pi\hbar)^3}\int \mathrm{d}^3p\,\frac{\varepsilon}{e^{\beta(\varepsilon-\mu)}\mp 1}. \tag{5.233}$$

Dabei bezeichnet s den Spin der Teilchen. Für Bosonen gilt in Gl. (5.233) das Minuszeichen und s ist ganzzahlig, während für Fermionen das Pluszeichen zu nehmen ist bei halbzahligem s. In der Folge beziehen sich die oberen Vorzeichen immer auf Bosonen, die unteren auf Fermionen. Wir führen als Abkürzung die *Fugazität*

$$z = e^{\beta\mu} \tag{5.234}$$

ein. Unser Ziel ist es, N und U als Funktion von z darzustellen. Wir nehmen im Folgenden an, dass $z < 1$ gilt, was die Entwicklung der Integranden von N und U in eine geometrische Reihe nach $ze^{-\beta\varepsilon}$ zulässt. Wir behandeln zuerst N und erhalten

$$N(T,V,\mu) = \pm(2s+1)\frac{V}{(2\pi\hbar)^3}\int \mathrm{d}^3p\,\sum_{\ell=1}^{\infty}(\pm z)^{\ell}e^{-\beta\varepsilon\ell}. \tag{5.235}$$

Wir vertauschen Summation und Integration und machen für jedes ℓ im Integral die Variablentransformation $\vec{q} = \sqrt{\ell}\,\vec{p}$. Damit werden alle Integrale auf Gl. (4.58) zurückgeführt und die Jacobi-Determinante gibt den Faktor $\ell^{-3/2}$, was zum Resultat

$$N(T, V, \mu) = \pm(2s+1)\frac{V}{\lambda^3}\, g_{3/2}(\pm z) \tag{5.236}$$

mit der thermischen de Broglie-Wellenlänge $\lambda(T)$ aus Gl. (1.66) führt. Die Funktion $g_{3/2}(z)$ ist definiert über die Funktionenklasse

$$g_\alpha(z) = \sum_{\ell=1}^{\infty} \frac{z^\ell}{\ell^\alpha}, \tag{5.237}$$

welche jedem $\alpha \in \mathbb{R}$ eine unendliche Reihe mit Konvergenzradius eins zuordnet. Für $z = 1$ konvergieren diese Reihen, falls $\alpha > 1$ ist; in diesem Fall ist $g_\alpha(1) = \zeta(\alpha)$.

Wie die Teilchenzahl kann auch die Energie nach der Fugazität entwickelt werden:

$$U = \pm(2s+1)\frac{V}{(2\pi\hbar)^3} \int \mathrm{d}^3 p \sum_{\ell=1}^{\infty} (\pm z)^\ell \left(-\frac{1}{\ell}\frac{\partial}{\partial\beta}\right) e^{-\beta\varepsilon\ell}$$

$$= \pm(2s+1)\, V \sum_{\ell=1}^{\infty} (\pm z)^\ell \left(-\frac{\partial}{\partial\beta}\right) \frac{1}{\lambda^3 \ell^{5/2}}. \tag{5.238}$$

Mit

$$-\frac{\partial}{\partial\beta}\frac{1}{\lambda^3} = \frac{3}{2}\frac{kT}{\lambda^3} \tag{5.239}$$

erhalten wir schließlich

$$U(T, V, \mu) = \pm\frac{3}{2}\,kT\,(2s+1)\frac{V}{\lambda^3}\, g_{5/2}(\pm z). \tag{5.240}$$

Wir betonen nochmals, dass bei der Herleitung angenommen wurde, dass innere Freiheitsgrade keine Rolle spielen.

Nun betrachten wir den Fall, dass die Fugazität klein ist. Nach Gl. (5.236) ist das genau dann der Fall, wenn $\rho\lambda^3$ klein ist, wobei $\rho = N/V$ die Teilchendichte ist. Wir begnügen uns in den Gleichungen (5.236) und (5.240) mit den Termen linear und quadratisch in z:

$$N \simeq (2s+1)\frac{V}{\lambda^3}\left(z \pm \frac{z^2}{2^{3/2}}\right), \quad U \simeq \frac{3}{2}\,kT\,(2s+1)\frac{V}{\lambda^3}\left(z \pm \frac{z^2}{2^{5/2}}\right). \tag{5.241}$$

Mit $y \equiv \rho\lambda^3/(2s+1)$ erhalten wir $z \simeq y(1 \mp y/2^{3/2})$ aus der Gleichung für N. Einsetzen in U liefert das gesuchte Resultat

$$U \simeq \frac{3}{2}\,NkT\left(1 \mp \frac{1}{2^{5/2}}\frac{\rho\lambda^3}{2s+1}\right). \tag{5.242}$$

Der zweite Term in der Klammer stellt die Quantenkorrektur zu $U = \frac{3}{2}NkT$ auf Grund der BE-Statistik (Minuszeichen) bzw. der FD-Statistik (Pluszeichen) dar.

Nun wollen wir den Druck in die Betrachtung einbeziehen. Ersetzen wir wieder mit Hilfe von Gl. (4.41) Summation durch Integration, dann liefert Gl. (5.213)

$$\frac{p(T,\mu)}{kT} = \mp(2s+1) \int \frac{\mathrm{d}^3p}{(2\pi\hbar)^3} \ln\left(1 \mp e^{-\beta(\varepsilon-\mu)}\right). \tag{5.243}$$

Im hier auftretenden Integral verwenden wir Polarkoordinaten. Mit $p \equiv |\vec{p}|$ und partieller Integration ergibt sich

$$\int_0^\infty \mathrm{d}p\, p^2 \ln\left(1 \mp e^{-\beta(\varepsilon-\mu)}\right)$$

$$= \frac{1}{3} p^3 \ln\left(1 \mp e^{-\beta(\varepsilon-\mu)}\right)\Big|_0^\infty + \frac{1}{3}\int_0^\infty \mathrm{d}p\, p^3 \frac{\mp e^{-\beta(\varepsilon-\mu)}\beta p/m}{1 \mp e^{-\beta(\varepsilon-\mu)}}$$

$$= \mp\frac{2}{3}\beta \int_0^\infty \mathrm{d}p\, p^2 \frac{\varepsilon}{e^{-\beta(\varepsilon-\mu)} \mp 1}. \tag{5.244}$$

Somit erhalten wir das Resultat

$$p = \frac{2}{3}\frac{U}{V}. \tag{5.245}$$

Diese Relation ist uns schon beim idealen einatomigen Gas in Unterkapitel 1.4 begegnet. Die neue Erkenntnis hier ist allerdings, dass sie auch bei Berücksichtigung der Quantenstatistik, und zwar unabhängig von BE oder FD, Gültigkeit hat.

Gleichungen (5.242) und (5.245) liefern eine Quantenkorrektur zur thermischen Zustandsgleichung des idealen Gases:

$$pV \simeq NkT\left(1 \mp \frac{1}{2^{5/2}}\frac{\rho\lambda^3}{2s+1}\right). \tag{5.246}$$

Für Bosonen ist der Druck etwas geringer, für Fermionen etwas höher als im rein klassischen Fall.

Die praktische Bedeutung der Quantenkorrektur zur Zustandsgleichung des idealen Gases ist gering. Für ein gewöhnliches Gas gibt es bereits einen Korrekturterm ρb in der van der Waals-Gleichung (3.1), welcher wegen $\lambda^3 \ll b$ im Allgemeinen wesentlich größer als die Quantenkorrektur ist, da b etwa durch das Vierfache des Eigenvolumens des Gasmoleküls gegeben ist – siehe Unterkapitel 6.2 – und die thermische de Broglie-Wellenlänge recht klein ist – siehe Gl. (4.36). Zum Vergleich geben wir auch das Volumen eines Moleküls eines idealen Gases bei Normbedingungen an: $v_n = 1/\rho_n \simeq (33.4\,\text{Å})^3$; dies verdeutlicht die Kleinheit von $\rho\lambda^3$, wenn das Gas nicht sehr dicht ist.

Für Elektronen im Zentrum der Sonne ist die Dichte mit $\rho_{\text{el}} \simeq 6 \times 10^{25}\,\text{cm}^{-3}$ hoch, jedoch ist wegen $T \simeq 15 \times 10^6\,\text{K}$ die thermische de Broglie-Wellenlänge trotzdem nur etwa 0.2 Å. Allerdings ist $\rho\lambda^3 \simeq 0.45$ und somit die Quantenkorrektur zum Druck der Elektronen etwa 4 %. Für die Protonen und ^{4}He-Kerne im Zentrum der Sonne spielen Quantenkorrekturen zum Druck keine Rolle, da die de Broglie-Wellenlänge zu klein ist.

In guter Näherung kann man das Plasma im Zentrum der Sonne als ideales Gas betrachten und der Gesamtdruck setzt sich daher aus den Partialdrücken der Elektronen, Protonen und ^{4}He-Kerne zusammen [40]; das verringert noch etwas die Bedeutung der Quantenkorrektur zum Gesamtdruck. Jedoch wird sich in Unterkapitel 5.15 zeigen, dass die FD-Statistik für Elektronen in weißen Zwergen und Leitungselektronen im Metall eine entscheidende Rolle spielt. In diesen Fällen ist allerdings Gl. (5.246) unbrauchbar und man muss auf die exakten Formeln in Gl. (5.233) zurückgreifen.

Das ultrarelativistische ideale Quantengas:

In der Diskussion des frühen Universums werden häufig die Teilchen- und Energiedichten von ultrarelativistischen massiven Teilchen bei $\mu \to 0$ verwendet. Aus Gl. (5.233) mit $\varepsilon(\vec{p}) = c_l|\vec{p}|$ und den Integralformeln

$$\int_0^\infty \mathrm{d}x \, \frac{x^2}{e^x - 1} = 2\,\zeta(3) \ \text{mit} \ \zeta(3) \simeq 1.202, \qquad \int_0^\infty \mathrm{d}x \, \frac{x^3}{e^x - 1} = \frac{\pi^4}{15} \qquad (5.247)$$

aus Theorem 6 erhalten wir die gewünschten Formeln für Teilchen- und Energiedichte

$$\rho_{\mathrm{BE}} = (2s+1) \frac{\zeta(3)}{\pi^2} \left(\frac{kT}{\hbar c_l}\right)^3, \qquad \eta_{\mathrm{BE}} = (2s+1) \frac{\pi^2}{30} \frac{(kT)^4}{(\hbar c_l)^3}, \qquad (5.248)$$

welche für die BE-Statistik gelten. Die Formeln der FD-Statistik unterscheiden sich von denen der BE-Statistik nur durch Zahlenfaktoren:

$$\rho_{\mathrm{FD}} = \frac{3}{4} \rho_{\mathrm{BE}}, \qquad \eta_{\mathrm{FD}} = \frac{7}{8} \eta_{\mathrm{BE}}. \qquad (5.249)$$

Diese Zahlenfaktoren bekommt man wiederum mit Theorem 6.

Um den Druck im Fall von relativistischen Teilchen zu berechnen, gehen wir wieder von Gl. (5.243) aus. Nun kann μ wieder beliebig sein. In Gl. (5.244) müssen wir nur beachten, dass wir nun die relativistische kinetische Energie $c_l|\vec{p}|$ haben. Das hat zur Folge, dass am Ende der Gl. (5.244) der Faktor 1/3 statt 2/3 steht. Somit gilt

$$p = \frac{1}{3} \frac{U}{V} \qquad (5.250)$$

im relativistischen Fall und μ beliebig.

Zum Abschluss berechnen wir noch die Entropiedichten bei $\mu \to 0$. Wir verwenden, dass wir mit Gl. (5.250)

$$J = -pV = -\frac{1}{3} U \qquad (5.251)$$

bekommen. Einsetzen der obigen Energiedichten und Ableiten nach T liefert die Entropiedichten

$$s_{\mathrm{BE}} = (2s+1) \frac{2\pi^2}{45} k \left(\frac{kT}{\hbar c_l}\right)^3 \quad \text{und} \quad s_{\mathrm{FD}} = \frac{7}{8} s_{\mathrm{BE}}. \qquad (5.252)$$

5.13   Das Photonengas

Das chemische Potential der Photonen:

Die Anzahl der Photonen in einem Behälter kann nicht vorgegeben werden, da an den Wänden ständig Photonen erzeugt und absorbiert werden. Betrachten wir das Gesamtsystem Hohlraum mit Photonen und das dazu gekoppelte Wärmebad, muss die Entropie als Funktion der Zahl der Photonen N ein Maximum haben. Daher gilt

$$\frac{\partial S}{\partial N} = -\frac{\mu}{T} = 0 \quad \Rightarrow \quad \mu = 0, \tag{5.253}$$

wobei μ das chemische Potential der Photonen ist. Folglich ist $Y = Z$ für die Photonen im Hohlraum.

Die Abzählung der Zustände:

Dazu stellen wir uns vor, dass die Gefäßwände aus Metall sind. Daher ist die Randbedingung $\vec{E}_\parallel = \vec{0}$ für das elektrische Feld parallel zur Wand [41]. Das Gefäß ist definiert durch $0 \leq x_j \leq L_j$ $(j = 1, 2, 3)$. Wenn $\vec{k}$ der Wellenzahlvektor ist, muss $\sin(\vec{k} \cdot \vec{x})$ an den Gefäßwänden Null sein. Daher ist

$$\vec{k} = \pi \begin{pmatrix} n_1/L_1 \\ n_2/L_2 \\ n_3/L_3 \end{pmatrix} \quad \text{mit} \quad n_j \in \mathbb{N}. \tag{5.254}$$

Für jeden Wellenzahlvektor gibt es zwei Polarisationen. Übrigens kann man zeigen, dass die spezielle Form des Gefäßes keine Rolle für die Überlegungen zur Hohlraumstrahlung spielt, falls die relevanten Wellenlängen viel kleiner als die Gefäßdimensionen sind [10]. Für die Photonenergie gilt

$$\epsilon(\vec{p}) = c_l |\vec{p}| = \hbar\omega \quad \Rightarrow \quad \mathrm{d}|\vec{p}| = \frac{\hbar}{c_l}\,\mathrm{d}\omega. \tag{5.255}$$

Daher können wir wie in Abschnitt 4.4.1 bei der Abzählung der Zustände vorgehen und erhalten

$$2 \times \frac{V}{(2\pi\hbar)^3} \int \mathrm{d}^3 p \to \frac{V}{\pi^2 c_l^3} \int_0^\infty \mathrm{d}\omega\,\omega^2. \tag{5.256}$$

Dabei haben wir Gl. (5.255) verwendet und auch schon die Winkelintegration durchgeführt.

Die Strahlungsgesetze der Hohlraumstrahlung:

Die Abzählung der Zustände zusammen mit den Überlegungen aus dem Unterkapitel 5.12 liefern sofort die spektrale Teilchendichte

$$\rho(\omega) = \frac{1}{\pi^2 c_l^3} \frac{\omega^2}{e^{\frac{\hbar\omega}{kT}} - 1} \tag{5.257}$$

und die spektrale Energiedichte (*Plancksches Strahlungsgesetz*)

$$\eta(\omega) = \frac{\hbar}{\pi^2 c_l^3} \frac{\omega^3}{e^{\frac{\hbar\omega}{kT}} - 1}. \tag{5.258}$$

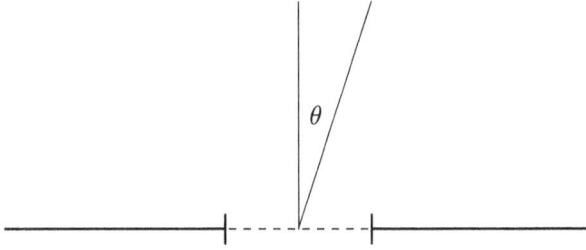

Abbildung 5.8: *Strahlungsleistung eines Hohlraums. Aus der Öffnung mit der Fläche A entweicht Hohlraumstrahlung.*

Für die integrierten Versionen von Gl. (5.257) und Gl. (5.258) wenden wir die Formeln aus Gl. (5.247) an. Damit erhalten wir

$$\rho(T) = \frac{2\,\zeta(3)}{\pi^2}\left(\frac{kT}{\hbar c_l}\right)^3, \quad \eta(T) = \frac{\pi^2}{15}\frac{(kT)^4}{(\hbar c_l)^3}, \tag{5.259}$$

wobei die Formel für $\eta(T)$ *Stefan-Boltzmann-Gesetz* genannt wird. Wir hätten diese Beziehungen auch aus Gl. (5.248) erhalten können durch Ersetzung von $2s+1$ durch 2.

Zuletzt untersuchen wir, bei welcher Frequenz sich das Maximum der spektralen Energiedichte befindet. Dazu brauchen wir das Maximum von $x^3/(e^x - 1)$, welches bei $x_m \simeq 2.822$ liegt. Somit erhalten wir das *Wiensche Verschiebungsgesetz*

$$\frac{\hbar\omega_{\max}}{kT} = x_m. \tag{5.260}$$

Der Strahlungsdruck:

Hier führen wir im Wesentlichen nur die am Ende des Unterkapitels 5.12 angedeutete Rechnung für den ultrarelativistischen Fall durch. Wegen $p = -J/V = (kT/V)\ln Y$ benützen wir die großkanonische Zustandssumme für Bosonen und berechnen

$$p = -\frac{kT}{\pi^2 c_l^3}\int_0^\infty d\omega\,\omega^2 \ln\left(1 - e^{-\beta\hbar\omega}\right) =$$

$$-\frac{kT}{\pi^2 c_l^3}\left\{\left[\frac{1}{3}\omega^3 \ln\left(1 - e^{-\beta\hbar\omega}\right)\right]_0^\infty - \frac{1}{3}\int_0^\infty d\omega\,\omega^3\,\frac{\beta\hbar e^{-\beta\hbar\omega}}{1 - e^{-\beta\hbar\omega}}\right\}. \tag{5.261}$$

Dies ergibt das Resultat

$$p(T) = \frac{1}{3}\,\eta(T). \tag{5.262}$$

Strahlungsleistung eines Hohlraums:

Wir nehmen an, dass der Hohlraum eine kleine Öffnung der Fläche A hat – siehe Abb. 5.8. Dann entweicht senkrecht zur Öffnung durch die Fläche $dx\,dy$ pro Sekunde die Energie $\eta\,dx\,dy\,c_l$. Im Winkel θ zur Normalen ist die Energie um den Faktor

$\cos\theta$ verringert. Die Wahrscheinlichkeit, dass der Strahl durch das Raumwinkelelement $d\Omega = \sin\theta d\theta d\psi$ geht, ist $d\Omega/(4\pi)$. Daher ist die durch die Öffnung emittierte Strahlungsleistung gegeben durch

$$P_{\text{em}} = \eta(T)\, c_l\, A\, \frac{1}{4\pi} \int_0^{2\pi} d\phi \int_0^{\pi/2} d\theta \sin\theta \cos\theta. \qquad (5.263)$$

Somit haben wir das Resultat

$$P_{\text{em}} = \frac{1}{4}\, c_l A\, \eta(T). \qquad (5.264)$$

Diese Ableitung ist auf einen Hohlraum bezogen (*Hohlraumstrahlung* oder *Schwarze Strahlung*), jedoch ist der Gültigkeitsbereich ein viel größerer. Auch die Abstrahlung von Materieoberflächen ist oft durch P_{em} gegeben, abgesehen von Abweichungen z.B. durch Emissions- und Absorptionslinien. Die Sonnenoberfläche ist näherungsweise ein schwarzer Strahler mit $T \sim 5800$ K, wenn man die bekannte Strahlungsleistung der Sonne hernimmt und mit Gl. (5.264) und η aus Gl. (5.259) der Sonne eine Temperatur zuordnet. Die *Kosmische Hintergrundstrahlung*, ein Überbleibsel vom Urknall, hat mit extrem guter Genauigkeit das Frequenzspektrum der Hohlraumstrahlung. Diese Strahlung ist zuletzt bei der e^+e^--Annihilation etwa zwei Sekunden nach dem Urknall aufgeheizt worden und hat sich seitdem gemäß dem Gesetz $T \propto 1/a(t)$ abgekühlt, wobei $a(t)$ der Skalenfaktor in der Friedmann-Robertson-Walker-Metrik ist. Heute hat die Kosmische Hintergrundstrahlung eine Temperatur von $T_0 = 2.725 \pm 0.001$ K. Eine Diskussion des frühen Universums ist z.B. in [42] zu finden.

Freie Energie und Entropie des Photonengases:

Wegen $Z = Y$ für Photonen gilt Gleichheit von freier Energie und großkanonischem Potential, und daher ist $F = -pV$. Wir schreiben als Abkürzung für das Stefan-Boltzmann-Gesetz $\eta = \sigma_{\text{SB}}T^4$, wobei die Konstante σ_{SB} aus Gl. (5.259) abgelesen werden kann. Dann erhalten mit Gl. (5.262)

$$F(T,V) = -\frac{1}{3}\,\sigma_{\text{SB}}VT^4 \quad \text{und} \quad S(T,V) = -\frac{\partial F}{\partial V} = \frac{4}{3}\,\sigma_{\text{SB}}VT^3. \qquad (5.265)$$

5.14   Ideales Bose-Gas

Anzahl der Teilchen und Bose-Einstein-Kondensation:

In diesem Unterkapitel beschäftigen wir uns mit nichtrelativistischen freien Teilchen mit Spin 0 und Masse M. Daher ist

$$\varepsilon(\vec{p}) = \frac{\vec{p}^2}{2M} \quad \text{und} \quad \mu < 0. \qquad (5.266)$$

Letzteres folgt aus Gl. (5.211) und wurde schon in Unterkapitel 5.12 verwendet, wo wir auch

$$N(T,V,\mu) = \frac{V}{\lambda^3}\, g_{3/2}(z) \quad \text{mit} \quad \lambda = \frac{h}{\sqrt{2\pi MkT}} \qquad (5.267)$$

hergeleitet haben.

Betrachten wir Gl. (5.267) genauer. Wenn wir $\rho = N/V$ festhalten und T kleiner werden lassen, muss wegen $\rho \propto T^{3/2} g_{3/2}(z)$ die Fugazität $z = \exp(-\beta\mu)$ bzw. das chemische Potential μ größer werden (d.h., $|\mu|$ wird kleiner), um ρ zu reproduzieren. Das geht allerdings nur bis zu einer kritischen Temperatur $T_c(\rho)$, wo $\mu = 0$ erreicht wird. Die kritische de Broglie-Wellenlänge und die kritische Temperatur sind daher gegeben durch

$$\rho \lambda_c^3 = \zeta(3/2) \quad \text{bzw.} \quad kT_c = \frac{2\pi}{[\zeta(3/2)]^{2/3}} \frac{\hbar^2 \rho^{2/3}}{M} \tag{5.268}$$

mit $\zeta(3/2) \simeq 2.612$.

Damit haben wir gefunden, dass Gl. (5.267) nur für $T \geq T_c$ gültig ist. Andrerseits hat $N = \sum_j \bar{\nu}_j$ aber für jedes T eine Lösung. Im Prinzip ist die Energie ja quantisiert in einem endlichen Volumen, auch wenn die Abstände zwischen den Niveaus sehr klein sind, und wir können immer beliebig viele Teilchen in den Grundzustand stecken, sofern μ nur genügend nahe bei der Grundzustandsenergie ε_0 ist. Für $\beta(\varepsilon_0 - \mu) \ll 1$ erhalten wir nämlich

$$\bar{\nu}_0 = \frac{1}{e^{\beta(\varepsilon_0-\mu)} - 1} \simeq \frac{kT}{\varepsilon_0 - \mu} \tag{5.269}$$

und $\bar{\nu}_0 \gg 1$. Die Schranke $T \geq T_c$ ist also ein Artefakt des Übergangs von der Summation zur Integration und im thermodynamischen Limes mit makroskopischer Besetzung $N_0 \equiv \bar{\nu}_0$ des Grundzustands ist $\mu \simeq \varepsilon_0 - kT/N_0$. Das Endresultat ist damit

$$N(T, V, \mu) = \begin{cases} \dfrac{V}{\lambda^3} g_{3/2}(z) & (T \geq T_c), \\ N_0 + \dfrac{V}{\lambda^3} \zeta(3/2) & (T \leq T_c). \end{cases} \tag{5.270}$$

Mit Hilfe von Gl. (5.268) machen wir die Umformung

$$\frac{V}{\lambda^3} \zeta(3/2) = \frac{\lambda_c^3}{\lambda^3} \rho V = \left(\frac{T}{T_c}\right)^{3/2} N, \tag{5.271}$$

was mit Gl. (5.270) zu

$$\frac{N_0}{N} = \begin{cases} 0 & (T \geq T_c), \\ 1 - \left(\dfrac{T}{T_c}\right)^{3/2} & (T \leq T_c) \end{cases} \tag{5.272}$$

führt. Der Prozess, bei dem sich makroskopisch viele Teilchen im Grundzustand ansammeln, heißt *Bose-Einstein-Kondensation*.

Die Energie des idealen Bose-Gases:

Von Gl. (5.240) wissen wir, dass die innere Energie durch

$$U(T, V, \mu) = \frac{3}{2} kT \frac{V}{\lambda^3} g_{5/2}(z) \quad \text{für} \quad T \geq T_c \tag{5.273}$$

gegeben ist. Falls $T \leq T_c$ gilt, müssen wir in dieser Gleichung $\mu = 0$ setzen. Das Kondensat trägt nicht zur Energie bei, da alle Teilchen im Kondensat die Energie Null haben. Daher ist

$$U = \frac{3}{2} kT \frac{V}{\lambda^3} \zeta(5/2) \quad \text{für} \quad T \leq T_c. \tag{5.274}$$

Mit der Umformung Gl. (5.271) erhalten wir schließlich

$$U = \frac{3\,\zeta(5/2)}{2\,\zeta(3/2)} NkT \left(\frac{T}{T_c}\right)^{3/2} \quad (T \leq T_c). \tag{5.275}$$

Dabei ist $\zeta(5/2) \simeq 1.2415$.

Gleichung (5.273) hat den üblichen Nachteil von Erwartungswerten des großkanonischen Ensembles, dass U von μ abhängt. Im konkreten Fall muss man für $T > T_c$ die Fugazität z aus

$$\rho\lambda^3 = g_{3/2}(z) \tag{5.276}$$

bestimmen – siehe Gl. (5.267) – und in Gl. (5.273) einsetzen, um U als Funktion von T, V, N, bzw. U/N als Funktion von T und ρ zu erhalten. Statt ρ kann man auch die kritische Temperatur verwenden bzw. die Identität

$$\rho\lambda^3 = \zeta(3/2) \left(\frac{T_c}{T}\right)^{3/2}, \tag{5.277}$$

die man aus Gl. (5.271) erhält.

Den Fall $T \gg T_c$ haben wir eigentlich schon in Unterkapitel 5.12 betrachtet und das Resultat Gl. (5.242) erhalten. Formen wir dieses unter Verwendung von T_c um, ergibt sich

$$U(T, V, N) \simeq \frac{3}{2} NkT \left(1 - \frac{\zeta(3/2)}{2^{5/2}} \left(\frac{T_c}{T}\right)^{3/2}\right) \tag{5.278}$$

und, wenig überraschend, $U \simeq 3NkT/2$ für $T \gg T_c$, die Energie des freien einatomigen Gases. Für hohe Temperaturen ist nämlich Gl. (4.35) für die klassische Behandlung eines Gases erfüllt.

Der Druck des idealen Bose-Gases ist gemäß Gl. (5.245) durch $p = 2U/(3V)$ gegeben und liefert somit keine zusätzliche Information. Interessanterweise hängt p unterhalb der kritischen Temperatur nur von T ab, weil $\rho T_c^{-3/2}$ von ρ (und T) unabhängig ist, was man von Gl. (5.268) ablesen kann.

Die Wärmekapazität:

Gl. (5.275) und Gl. (5.278) ergeben die Wärmekapazität

$$\frac{C_V}{Nk} = \begin{cases} \dfrac{15\,\zeta(5/2)}{4\,\zeta(3/2)} \left(\dfrac{T}{T_c}\right)^{3/2} & (T \leq T_c), \\[3mm] \dfrac{3}{2} \left(1 + \dfrac{\zeta(3/2)}{2^{7/2}} \left(\dfrac{T_c}{T}\right)^{3/2} + \cdots\right) & (T > T_c). \end{cases} \tag{5.279}$$

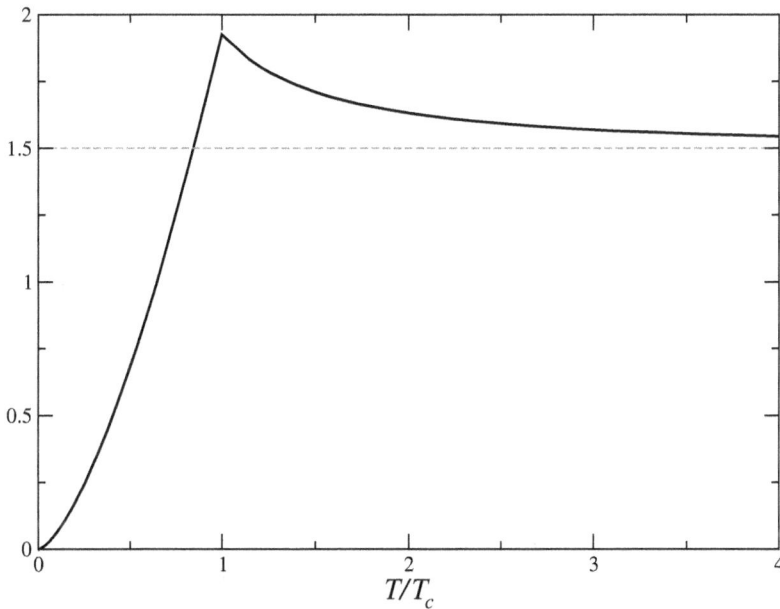

Abbildung 5.9: $C_V/(Nk)$ *für das ideale Bose-Gas.*

Während wir für $T \leq T_c$ die Wärmekapazität explizit als Funktion von T berechnen konnten, lässt sich für $T > T_c$ aus den Gleichungen (5.273), (5.276) und (5.277) nur schließen, dass wir in diesem Fall eine Potenzreihe in $(T_c/T)^{3/2}$ haben, von der wir in Gl. (5.279) nur die beiden ersten Terme berechnet haben.

Es ist allerdings möglich, für $T > T_c$ eine exakte implizite Darstellung von C_V zu erhalten, nämlich über eine Parameterdarstellung von C_V und T als Funktion von z. Diese Parameterdarstellung wollen wir jetzt herleiten. Zuerst leiten wir Gl. (5.273) nach T ab und erhalten

$$\frac{C_V}{Nk} = \frac{\mathrm{d}}{\mathrm{d}T}\frac{U}{Nk} = \frac{3}{2}\frac{\mathrm{d}}{\mathrm{d}T}\left(T\frac{g_{5/2}(z)}{g_{3/2}(z)}\right) =$$

$$\frac{3}{2}\left[\frac{g_{5/2}(z)}{g_{3/2}(z)} + T\left(\frac{g'_{5/2}(z)}{g_{3/2}(z)} - \frac{g_{5/2}(z)}{g_{3/2}(z)}\frac{g'_{3/2}(z)}{g_{3/2}(z)}\right)\frac{\mathrm{d}z}{\mathrm{d}T}\right]. \qquad (5.280)$$

Die totale Ableitung von z nach T soll anzeigen, dass auch μ nach T abgeleitet wird bei konstantem N und V. Die Größe $\mathrm{d}z/\mathrm{d}T$ berechnen wir aus Gl. (5.276) und Gl. (5.277):

$$\frac{\mathrm{d}z}{\mathrm{d}T} = -\frac{3}{2T}\frac{g_{3/2}(z)}{g'_{3/2}(z)}. \qquad (5.281)$$

Für die weitere Rechnung benötigt man Ableitungen von $g_\alpha(z)$, die durch

$$\frac{\mathrm{d}}{\mathrm{d}z} g_\alpha(z) = \frac{1}{z} g_{\alpha-1}(z) \qquad (5.282)$$

auf $g_{\alpha-1}(z)$ zurückgeführt werden. Setzen wir die beiden Relationen in Gl. (5.280) ein, bekommen wir die angekündigte Parameterdarstellung im Bereich $T > T_c$:

$$\frac{C_V}{Nk} = \frac{15}{4} \frac{g_{5/2}(z)}{g_{3/2}(z)} - \frac{9}{4} \frac{g_{3/2}(z)}{g_{1/2}(z)} \quad \text{mit} \quad \frac{T}{T_c} = \left(\frac{\zeta(3/2)}{g_{3/2}(z)} \right)^{2/3}, \qquad (5.283)$$

wobei die Formel für T/T_c aus den Gleichungen (5.276) und (5.277) hergeleitet wird. Damit ist C_V für $T > T_c$ implizit als Funktion von T gefunden. Mit Hilfe der Formeln aus Gl. (5.283) ist $C_V/(Nk)$ in Abb. 5.9 dargestellt. Im Bereich $T \leq T_c$ stellt die Kurve in Abb. 5.9 die erste Relation in Gl. (5.279) dar. Die Wärmekapazität hat bei $T = T_c$ einen Knick.

Mit Gl. (5.283) ist es ein Leichtes, die beiden Grenzfälle in z zu untersuchen. Für $z \to 1$ geht $T \to T_c$ und $C_V/(Nk) \to 15\zeta(5/2)/(4\zeta(3/2))$ wegen $g_{1/2}(z) \to \infty$ für $z \to 1$. Das stimmt mit der ersten Zeile in Gl. (5.279) für $T = T_c$ überein. Im Limes $z \to 0$ haben wir den asymptotischen Limes $g_\alpha(z) \to z$, daraus folgt $T \to \infty$ und $C_V/(Nk) \to 3/2$. Wieder haben wir das entsprechende Ergebnis aus Gl. (5.279) reproduziert, diesmal ohne Näherung.

Der Übergang vom Bose-Gas zum Bose-Einstein-Kondensat kann als Phasenübergang aufgefasst werden. Für die Diskussion der Natur dieses Phasenübergangs verweisen wir z.B. auf [13, 31].

Bemerkungen zur Realisierung der Bose-Einstein-Kondensation im Experiment:

Die Bedingung für die Bose-Einstein-Kondensation (BEK) eines idealen, also wechselwirkungsfreien Gases beinhaltet zwei widerstrebende Forderungen: Damit $T < T_c$ experimentell realisierbar ist, sollte gemäß Gl. (5.268) die Dichte ρ genügend groß sein, während die Wechselwirkungsfreiheit eine möglichst kleine Dichte verlangt. Im Normalfall verflüssigt sich ein Gas, bevor man T_c erreicht hat. So war vor 1995 das einzige System, das man mit BEK in Verbindung gebracht hat, flüssiges ^{4}He mit der Eigenschaft der Suprafluidität. Allerdings zeigt der flüssige Aggregatzustand, dass man hier die Wechselwirkung keineswegs vernachlässigen darf und der Zusammenhang mit der BEK ist unklar. Nimmt man Gl. (5.268) und berechnet T_c aus $1/\rho \simeq 46 \, \text{Å}^3$ für flüssiges Helium, erhält man 3.13 K. Das ist nicht weit weg von $T_\lambda = 2.17$ K, wo ^{4}He einen Phasenübergang zu einem suprafluiden Anteil hat, was dafür spricht, dass die BEK am suprafluiden Zustand beteiligt ist.

1995 gelang es, die BEK von Rb und Na-Atomen zu realisieren [43, 44]. Die Abkühlung erfolgte in zwei Schritten: Laserkühlung auf ca. 10 μK, danach Verdampfungskühlung in einer magnetischen Falle. Rb und Na sind gut in einer magnetischen Falle manipulierbar. Das erste Kondensat wurde mit ^{87}Rb erreicht bei etwa 200 nK mit etwa 20 000 Atomen. Warum ist ^{87}Rb ein Boson? Rb hat eine Edelgaselektronenhülle plus ein einzelnes Elektron in der äußeren Schale. Zusammen mit dem halbzahligen Kernspin hat ^{87}Rb einen ganzzahligen Gesamtdrehimpuls und ist damit ein Boson. Im Kondensat ist die Dichte ca. 10^{10} Atome pro cm^3. Die geringe Dichte sorgt dafür, dass die Wechselwirkung zwischen den Atomen klein ist, also ein ideales Gas angenähert wird. Das erste Na-Kondensat hatte etwa hundertmal soviele Atome wie das Rb-Kondensat.

5.15 Ideales Fermi-Gas

Zustandsdichte und Energiedichte:
Wir nehmen an, dass wir nichtrelativistische Teilchen mit Spin 1/2 haben. Wir haben zwar den Übergang von Summation über die Zustände zur Integration schon in Unterkapitel 5.12 diskutiert, jedoch ist eine Wiederholung hier angebracht, weil wir zweckmäßigerweise die Integration in einer etwas anderen Form schreiben wollen. Mit den zwei Spineinstellungen erhalten wir

$$\sum_j \to 2 \times \frac{V}{(2\pi\hbar)^3} \int d^3p \to 2 \times \frac{V}{(2\pi\hbar)^3} \times 4\pi \int_0^\infty dp\, p^2. \tag{5.284}$$

Im zweiten Schritt haben wir die Winkelintegration durchgeführt. Wir verwenden die Notation $p = |\vec{p}|$. Weiters verwenden wir

$$\varepsilon(\vec{p}) = \frac{\vec{p}^2}{2m} \quad \Rightarrow \quad dp = \sqrt{\frac{m}{2\varepsilon}}\, d\varepsilon, \tag{5.285}$$

woraus wir schließlich

$$\sum_j \to V \int_0^\infty d\varepsilon\, g(\varepsilon) \quad \text{mit} \quad g(\varepsilon) = \frac{\sqrt{2}m^{3/2}}{\pi^2\hbar^3}\sqrt{\varepsilon} \tag{5.286}$$

erhalten. Die Funktion $g(\varepsilon)$ heißt Zustandsdichte. Die spezielle Funktion in Gl. (5.286) ist die Zustandsdichte des idealen Fermi-Gases. Somit erhalten wir Teilchen- und Energiedichte als Funktion von T und μ:

$$\rho(T,\mu) = \int_0^\infty d\varepsilon\, g(\varepsilon) \frac{1}{e^{\beta(\varepsilon-\mu)}+1}, \quad \eta(T,\mu) = \int_0^\infty d\varepsilon\, g(\varepsilon) \frac{\varepsilon}{e^{\beta(\varepsilon-\mu)}+1}. \tag{5.287}$$

Natürlich wollen wir letzten Endes das chemische Potential μ eliminieren und η als Funktion von T und ρ berechnen. Dazu müssen wir $\rho(\mu,T)$ in Gl. (5.287) umkehren und $\mu(T,\rho)$ berechnen. Bevor wir dieses Problem anpacken, behandeln wir zuerst den Spezialfall $T = 0$.

Der Limes $T \to 0$:
Die mittlere Besetzungszahl ist in diesem Limes gegeben durch eine Stufenfunktion:

$$\frac{1}{e^{\beta(\varepsilon-\mu)}+1} \to \begin{cases} 1 \text{ für } \varepsilon < \mu, \\ 0 \text{ für } \varepsilon > \mu. \end{cases} \tag{5.288}$$

Mit

$$\int_0^\mu d\varepsilon\, g(\varepsilon) = \frac{2}{3}\mu g(\mu), \quad \int_0^\mu d\varepsilon\, g(\varepsilon)\varepsilon = \frac{2}{5}\mu^2 g(\mu) \tag{5.289}$$

erhalten wir

$$\rho(0,\mu) = \frac{2}{3}\mu g(\mu), \quad \eta(0,\mu) = \frac{2}{5}\mu^2 g(\mu). \tag{5.290}$$

Die *Fermi-Energie* ist definiert als

$$\varepsilon_F(\rho) = \mu(0,\rho). \tag{5.291}$$

Wir können sie aus $\rho(0,\mu)$ in Gl. (5.290) bestimmen:

$$\varepsilon_F(\rho) = \frac{\hbar^2}{2m} \left(3\pi^2\rho\right)^{2/3}. \tag{5.292}$$

Mit der Definition von ε_F schreibt sich die erste Relation in Gl. (5.290) als

$$\rho = \frac{2}{3}\varepsilon_F g(\varepsilon_F). \tag{5.293}$$

Damit erhalten wir die Energiedichte als Funktion von ρ:

$$\eta(0,\rho) = \frac{2}{5}\varepsilon_F^2 g(\varepsilon_F) = \frac{3}{5}\rho\,\varepsilon_F. \tag{5.294}$$

Wir können auch sofort die mittlere Energie pro Teilchen bei $T = 0$ angeben:

$$\frac{\eta(0,\rho)}{\rho} = \frac{3}{5}\varepsilon_F. \tag{5.295}$$

Gemäß Gl. (5.245) erhält man den Zusammenhang zwischen Druck und Energiedichte durch

$$p = \frac{2}{3}\eta, \tag{5.296}$$

was für beliebige Temperaturen gilt. Den Druck bei $T = 0$ nennt man *Fermi-Druck*: $p_F = p(T = 0, \rho)$. Mit unseren Resultaten erhalten wir

$$p_F = \frac{2}{5}\rho\,\varepsilon_F. \tag{5.297}$$

Wir betonen, dass der Fermi-Druck ein rein quantenmechanischer Effekt der FD-Statistik ist.

In Tabelle 5.2 sind einige Systeme angeführt, für die die Behandlung als ideales Fermi-Gas in mancher Hinsicht Sinn macht. Die Werte sind grobe Näherungen.

Betrachten wir als Beispiel den Atomkern. Sein Radius ist näherungsweise

$$R = r_0 A^{1/3} \quad \text{mit} \quad r_0 = 1.3 \times 10^{-13} \text{ cm}, \tag{5.298}$$

wobei A die Massenzahl ist. Mit der Kernladungszahl Z ist die Dichte der Protonen gegeben durch

$$\rho_p = \frac{Z}{4\pi R^3/3} = \frac{Z}{4\pi r_0^3 A/3} \sim \frac{3}{8\pi r_0^3} \quad \text{für} \quad Z \sim A/2. \tag{5.299}$$

Tabelle 5.2: *Größenordnungen für Systeme, die in gewisser Näherung als ideales Fermi-Gas behandelt werden können.*

	$\rho^{-1/3}\,[\text{cm}]$	$\varepsilon_F\,[\text{eV}]$	Teilchensorte
Metall	10^{-8}	10	Elektronen
^{3}He-Flüssigkeit	10^{-8}	10^{-4}	^{3}He-Atome
Weißer Zwerg (Kern)	10^{-10}	10^7	Elektronen
Atomkern	10^{-13}	10^7	Protonen bzw. Neutronen

Setzt man das so erhaltene ρ_p und die Protonmasse in Gl. (5.292) ein, ergibt sich $\varepsilon_F \simeq 28$ MeV.

Im Metall sind die Leitungselektronen bei Vernachlässigung der Abstoßung ein ideales Fermi-Gas. Man kann die Dichte der Leitungselektronen in einem Metall X durch

$$\rho = \frac{z_v \rho_m}{A_r(\text{X}) u} \tag{5.300}$$

abschätzen, wobei z_v die Anzahl der Valenzelektronen, ρ_m die Massendichte, $A_r(\text{X})$ die relative Atommasse und u die atomare Masseneinheit ist. Für Kupfer ist $z_v = 1$ und $\rho_m = 8.96\,\text{g}\,\text{cm}^{-3}$. Mit obiger Formel ist die Teilchendichte der Leitungselektronen somit $\rho \simeq 8.5 \times 10^{22}\,\text{cm}^{-3}$ bzw. $\rho^{-1} \simeq 12\,\text{Å}^3$, woraus man $\varepsilon_F \simeq 7$ eV abschätzt. Das entspricht einer *Fermi-Temperatur* $T_F = \varepsilon_F/k \simeq 80\,000$ K.

Im Zentrum der Sonne ist die Fermi-Energie der Elektronen ca. 560 eV und daher $T_F \simeq 6.5 \times 10^6$ K. Das ist etwa halb so groß wie die Temperatur. Trotzdem ist das Elektronengas im Zentrum der Sonne definitiv nicht entartet – siehe Diskussion in Unterkapitel 5.12. Bei Weißen Zwergen hingegen, wo Sonnenmassen auf Radien von etwa 10^4 km komprimiert sind, ist die Fermi-Temperatur im Zentrum des Sterns von der Größenordnung $T_F \sim 10^{10}$ K und wegen $T \ll T_F$ das Elektronengas entartet [40].

Für ^{3}He-Atome ist die Fermi-Energie deswegen so klein gegenüber ε_F im Metall, weil ^{3}He etwa 6000 Mal schwerer als ein Elektron ist.

Entwicklung der Energiedichte nach der Temperatur:
Sowohl die Teilchen- als auch die Energiedichte haben die Gestalt

$$\int_0^\infty \mathrm{d}\varepsilon\, f(\varepsilon)\, \bar\nu(\varepsilon) \quad \text{mit} \quad \bar\nu(\varepsilon) = \frac{1}{e^{\beta(\varepsilon-\mu)} + 1}, \tag{5.301}$$

was man mit der Heaviside-Funktion Θ in

$$\int_0^\infty \mathrm{d}\varepsilon\, f(\varepsilon)\bar\nu(\varepsilon) = \int_0^\mu \mathrm{d}\varepsilon\, f(\varepsilon) + \int_0^\infty \mathrm{d}\varepsilon\, f(\varepsilon)\,[\bar\nu(\varepsilon) - \Theta(\mu - \varepsilon)] \tag{5.302}$$

umschreiben kann. Die grundlegende Annahme für die weitere Rechnung ist

$$kT \ll \varepsilon_F(\rho), \tag{5.303}$$

was nach der obigen Diskussion z.B. für Leitungselektronen eine exzellente Annahme ist. Ist Gl. (5.303) erfüllt, nennt man das Fermi-Gas *entartet*. Der wesentliche Punkt ist, dass bei $T = 0$ die Funktion $\bar{\nu}(\varepsilon)$ eine Stufenfunktion ist: für $\varepsilon < \varepsilon_F$ ist sie eins, für $\varepsilon > \varepsilon_F$ ist sie null – siehe Gl. (5.288). Gleichung (5.303) besagt dann, dass die Stufe nur wenig abgerundet wird, wobei dies auf einer Breite von ca. kT um ε_F passiert.

Um das zweite Integral in Gl. (5.302) auszuwerten, führen wir die dimensionslose Variable

$$x = \beta(\varepsilon - \mu) \tag{5.304}$$

ein und die Funktion $\eta(x)$, die im folgenden Theorem definiert ist.

Theorem 8

Eine Funktion η auf $\mathbb{R}$ sei gegeben durch

$$\eta(x) = \frac{1}{e^x + 1} - \Theta(-x).$$

Dann gilt $\eta(-x) = -\eta(x)$.

Wegen obiger Bemerkung zu $\bar{\nu}(\varepsilon)$ bei $T \neq 0$ ist es sinnvoll, die *Sommerfeld-Technik* anzuwenden und $f(kTx+\mu)$ um $x = 0$ zu entwickeln. Wir erhalten somit aus Gl. (5.302)

$$\int_0^\infty d\varepsilon\, f(\varepsilon)\bar{\nu}(\varepsilon) = \tag{5.305}$$

$$\int_0^\mu d\varepsilon\, f(\varepsilon) + \frac{1}{\beta} \int_{-\beta\mu}^\infty dx\, \eta(x) \left(f(\mu) + \frac{1}{\beta} f'(\mu)x + \frac{1}{2\beta^2} f''(\mu)x^2 + \cdots \right).$$

Stellen wir uns ein Metall bei Raumtemperatur vor, dann ist $\beta\mu$ von der Größenordnung 400, wenn wir $\mu \sim \varepsilon_F \sim 10\,\text{eV}$ und $kT \sim 1/40\,\text{eV}$ setzen. Also machen wir die Ersetzung $\beta\mu \to \infty$. Wegen Theorem 8 fallen die Integrale mit geraden Potenzen von x weg. Somit ist bis auf völlig zu vernachlässigende Terme der Ordnung $e^{-\beta\mu}$

$$\int_0^\infty d\varepsilon\, f(\varepsilon)\bar{\nu}(\varepsilon) \simeq \int_0^\mu d\varepsilon\, f(\varepsilon) + \frac{1}{\beta} \int_{-\infty}^\infty dx\, \eta(x) \left(\frac{1}{\beta} f'(\mu)x + \frac{1}{6\beta^3} f'''(\mu)x^3 + \cdots \right).$$

$$\tag{5.306}$$

Weil die rechte Seite dieser Gleichung im Wesentlichen eine Entwicklung nach kT/ε_F darstellt, beschränken wir uns auf die beiden ersten Terme. Theorem 6 liefert

$$\int_{-\infty}^\infty dx\, \eta(x)\, x = 2 \int_0^\infty dx\, \frac{x}{e^x + 1} = \frac{\pi^2}{6}. \tag{5.307}$$

Wir erhalten eine Entwicklung bis T^2:

$$\int_0^\infty d\varepsilon\, f(\varepsilon)\bar{\nu}(\varepsilon) \simeq \int_0^\mu d\varepsilon\, f(\varepsilon) + \frac{\pi^2}{6} f'(\mu)\, (kT)^2. \tag{5.308}$$

Für die Teilchendichte ist f gleich der Zustandsdichte g, für die Energiedichte ist $f(\varepsilon) = \varepsilon g(\varepsilon)$. Somit erhalten wir die T^2-Korrektur zu Gl. (5.290)

$$\rho(T,\mu) = \int_0^\mu d\varepsilon\, g(\varepsilon) + \frac{\pi^2}{6} g'(\mu)\, (kT)^2, \tag{5.309}$$

$$\eta(T,\mu) = \int_0^\mu d\varepsilon\, \varepsilon\, g(\varepsilon) + \frac{\pi^2}{6} (g(\mu) + \mu g'(\mu))\, (kT)^2. \tag{5.310}$$

Die Gleichung für die Energiedichte η ist noch nicht in der gewünschten Form, weil wir erst $\mu(T,\rho)$ aus $\rho(T,\mu)$ berechnen und in $\eta(T,\mu)$ einsetzen müssen. Da wir uns mit der Korrektur der Ordnung T^2 begnügen, machen wir den Ansatz $\mu = \varepsilon_F + \delta\mu$. Einsetzen in Gl. (5.309) ergibt zur gewünschten Ordnung

$$\rho = \int_0^{\varepsilon_F} d\varepsilon\, g(\varepsilon) + g(\varepsilon_F)\delta\mu + \frac{\pi^2}{6} g'(\varepsilon_F)\, (kT)^2. \tag{5.311}$$

Wie wir bei $T = 0$ herausgearbeitet haben, ist ρ identisch mit dem ersten Integral auf der rechten Seite. Damit erhalten wir das chemische Potential in der gewünschten Form

$$\mu(T,\rho) = \varepsilon_F - \frac{\pi^2}{6} \frac{g'(\varepsilon_F)}{g(\varepsilon_F)}\, (kT)^2, \tag{5.312}$$

woraus das Endresultat

$$\eta(T,\rho) = \int_0^{\varepsilon_F} d\varepsilon\, \varepsilon\, g(\varepsilon) + \frac{\pi^2}{6} g(\varepsilon_F)\, (kT)^2 \tag{5.313}$$

folgt. Wir betonen, dass in den Gleichungen (5.309), (5.310), (5.312) und (5.313) nirgends die spezielle Form der Zustandsdichte eingeht, also diese Gleichungen für eine allgemeine Zustandsdichte $g(\varepsilon)$ gelten.

Spezialisieren wir uns auf das ideale Fermi-Gas mit der Zustandsdichte Gl. (5.286) und der Ableitung

$$g'(\mu) = \frac{g(\mu)}{2\mu}, \tag{5.314}$$

erhalten wir das chemische Potential

$$\mu(T,\rho) = \varepsilon_F \left[1 - \frac{\pi^2}{12} \left(\frac{kT}{\varepsilon_F}\right)^2 \right] \tag{5.315}$$

und mit Gl. (5.289) und Gl. (5.294) die Energiedichte

$$\eta(T,\rho) = \frac{3}{5} \rho\varepsilon_F \left[1 + \frac{5\pi^2}{12} \left(\frac{kT}{\varepsilon_F}\right)^2 \right]. \tag{5.316}$$

Die Wärmekapazität des idealen Fermi-Gases:

Gleichung (5.316) gibt den führenden Term der Wärmekapazität $C_V = V \partial \eta / \partial T$ des idealen entarteten Fermi-Gases als

$$C_V = \frac{\pi^2}{2} Nk \frac{kT}{\varepsilon_F(\rho)}. \tag{5.317}$$

Für Elektronen im Metall können wir das schon vorhin erwähnte Verhältnis $kT/\varepsilon_F \sim 1/400$ heranziehen. Die Wärmekapazität ist also relativ klein: Nur die Elektronen an der *Fermi-Kante* können zur elektronischen Wärmekapazität C_{el} beitragen. Bei Raumtemperatur dominieren die Phononen des Kristallgitters die Wärmekapazität eines Metalls. Das ändert sich bei tiefen Temperaturen unterhalb der Debye-Temperatur, wo die Wärmekapazität C_{phon} der Phononen sich wie T^3 verhält. Also hat die Wärmekapazität C_V des Metalls die Form $C_V = \alpha T^3 + \gamma T$ mit Konstanten α und γ, wenn $T \ll T_D$ ist. Nehmen wir freie Leitungselektronen im Metall an und zwar genau eines pro Atom, erhalten wir mit Gl. (5.154), Gl. (5.317) und $\varepsilon_F = kT_F$

$$\frac{C_{\text{el}}}{C_{\text{phon}}} \simeq \frac{5}{24\pi^2} \frac{T_D^3}{T_F T^2}. \tag{5.318}$$

Also sind C_{el} und C_{phon} bei genügend tiefen Temperaturen von vergleichbarer Größenordnung, bzw. bei sehr tiefen Temperaturen dominiert sogar C_{el}.

5.16 Magnetische Eigenschaften des idealen Fermi-Gases

Nun diskutieren wir den Einfluss eines äußeren Magnetfelds auf das ideale Fermi-Gas. Da wir eine Anwendung der Resultate auf Leitungselektronen beabsichtigen, betrachten wir ein nichtrelativistisches entartetes Fermi-Gas bestehend aus Elektronen.

5.16.1 Magnetfelder und thermodynamische Potentiale

Die Probe befinde sich in einem äußeren Magnetfeld $\vec{\mathcal{H}}$. Wie im Unterkaptiel 5.10 erwähnt, ist das Gesamtmagnetfeld [41] in der Probe $\vec{B} = \vec{\mathcal{H}} + 4\pi \vec{M}$, wobei $\vec{M}$ die Magnetisierung ist. Für Para- und Diamagnetismus ist die Magnetisierung viel kleiner als das angelegte Magnetfeld. Elektronen mit Ladung $-e$ und Masse m in einem Magnetfeld werden durch den Hamiltonoperator

$$\widehat{H} = \frac{1}{2m} \left(\vec{P} + \frac{e}{c_l} \vec{A} \right)^2 - \vec{\mu} \cdot \vec{\mathcal{H}} \quad \text{mit} \quad \vec{\mu} = -\mu_B \vec{\sigma} \tag{5.319}$$

beschrieben, wobei $\vec{P}$ der Impulsoperator, μ_B das Bohrsche Magneton, $\vec{\mu}$ der Operator des magnetischen Moments und $\vec{A}$ das Vektorpotential mit $\vec{\mathcal{H}} = \text{rot}\,\vec{A}$ ist. Wir betrachten hier nur konstante Magnetfelder $\vec{\mathcal{H}}$. Für das entsprechende Vektorpotential können wir z.B.

$$\vec{A} = \frac{1}{2} \vec{\mathcal{H}} \times \vec{x} \tag{5.320}$$

hinschreiben. Das Vektorpotential ist eindeutig bis auf Eichtransformationen der Gestalt $\vec{A} \to \vec{A} + \vec{\nabla}\Lambda$, wobei Λ eine beliebige Funktion von $\vec{x}$ ist [41]. Da die Magnetisierung $\vec{M}$ als Dipoldichte definiert ist, erhalten wir aus dem Hamiltonoperator (5.319) in einem abgeschlossenen System im Gleichgewicht

$$V\vec{M} = -\frac{1}{\Omega}\sum_{r \in I}\vec{\nabla}_{\mathcal{H}}E_r(\vec{\mathcal{H}}),\qquad(5.321)$$

bzw.

$$dU(S,V,\vec{\mathcal{H}},N) = T\,dS - p\,dV - V\,\vec{M}\cdot d\vec{\mathcal{H}} + \mu\,dN.\qquad(5.322)$$

Daher haben wir für die freie Energie

$$\vec{\nabla}_{\mathcal{H}}F = -V\vec{M}\qquad(5.323)$$

und die entsprechenden Relationen für die thermodynamischen Potentiale H, G und J. Siehe auch Unterkapitel 5.11. Die isotherme magnetische Suszeptibilität ist definiert in Gl. (5.177). Im Weiteren soll das Magnetfeld immer in z-Richtung zeigen und wir verwenden die Notation $\mathcal{H}_z \equiv \mathcal{H}$.

5.16.2 Der Pauli-Paramagnetismus

Der Paramagnetismus des idealen Fermi-Gases kommt vom magnetischen Moment der Spins. Daher verwenden wir von Gl. (5.319) nur die kinetische Energie und den Spinteil. Da die Zustandsdichte $g(\varepsilon)$ aus Gl. (5.286) einen Faktor 2 für die beiden Spineinstellungen enthält, müssen wir bei $\mathcal{H} \neq 0$ in der Teilchen- und Energiedichte wieder durch 2 dividieren:

$$\rho = \int_0^\infty d\varepsilon\,\frac{g(\varepsilon)}{2}\left[\frac{1}{e^{\beta(\varepsilon - \mu_B\mathcal{H} - \mu)} + 1} + \frac{1}{e^{\beta(\varepsilon + \mu_B\mathcal{H} - \mu)} + 1}\right],\qquad(5.324)$$

$$\eta = \int_0^\infty d\varepsilon\,\frac{g(\varepsilon)}{2}\left[\frac{\varepsilon - \mu_B\mathcal{H}}{e^{\beta(\varepsilon - \mu_B\mathcal{H} - \mu)} + 1} + \frac{\varepsilon + \mu_B\mathcal{H}}{e^{\beta(\varepsilon + \mu_B\mathcal{H} - \mu)} + 1}\right].\qquad(5.325)$$

Für die Berechnung der Magnetisierung berücksichtigen wir, dass laut Gl. (5.319) den Energieeigenwerten $\varepsilon \pm \mu_B\mathcal{H}$ die magnetischen Momente $\mp\mu_B$ in z-Richtung entsprechen. Somit erhalten wir

$$M_z = \int_0^\infty d\varepsilon\,\frac{g(\varepsilon)}{2}\left[\frac{\mu_B}{e^{\beta(\varepsilon - \mu_B\mathcal{H} - \mu)} + 1} + \frac{-\mu_B}{e^{\beta(\varepsilon + \mu_B\mathcal{H} - \mu)} + 1}\right].\qquad(5.326)$$

In einem realistischen Fall von Elektronen in einem Metall gilt immer $\varepsilon_F \gg kT$ und $\varepsilon_F \gg \mu_B\mathcal{H}$. Wir dürfen daher für die Magnetisierung den Limes $T \to 0$ durchführen:

$$M_z \xrightarrow{T \to 0}$$

$$\frac{1}{2}\mu_B\left[\int_0^{\mu + \mu_B\mathcal{H}} d\varepsilon\,g(\varepsilon) - \int_0^{\mu - \mu_B\mathcal{H}} d\varepsilon\,g(\varepsilon)\right] \simeq$$

$$\frac{1}{2}\mu_B\left[\int_0^\mu d\varepsilon\,g(\varepsilon) + \mu_B\mathcal{H}g(\mu) - \int_0^\mu d\varepsilon\,g(\varepsilon) + \mu_B\mathcal{H}g(\mu)\right] = \mu_B^2 g(\mu)\mathcal{H}.\qquad(5.327)$$

Wegen $\mu = \varepsilon_F$ bei $T = 0$ erhalten wir die Suszeptibilität

$$\chi_{\text{Pauli}} = \mu_B^2 g(\varepsilon_F). \tag{5.328}$$

Wir betonen, dass dieses Resultat für *freie* Elektronen gilt. Im Metall ist natürlich die Abstoßung zwischen den Elektronen wirksam und Gl. (5.328) nur eine grobe Näherung.

Für freie Elektronen können wir Gl. (5.293) verwenden und Gl. (5.328) umschreiben in $\chi_{\text{Pauli}} = 3\mu_B^2\rho/(2\varepsilon_F)$. Weiters bemerken wir, dass μ auch bei $T = 0$ von $\mathcal{H}$ abhängen wird. In niedrigster Ordnung muss diese Abhängigkeit allerdings quadratisch in $\mathcal{H}$ sein, weil μ nicht von der Richtung von $\mathcal{H}$ abhängen kann, also hat μ die Gestalt

$$\mu(T = 0, \mathcal{H}) \simeq \varepsilon_F \left\{ 1 + a_2 \left(\frac{\mu_B \mathcal{H}}{\varepsilon_F} \right)^2 \right\} \tag{5.329}$$

mit einem konstanten Koeffizienten a_2. Das Einsetzen von diesem μ in M_z würde einen Zusatzbeitrag quadratisch in $\mathcal{H}$ in der Suszeptibilität geben, der völlig vernachlässigbar ist. Das Entsprechende gilt auch im Fall des Landau-Diamagnetismus, für den wir den Koeffizienten a_2 explizit berechnen werden.

5.16.3   Der Landau-Diamagnetismus

In diesem Abschnitt berechnen wir den Diamagnetismus, der von der Bahnbewegung freier Elektronen erzeugt wird. Statt Gl. (5.320) ist es günstiger, das Vektorpotential

$$\vec{A} = \begin{pmatrix} 0 \\ x\mathcal{H} \\ 0 \end{pmatrix} \tag{5.330}$$

zu verwenden, welches aus Gl. (5.320) durch eine Eichtransformation mit $\Lambda = \mathcal{H}xy/2$ hervorgeht. Um die Eigenwerte von $\widehat{H}$ aus Gl. (5.319) mit dem Vektorpotential aus Gl. (5.330) zu berechnen, machen wir den Ansatz

$$\psi(\vec{x}, s) = e_s\, e^{i(p_y y + p_z z)/\hbar} \varphi(x) \quad \text{mit} \quad s = \pm 1 \text{ bzw. } \pm, \quad e_+ = \begin{pmatrix} 1 \\ 0 \end{pmatrix}, \quad e_- = \begin{pmatrix} 0 \\ 1 \end{pmatrix} \tag{5.331}$$

für die Eigenzustände. Dann führt $\widehat{H}\psi = E\psi$ zur Differentialgleichung

$$-\frac{\hbar^2}{2m}\varphi''(x) + \frac{1}{2}m\omega_c^2(x - x_0)^2\varphi(x) = \left(E - \frac{p_z^2}{2m} - \mu_B \mathcal{H}s \right) \varphi(x). \tag{5.332}$$

Dabei ist ω_c die Zyklotronfrequenz, welche mit dem Bohrschen Magneton folgenderma-ßen zusammenhängt:

$$\hbar\omega_c = \frac{e\hbar\mathcal{H}}{mc_l} = 2\mu_B \mathcal{H}. \tag{5.333}$$

Weiters ist x_0 gegeben durch

$$x_0 = -\frac{p_y c_l}{e\mathcal{H}} = -\frac{p_y}{m\omega_c}. \tag{5.334}$$

Da Gl. (5.332) genau die Gestalt der Gleichung für den harmonischen Oszillator hat, können wir sofort die Energieeigenwerte hinschreiben:

$$E(p_z, \nu, s) = \frac{p_z^2}{2m} + \hbar\omega_c\left(\nu + \frac{1}{2}\right) + s\mu_B \mathcal{H} \quad \text{mit} \quad p_z \in \mathbb{R}, \ \nu \in \mathbb{N}_0, \ s = \pm 1. \quad (5.335)$$

Die Eigenwerte hängen vom kontinuierlichen Parameter p_z und den diskreten Parametern ν und s ab. Die natürliche Zahl ν numeriert die sogenannten *Landau-Niveaus* durch.

Da wir die großkanonische Zustandssumme berechnen wollen, muss man sich die Frage stellen, wievielfach die Entartung bei gegebenem ν ist. Wir nehmen an, dass sich die Elektronen in einem Kasten mit den Abmessungen L_x, L_y, L_z befinden. Während wir in z-Richtung das übliche Integrationsmaß $L_z dp_z/(2\pi\hbar)$ haben, ist in der xy-Ebene der Nullpunkt x_0 des harmonischen Potentials vom Impuls p_y abhängig – siehe Gl. (5.334). Weil die y-Abhängigkeit von $\psi(\vec{x}, s)$ durch $\exp(ip_y y/\hbar)$ gegeben ist, müssen wir *periodische Randbedingungen* wählen [13]:

$$e^{ip_y L_y/\hbar} = 1 \ \Rightarrow \ p_y = \frac{2\pi\hbar n}{L_y} \quad (n \in \mathbb{Z}). \quad (5.336)$$

Weiters müssen wir $0 \leq x_0 \leq L_x$ verlangen; somit ist n negativ und $2\pi\hbar|n|/(L_y m\omega_c) \leq L_x$. Das liefert den Entartungsgrad pro ν bezogen auf die xy-Ebene

$$g_{xy} = \frac{L_x L_y m\omega_c}{2\pi\hbar} = \frac{L_x L_y m\mu_B \mathcal{H}}{\pi\hbar^2}. \quad (5.337)$$

Damit haben wir das Problem von freien Fermionen in einem Magnetfeld gelöst. Übrigens hätten wir auch in Unterkapitel 1.3 bei der Behandlung freier Teilchen im Kasten periodische Randbedingungen verwenden können und hätten dieselbe Anzahl $\tilde{\Omega}$ der Zustände wie in Gl. (1.32) erhalten.

Ab jetzt betrachten wir in diesem Abschnitt nur den Effekt des Vektorpotentials im Hamiltonoperator Gl. (5.319), was bedeutet, dass wir in E aus Gl. (5.335) den Spinteil weglassen. Allerdings müssen wir bei der *Abzählung der Zustände* die möglichen Spineinstellungen berücksichtigen, um die richtige Suszeptibilität zu bekommen, die mit der Bahnbewegung der Elektronen zusammenhängt. Mit der Abkürzung

$$\epsilon_\nu(p_z) = \frac{p_z^2}{2m} + \hbar\omega_c\left(\nu + \frac{1}{2}\right) \quad (5.338)$$

ist unser gewünschtes großkanonisches Potential somit gegeben durch

$$J(T, \mathcal{H}, \mu) = -2kT g_{xy} \sum_{\nu=0}^{\infty} \int_{-\infty}^{\infty} \frac{L_z dp_z}{2\pi\hbar} \ln\left(1 + e^{-\beta(\epsilon_\nu(p_z) - \mu)}\right), \quad (5.339)$$

wobei der Faktor 2 die Spineinstellungen berücksichtigt. Das Volumen $V = L_x L_y L_z$ halten wir konstant und bezeichnen daher in J die Abhängigkeit von V nicht.

Zur Berechnung von J in Gl. (5.339) machen wir zuerst eine partielle Integration und erhalten

$$J = -\frac{4g_{xy}L_z}{\pi\hbar} \sum_{\nu=0}^{\infty} \int_0^{\infty} dp_z \frac{p_z^2}{2m} \frac{1}{e^{\beta(\epsilon_\nu(p_z)-\mu)}+1}. \tag{5.340}$$

Anstelle von p_z verwenden wir die Integrationsvariable ϵ_z:

$$\epsilon_z = \frac{p_z^2}{2m} \quad \Rightarrow \quad dp_z = \sqrt{\frac{m}{2\epsilon_z}}\, d\epsilon_z. \tag{5.341}$$

Nach diesem Zwischenschritt erhalten wir

$$J = -\frac{4g_{xy}L_z}{\pi\hbar} \int_0^{\infty} d\epsilon_z \sqrt{\frac{m}{2\epsilon_z}} \sum_{\nu=0}^{\infty} \frac{\epsilon_z}{e^{\beta(\epsilon_\nu(p_z)-\mu)}+1}. \tag{5.342}$$

Zur Berechnung des Diamagnetismus genügt es, den Limes $T \to 0$ zu betrachten. Für die Summation in Gl. (5.342) verwenden wir die Eulersche Summenformel aus Theorem 5 und brechen nach dem Ableitungsterm ab:

$$\sum_{\nu=0}^{\infty} \frac{1}{e^{\beta(\epsilon_z+\epsilon_\nu-\mu)}+1} \simeq \int_0^{\infty} d\nu \frac{1}{e^{\beta(\epsilon_z+\epsilon_\nu-\mu)}+1} + \tag{5.343}$$

$$\frac{1}{2}\frac{1}{e^{\beta(\epsilon_z+\epsilon_0-\mu)}+1} + \frac{1}{12}\frac{\beta\hbar\omega_c\, e^{\beta(\epsilon_z+\epsilon_0-\mu)}}{(e^{\beta(\epsilon_z+\epsilon_0-\mu)}+1)^2},$$

wobei wir die Abkürzungen

$$\epsilon_\nu = \hbar\omega_c\left(\nu+\frac{1}{2}\right), \quad \epsilon_0 = \frac{1}{2}\hbar\omega_c \tag{5.344}$$

verwendet haben. Der Limes $T \to 0$ auf der rechten Seite von Gl. (5.343) lässt sich leicht durchführen unter Berücksichtigung von Gl. (5.288) und

$$\lim_{\beta\to\infty} \frac{\beta e^{\beta u}}{(e^{\beta u}+1)^2} = \delta(u), \tag{5.345}$$

wobei $\delta(u)$ die Delta-Funktion ist. Als Resultat bekommen wir

$$F(\epsilon_z) = \frac{1}{\hbar\omega_c}(\mu-\epsilon_0-\epsilon_z)\,\Theta(\mu-\epsilon_0-\epsilon_z) + \frac{1}{2}\Theta(\mu-\epsilon_0-\epsilon_z) + \frac{1}{12}\hbar\omega_c\,\delta(\mu-\epsilon_0-\epsilon_z) \tag{5.346}$$

mit der Heaviside-Funktion $\Theta(u)$. Als Nächstes berechnen wir

$$\int_0^{\infty} d\epsilon_z \sqrt{\epsilon_z}\, F(\epsilon_z) = \frac{4}{15}\frac{1}{\hbar\omega_c}(\mu-\epsilon_0)^{5/2} + \frac{1}{3}(\mu-\epsilon_0)^{3/2} + \frac{1}{12}\hbar\omega_c\,(\mu-\epsilon_0)^{1/2}. \tag{5.347}$$

Die Größe des Bohrschen Magnetons ist $\mu_B = 5.7884 \times 10^{-5}\,\mathrm{eV\,T^{-1}}$. Daher ist $\mu \simeq \epsilon_F \gg \mu_B\mathcal{H} = \hbar\omega_c/2$ und wir entwickeln Gl. (5.347) nach $\hbar\omega_c = 2\mu_B\mathcal{H}$. Weil wir für die Suszeptibilität die Ableitung der Magnetisierung nach $\mathcal{H}$ benötigen, genügt es, J quadratisch in $\mathcal{H}$ zu kennen. Eine Potenz von $\mathcal{H}$ steckt in g_{xy}, daher reicht in Gl. (5.347) die Entwicklung bis zur ersten Ordnung in $\hbar\omega_c$:

$$\int_0^\infty d\epsilon_z \sqrt{\epsilon_z}\, F(\epsilon_z) \simeq \frac{4}{15}\,\mu^{5/2}\,(\hbar\omega_c)^{-1} - \frac{1}{24}\,\mu^{1/2}\,\hbar\omega_c. \qquad (5.348)$$

Nun setzen wir dieses Resultat und den Entartungsgrad der Landau-Niveaus Gl. (5.337) in Gl. (5.342) ein und erhalten das Endresultat, welches sich mit Hilfe der Zustandsdichte (5.286) recht einfach darstellen lässt:

$$J(T=0,\mathcal{H},\mu) \simeq -V g(\mu)\left\{ \frac{4}{15}\,\mu^2 - \frac{1}{6}\,(\mu_B\mathcal{H})^2 \right\}. \qquad (5.349)$$

Der erste Term auf der rechten Seite dieser Gleichung stimmt mit dem großkanonischen Potential des idealen Fermi-Gases bei $T=0$ aus Unterkapitel 5.15 überein.

Durch Ableitung von J erhält man Magnetisierung und Teilchendichte:

$$M_z = -\frac{1}{V}\,\frac{\partial J}{\partial \mathcal{H}}, \quad \rho = -\frac{1}{V}\,\frac{\partial J}{\partial \mu}. \qquad (5.350)$$

Die zweite Gleichung erlaubt, das chemische Potential μ als Funktion von T, ρ und $\mathcal{H}$ auszudrücken. Mit J aus Gl. (5.349) werten wir die zweite Gleichung unter Verwendung von Gl. (5.314) aus und erhalten

$$\rho \simeq \frac{2}{3}\,g(\mu)\mu\left\{ 1 - \frac{1}{8}\left(\frac{\mu_B\mathcal{H}}{\mu} \right)^2 \right\}. \qquad (5.351)$$

Offensichtlich gilt $\mu = \varepsilon_F$ bei $\mathcal{H}=0$. Damit ergibt die näherungsweise Umkehrung von Gl. (5.351)

$$\mu(T=0,\mathcal{H},\rho) \simeq \varepsilon_F\left\{ 1 + \frac{1}{12}\left(\frac{\mu_B\mathcal{H}}{\varepsilon_F} \right)^2 \right\}. \qquad (5.352)$$

Wie zu erwarten war, ist der Korrekturterm zu ε_F quadratisch in $\mathcal{H}$. D.h., setzen wir Gl. (5.352) in M_z ein, erzeugen wir zusätzlich zum $\mathcal{H}$-unabhängigen Term einen Term quadratisch in $\mathcal{H}$ in der Suszeptibilität. Da wir uns mit einer $\mathcal{H}$-unabhängigen Suszeptibilität begnügen, verwenden wir $\mu = \varepsilon_F$ in M_z und erhalten das Endresultat

$$\chi_{\text{Landau}} = -\frac{1}{3}\,\mu_B^2\, g(\varepsilon_F) = -\frac{1}{3}\,\chi_{\text{Pauli}}. \qquad (5.353)$$

Die Bahnbewegung der Elektronen bewirkt also eine negative Suszeptibilität, d.h., einen diamagnetischen Effekt. Allerdings ist der Nettoeffekt aus Pauli-Paramagnetismus und Landau-Diamagnetismus für freie Elektronen ein paramagnetischer, denn $\chi_{\text{Pauli}} + \chi_{\text{Landau}} = \frac{2}{3}\,\chi_{\text{Pauli}}$ ist positiv.

Wir betonen nochmals, dass die ab Gl. (5.338) geführte Diskussion ausschließlich auf den Landau-Diamagnetismus zugeschnitten ist, weil zwar die Fermi-Statistik berücksichtigt, jedoch der Spinteil in Gl. (5.338) weggelassen ist. Z.B. ist Gl. (5.352) keineswegs das vollständige chemische Potential des idealen Elektronengases im Magnetfeld [13].

5.16.4   Der de Haas-van Alphen Effekt

In den beiden vorigen Abschnitten haben wir in der Suszeptibilität die Spineffekte und Bahnbewegung der Elektronen getrennt behandelt. Allerdings ist das vollständige J für das freie Fermi-Gas gegeben als

$$ J(T, \mathcal{H}, \mu) = -kTg_{xy} \sum_{s=\pm 1} \sum_{\nu=0}^{\infty} \int \frac{L_z \mathrm{d}p_z}{2\pi\hbar} \ln\left(1 + e^{-\beta(E(p_z, \nu, s) - \mu)}\right) \tag{5.354} $$

mit E aus Gl. (5.335) und dem Entartungsgrad g_{xy} aus Gl. (5.337). Daraus ist nicht zu sehen, warum sich Spin- und Bahneffekte getrennt behandeln lassen sollten. Tatsächlich ist die vollständige Suszeptibilität gegeben durch

$$ \chi = \chi_{\mathrm{Pauli}} + \chi_{\mathrm{Landau}} + \chi_{\mathrm{osz}}, \tag{5.355} $$

wobei χ_{osz} der Teil ist, wo sich diese Effekte eben nicht trennen lassen. Allerdings wird dieser Anteil nur bei tiefen Temperaturen wirksam. Die Berechnung von χ_{osz} ist aufwendig; es wird auf [13] verwiesen. Das Resultat ist näherungsweise

$$ \chi_{\mathrm{osz}} \simeq \frac{3\pi^2}{2}\, \rho\, \frac{kT}{\mathcal{H}^2} \left(\frac{\varepsilon_F}{\mu_B \mathcal{H}}\right)^{1/2} \sum_{p=1}^{\infty} p^{1/2} \frac{\cos\left(\frac{\pi p \varepsilon_F}{\mu_B \mathcal{H}} - \frac{\pi}{4}\right)}{\sinh\left(\frac{\pi^2 pkT}{\mu_B \mathcal{H}}\right)}. \tag{5.356} $$

Offensichtlich ist die Suszeptibilität χ_{osz} für Temperaturen $kT \gg \mu_B \mathcal{H}$ exponentiell unterdrückt. Setzen wir ρ aus Gl. (5.293) in χ_{osz} ein und verwenden Gl. (5.328), erhalten wir

$$ \chi_{\mathrm{osz}} \simeq \chi_{\mathrm{Pauli}} \times \pi^2\, \frac{kT}{\mu_B \mathcal{H}} \left(\frac{\varepsilon_F}{\mu_B \mathcal{H}}\right)^{3/2} \sum_{p=1}^{\infty} p^{1/2} \frac{\cos\left(\frac{\pi p \varepsilon_F}{\mu_B \mathcal{H}} - \frac{\pi}{4}\right)}{\sinh\left(\frac{\pi^2 pkT}{\mu_B \mathcal{H}}\right)}. \tag{5.357} $$

In dieser Form sieht man wegen $\varepsilon_F \gg \mu_B \mathcal{H}$ leicht, dass für genügend kleine Temperaturen χ_{osz} viel größer als χ_{Pauli} ist. Das oszillierende Verhalten der magnetischen Suszeptibilität in $1/\mathcal{H}$, welches bei tiefen Temperaturen auftritt, heißt *de Haas-van Alphen-Effekt* – siehe auch Abschnitt 5.17.2.

5.17   Para- und Diamagnetismus im Festkörper

Als Anwendung und Abrundung der besprochenen para- und diamagnetischen Effekte führen wir eine vereinfachte Diskussion des Festkörpers im Magnetfeld durch. Für weitergehende Diskussionen verweisen wir z.B. auf [36].

5.17.1   Nichtmetall

Paramagnetismus:
Enthält der Festkörper Ionen mit Gesamtdrehimpuls $j \neq 0$, ist er paramagnetisch mit einer Suszeptibilität entsprechend dem Curie-Gesetz (5.176).

Diamagnetismus:

Viele Ionenkristalle enthalten Ionen mit abgeschlossen Schalen; z.B. F^- und Na^+ haben eine Elektronenhülle entsprechend der des Edelgases Neon. Solche Ionen erzeugen einen Diamagnetismus, wie wir jetzt darlegen werden. Der relevante Hamiltonoperator eines solchen Ions ist der Hamiltonoperator der Elektronen im konstanten Magnetfeld. Wir müssen also das Vektorpotential aus Gl. (5.320) in den Hamiltonoperator (5.319) einsetzen und auf den Fall von mehreren Elektronen verallgemeinern. Unter Benützung der Umformung

$$\frac{e}{2mc_l}\left(\vec{P}_i \cdot \vec{A} + \vec{A} \cdot \vec{P}_i\right) = \frac{\mu_B}{\hbar}\,\vec{L}_i \cdot \vec{\mathcal{H}} \tag{5.358}$$

erhalten wir damit

$$\hat{H} = \sum_{i=1}^{z_e}\left[\frac{\vec{P}_i^2}{2m} + \frac{\mu_B}{\hbar}\left(\vec{L}_i + 2\vec{S}_i\right)\cdot\vec{\mathcal{H}} + \frac{e^2}{8mc_l^2}\left(\vec{\mathcal{H}}^2\vec{X}_i^2 - \left(\vec{\mathcal{H}}\cdot\vec{X}_i\right)^2\right)\right], \tag{5.359}$$

wobei $\vec{P}_i$, $\vec{X}_i$, L_i und $\vec{S}_i$ Impuls-, Orts-, Bahndrehimpuls- und Spinoperator des i-ten Elektrons sind. Die Summe geht über die z_e Elektronen im Ion. Der zweite Term auf der rechten Seite ergibt den Paramagnetismus für Elektronenzustände mit $j \neq 0$, der dritte Term ist für den Diamagnetismus verantwortlich. Da bei Raumtemperatur die Elektronen des Ions im Grundzustand ψ sind und die Energie elektronischer Anregungen viel größer als kT ist, ist der für den Diamagnetismus relevante Beitrag zur Energie [36] gegeben durch

$$\Delta E_{\text{dia}} = \frac{e^2\mathcal{H}^2}{8mc_l^2}\sum_{i=1}^{z_e}\langle\psi|(X_i^2 + Y_i^2)\psi\rangle. \tag{5.360}$$

Wir definieren

$$\langle r^2\rangle = \frac{1}{z_e}\sum_{i=1}^{z_e}\langle\psi|(X_i^2 + Y_i^2 + Z_i^2)\psi\rangle \tag{5.361}$$

und berücksichtigen, dass der Zustand ψ rotationssymmetrisch ist. Damit erhalten wir die von Gl. (5.360) herrührende T-unabhängige negative Suszeptibilität

$$\chi_{\text{dia}}^{\text{Ion}} = -\frac{N}{V}\frac{\partial^2}{\partial\mathcal{H}^2}\Delta E_{\text{dia}} = -\frac{N}{V}\frac{e^2}{4mc_l^2}\times\frac{2}{3}z_e\langle r^2\rangle, \tag{5.362}$$

wobei N die Anzahl der diamagnetischen Ionen ist. Mit dem Bohrschen Radius $a_0 = \hbar^2/(me^2)$ und der Feinstrukturkonstante $\alpha = e^2/(\hbar c_l)$ schreiben wir Gl. (5.362) um in

$$\chi_{\text{dia}}^{\text{Ion}} = -\frac{1}{6}\rho\,\alpha^2 a_0 z_e\langle r^2\rangle. \tag{5.363}$$

Sind mehrere Sorten von diamagnetischen Ionen vorhanden, muss man in Gl. (5.363) über die Sorten summieren, wobei die Werte von ρ, z_e und $\langle r^2\rangle$ im Allgemeinen von der Sorte abhängen.

Die Suszeptibilität χ ist eine dimensionslose Größe. Allerdings unterscheidet sich ihr Wert im SI-Einheitensystem von dem im Gauß-System durch einen numerischen Faktor: $\chi|_{\text{SI}} = 4\pi\,\chi|_{\text{Gauß}}$. Die Umrechnung von SI in Gauß-Einheiten und vice versa ist im

Detail im Anhang von [45] diskutiert. Im Folgenden wollen wir die Größenordnungen von Dia- und Paramagnetismus vergleichen. Da wir in diesem Buch für elektromagnetische Größen das Gauß-System benützen, könnten wir insbesondere für die paramagnetische Suszeptibilität χ_{para} aus dem Curie-Gesetz (5.176) alle Größen in cgs-Einheiten einsetzen. Es gibt aber einen einfacheren Weg, um diesen Vergleich zu machen, der noch dazu alle möglichen Schwierigkeiten bei der Umrechung zwischen SI und Gauß-Einheiten vermeidet. Dieser Weg nützt aus, dass in der paramagnetischen Suszeptibilität als einzige elektromagnetische Größe das Bohrsche Magneton auftritt und dass sich in μ_B das Verhältnis e/m zu Gunsten der Feinstrukturkonstante und des Bohrschen Radius eliminieren lässt:

$$\mu_B^2 = \frac{1}{4}\alpha^3 a_0^2 \,\hbar c_l.\tag{5.364}$$

Nun können wir leicht einen Größenordnungsvergleich von χ_{para} mit $\chi_{\text{dia}}^{\text{Ion}}$ durchführen. Mit $\langle r^2 \rangle \sim a_0^2$ erhalten wir die grobe Abschätzung

$$\chi_{\text{dia}}^{\text{Ion}}/\chi_{\text{para}} \sim \frac{a_0 kT}{\alpha \hbar c_l}.\tag{5.365}$$

Dabei haben wir weder z_e noch mögliche verschiedene Dichten von diamagnetischen und paramagnetischen Ionen berücksichtigt. Setzen wir in Gl. (5.365) $a_0 \simeq 0.5 \times 10^{-10}$ m und $T \sim 300\,$K ein, bekommen wir, dass der Diamagnetismus etwa zwei bis drei Größenordnungen kleiner als der Paramagnetismus ist [36]. In absoluten Zahlen ist $\chi_{\text{para}} \sim 10^{-2} \div 10^{-3}$ und $\chi_{\text{dia}}^{\text{Ion}} \sim 10^{-5}$.

5.17.2　Metall

Wir unterscheiden die zwei Fälle $kT \gg \mu_B \mathcal{H}$ und $kT \sim \mu_B \mathcal{H}$.

$kT \gg \mu_B \mathcal{H}$: Betrachten wir Raumtemperatur, also $kT \sim 1/40$ eV, und $\mathcal{H} \lesssim 20$ Tesla, was etwa den größten im Labor erzeugbaren Magnetfeldern entspricht, finden wir $\mu_B \mathcal{H} \lesssim 10^{-3}$ eV, also ist $\mu_B \mathcal{H}$ viel kleiner als kT. Wir orientieren uns am freien Elektronengas als Näherung für die Leitungselektronen. Daher haben wir insgesamt

$$\chi = \chi_{\text{Pauli}} + \chi_{\text{Landau}} + \chi_{\text{dia}}^A, \qquad \chi_{\text{osc}} \simeq 0,\tag{5.366}$$

wobei χ_{dia}^A dem Diamagnetismus der Atomrümpfe entspricht, also das Analogon zu $\chi_{\text{dia}}^{\text{Ion}}$ ist. Das freie Elektronengas ist allerdings zu stark idealisiert. In einer Verallgemeinerung, die nur in einfachen Fällen funktioniert, kann die Elektronmasse m durch eine effektive Masse m^* für die Bahnbewegung ersetzt werden [36]. Es ist leicht einzusehen, dass dann die Energieeigenwerte aus Gl. (5.335) ersetzt werden müssen durch [13]

$$E(p_z, \nu, s) = \frac{p_z^2}{2m^*} + 2\mu_B^* \mathcal{H}\left(\nu + \frac{1}{2}\right) + s\mu_B \mathcal{H} \quad \text{mit} \quad \mu_B^* = \frac{m}{m^*}\mu_B.\tag{5.367}$$

Damit wird Gl. (5.353) korrigiert zu

$$\frac{\chi_{\text{Landau}}}{\chi_{\text{Pauli}}} = -\frac{1}{3}\left(\frac{m}{m^*}\right)^2.\tag{5.368}$$

$kT \sim \mu_B \mathcal{H}$: In diesem Bereich dominiert, wie beim freien Elektronengas besprochen, der Anteil χ_{osc} in der Suszeptibilität und damit der de Haas-van Alphen-Effekt. Allerdings müssen wir wieder in Gl. (5.356) an geeigneten Stellen die Ersetzung $m \to m^*$ machen [13]:

$$\chi_{\text{osz}} \simeq \frac{3\pi^2}{2} \rho \frac{kT}{\mathcal{H}^2} \left(\frac{\varepsilon_F}{\mu_B^* \mathcal{H}} \right)^{1/2} \sum_{p=1}^{\infty} (-1)^p \cos \left(\pi p \frac{m^*}{m} \right) p^{1/2} \frac{\cos \left(\frac{\pi p \varepsilon_F}{\mu_B^* \mathcal{H}} - \frac{\pi}{4} \right)}{\sinh \left(\frac{\pi^2 p k T}{\mu_B^* \mathcal{H}} \right)}. \quad (5.369)$$

Dass die Ersetzung

$$1 = (-1)^p \cos(\pi p) \to (-1)^p \cos \left(\pi p \frac{m^*}{m} \right) \; \forall \, p \quad (5.370)$$

zu machen ist, ist nur aus der Berechnung von χ_{osc} erkennbar – siehe [13]. Das Vorkommen von m^*/m weist darauf hin, dass χ_{osc} ein Effekt ist, wo sowohl die Landau-Niveaus als auch die Spineinstellungen in untrennbarer Weise beitragen.

Gleichung (5.369) hat eine Oszillationsperiode (Grundschwingung) in $1/\mathcal{H}$ von

$$\Delta \frac{1}{\mathcal{H}} = \frac{2\mu_B^*}{\varepsilon_F}. \quad (5.371)$$

Wie kommt dieser Effekt zustande? Wir betrachten die Energieniveaus Gl. (5.367) und berücksichtigen, dass die Energieniveaus im Wesentlichen nur bis ε_F gefüllt sind. Der Entartungsgrad g_{xy} der Landau-Niveaus – siehe Gl. (5.337) – ist proportional zu $\mathcal{H}$. Reduzieren wir die Feldstärke, wird g_{xy} daher kleiner. Halten wir s fest, dann rutscht bei

$$\frac{1}{\mathcal{H}_\nu} = \frac{2\mu_B^* \left(\nu + \frac{1}{2} \right) + s\mu_B}{\varepsilon_F} \quad (5.372)$$

das ν-te Landau-Niveau unter die Fermi-Kante und wird bei weiterer Reduzierung von $\mathcal{H}$ befüllt. Man kann nämlich zeigen, dass sich durch das Einschalten des Magnetfelds die Anzahl der Zustände mit Energien kleiner gleich ε_F nicht ändert, die Zustände werden nur „umgeordnet". Das ist insofern einleuchtend, als das Einschalten des Magnetfelds zwar die Bahnen der Elektronen aber nicht deren kinetische Energie verändert. Die Differenz $\mathcal{H}_{\nu+1}^{-1} - \mathcal{H}_\nu^{-1}$ ergibt gerade Gl. (5.371). Definieren wir die Fermi-Kugel als die Fläche im $\vec{k}$-Raum gegeben durch

$$\frac{\hbar^2 \vec{k}^2}{2m^*} = \varepsilon_F, \quad (5.373)$$

erhalten wir

$$\Delta \frac{1}{\mathcal{H}} = \frac{e}{\hbar c_l} \frac{2\pi}{A_F} \quad \text{mit} \quad A_F = \pi \vec{k}^2. \quad (5.374)$$

Dabei ist A_F der größte Querschnitt der Fermikugel im $\vec{k}$-Raum.

Für realistische Metalle ist die *Fermi-Fläche* im Allgemeinen keine Kugel, sondern wird erhalten aus der Dispersionsrelation durch $\hbar \omega(\vec{k}) = \varepsilon_F$. In der Festkörperphysik wird Folgendes gezeigt [36]: Wenn man ein Magnetfeld $\mathcal{H}(\vec{k})$ in Richtung $\vec{k}$ legt und verändert, erhält man die Grundschwingung

$$\Delta \frac{1}{\mathcal{H}(\vec{k})} = \frac{e}{\hbar c_l} \frac{2\pi}{A_e(\vec{k})}, \tag{5.375}$$

wobei $A_e(\vec{k})$ der Extremalquerschnitt der Fermi-Fläche orthogonal zu $\vec{k}$ ist. Der de Haas-van Alphen-Effekt erlaubt also, Aussagen über die Fermi-Fläche zu machen.

5.18   Übungsaufgaben

1. Berechnen Sie unter Verwendung der Maxwell-Verteilung die mittlere Geschwindigkeit $\bar{v}$ für ein ideales Gas, wobei $\bar{v}$ als Erwartungswert von $|\vec{v}|$ definiert ist.

2. Ein Gas von N klassischen nichtwechselwirkenden Teilchen sei im Kontakt mit einem Wärmebad der Temperatur T. Die Hamiltonfunktion eines Teilchens sei $H_{kl} = c_l|\vec{p}|$. Berechnen Sie mit Hilfe des Gleichverteilungssatzes den Erwartungswert der Energie.

3. Berechnen Sie für das vorige Beispiel die freie Energie, die Entropie und die Zustandsgleichung.

4. Ein Teilchen mit der Hamiltonfunktion $H_{kl} = \vec{p}^{\,2}/2m + V(r)$ sei im Kontakt mit einem Wärmebad der Temperatur T. Das Potential habe die Form $V(r) = \xi r^\alpha$ mit der Kopplungskonstanten $\xi > 0$, $\alpha > 0$ und $r = |\vec{x}|$. Berechnen Sie die mittlere Energie des Teilchens.

5. Berechnen Sie den Erwartungswert von $H_{kl} = p^2/2m + \xi x^4$ (eindimensionales Problem) in einem Wärmebad der Temperatur T.

6. Ein Teilchen im Wärmebad mit nur einem Translationsfreiheitsgrad sei auf den Bereich $|x| < L$ eingeschränkt und bewege sich im Potential $V(x) = \frac{1}{2}\xi x^2$. Berechnen Sie $\langle H_{kl} \rangle$ unter Verwendung der Gaußschen Fehlerfunktion. Diskutieren Sie weiters die Limiten $kT \ll V_0$ und $kT \gg V_0$ ($V_0 \equiv \xi L^2/2$).

7. Geben Sie gemäß dem Gleichverteilungssatz die Wärmkapazitäten von CO_2-Gas und Wasserdampf an. Welche Wärmekapazitäten werden tatsächlich bei $T \sim 400\,\mathrm{K}$ gemessen?

8. Schreiben Sie Z_rot für das $^{16}O_2$-Molekül an.

9. Berechnen Sie für das H_2-Molekül die Zustandssummen Z_para und Z_ortho in führender Ordnung in T/T_r. Was folgt daraus für die Wärmekapazitäten?

10. Ein TeO_2-Einkristall mit einer Masse von $750\,\mathrm{g}$ habe eine Temperatur von $10\,\mathrm{mK}$. Um wieviel erhöht sich seine Temperatur, wenn er eine Energie von $1\,\mathrm{MeV}$ aus einem Teilchenzerfall absorbiert? Die Debye-Temperatur von TeO_2 ist $232\,\mathrm{K}$. Dieses Messprinzip wird im CUORE-Experiment angewendet.

11. Berechnen Sie zum vorigen Beispiel die Schwankung der inneren Energie des $Te\,O_2$-Kristalls und schätzen Sie die relative Schwankung ab.

12. Eine Anzahl von Protonen mit dem magnetischen Moment $\mu_p = 1.41 \times 10^{-26}\,\mathrm{JT}^{-1}$ befinde sich in einem homogenen Magnetfeld mit einer Stärke von 10 Tesla und im Kontakt mit einem Wärmebad der Temperatur $T = 300\,\mathrm{K}$. Wie groß ist der Prozentsatz der Protonen, deren Spins in Richtung des Magnetfelds zeigt?

13. Berechnen Sie für ein Photonengas die Entropie $S(T, V)$ aus der Energiedichte $\eta(T)$ und dem Strahlungsdruck.

14. Berechnen Sie für ideale Bose- und Fermi-Gase die Schwankung des Besetzungszahloperators $\hat{\nu}_j$.

15. Es seien N Bosonen mit Spin 0 in einem harmonischen Oszillatorpotential gefangen. Dem Potential entsprechen die Kreisfrequenzen ω_1, ω_2, ω_3 in Richtung der Koordinatenachsen. Ersetzen Sie die Summation über die Oszillatorniveaus durch geeignete Integrale und berechnen Sie damit N als Funktion von Temperatur und Fugazität. Zeigen Sie damit, dass die kritische Temperatur T_c für BE-Kondensation durch $N = (kT_c)^3\zeta(3)/(\hbar\omega)^3$ bestimmt ist ($\omega \equiv (\omega_1\omega_1\omega_1)^{1/3}$).

16. Berechnen Sie T_c aus dem vorigen Beispiel für $N = 10^4$ und $\omega = 1000\,\mathrm{s}^{-1}$.

17. Zeigen Sie, dass im Limes schwacher Magnetfelder die großkanonische Zustandssumme Gl. (5.354) übergeht in die großkanonische Zustandssumme des freien idealen Fermi-Gases.

6 Systeme von Teilchen mit Wechselwirkung

6.1 Reales Gas: Cluster- und Virialentwicklung

In diesem Unterkapitel verwenden wir die klassische Näherung für die Berechnung der kanonischen Zustandssumme, daher nehmen wir an, dass die Bedingung $V/N \gg \lambda^3$ erfüllt ist – zur Definition der de Broglie-Wellenlänge λ siehe Gl. (1.66).

Die Clusterentwicklung:

In dieser Entwicklung benützt man, dass sich gemäß Gl. (4.51) die großkanonische Zustandssumme als Funktion der Fugazität $z = e^{\beta\mu}$ in eine Reihe entwickeln lässt:

$$Y_{\mathrm{kl}}(T, V, \mu) = \sum_{N=0}^{\infty} z^N Z_{\mathrm{kl}}(T, V, N), \tag{6.1}$$

wobei die Koeffizienten $Z_{\mathrm{kl}}(T, V, N)$ die mit den Hamiltonfunktionen

$$H_{\mathrm{kl}\,0} = 0, \; H_{\mathrm{kl}\,1} = \frac{\vec{p}^{\,2}}{2m}, \; H_{\mathrm{kl}\,N} = \sum_{i=1}^{N} \frac{\vec{p}_i^{\,2}}{2m} + U_N(\vec{x}_1, \ldots, \vec{x}_N) \quad (N \geq 2) \tag{6.2}$$

berechneten kanonischen Zustandssummen sind – siehe Gl. (4.50). Der Index kl weist auf die klassische Näherung hin. Mit dem Integral Gl. (4.58) erhält man

$$Z_{\mathrm{kl}}(T, V, N) = \frac{1}{\lambda^{3N}} A_N \quad \text{mit} \;\; A_N = \frac{1}{N!} \int_{\mathcal{V}} \mathrm{d}^3 x_1 \cdots \int_{\mathcal{V}} \mathrm{d}^3 x_N \exp\left(-\beta U_N(\vec{x}_1, \ldots, \vec{x}_N)\right). \tag{6.3}$$

Die Relation Gl. (2.9) für das großkanonische Potential gibt

$$p(T, V, \mu) = \frac{kT}{V} \ln\left(1 + V\left(\frac{z}{\lambda^3}\right) + A_2\left(\frac{z}{\lambda^3}\right)^2 + A_3\left(\frac{z}{\lambda^3}\right)^3 + \cdots\right). \tag{6.4}$$

Nun nehmen wir an, dass das Argument des Logarithmus genügend nahe bei Eins ist und wir die Entwicklung $\ln(1 + u) = u - u^2/2 + u^3/3 - + \cdots$ anwenden können. Wir ordnen um, so dass wieder eine Entwicklung nach z/λ^3 entsteht:

$$\frac{p}{kT} = \sum_{n=1}^{\infty} \tilde{B}_n \left(\frac{z}{\lambda^3}\right)^n, \tag{6.5}$$

wobei die ersten drei Koeffizienten gegeben sind durch

$$\tilde{B}_1 = 1,$$

$$\tilde{B}_2 = \frac{1}{2V} \int_{\mathcal{V}} d^3x_1 \int_{\mathcal{V}} d^3x_2 \left[e^{-\beta U_2(\vec{x}_1, \vec{x}_2)} - 1 \right],$$

$$\tilde{B}_3 = \frac{1}{6V} \int_{\mathcal{V}} d^3x_1 \int_{\mathcal{V}} d^3x_2 \int_{\mathcal{V}} d^3x_3 \left[e^{-\beta U_3(\vec{x}_1, \vec{x}_2, \vec{x}_3)} \right.$$

$$\left. - e^{-\beta U_2(\vec{x}_1, \vec{x}_2)} - e^{-\beta U_2(\vec{x}_2, \vec{x}_3)} - e^{-\beta U_2(\vec{x}_1, \vec{x}_3)} + 2 \right]. \tag{6.6}$$

Der weiteren Diskussion legen wir die Annahme zugrunde, dass das N-Teilchen-Potential eine Summe von Zweiteilchen-Potentialen ist, dass also

$$U_N(\vec{x}_1, \ldots, \vec{x}_N) = \sum_{1 \leq j < k \leq N} w_{jk} \quad \text{mit} \quad w_{jk} \equiv w(|\vec{x}_j - \vec{x}_k|) \tag{6.7}$$

gilt. Wenn das Zweiteilchen-Potential $w(r)$ schnell genug für $r \to \infty$ abfällt, kann man zeigen, dass die Koeffizienten $\tilde{B}_n$ nur von solchen Konstellationen der Teilchen Beiträge erhalten, wo *alle* n Ortsvektoren nahe beisammen sind, also die n Teilchen einen Cluster bilden. Explizit können wir das an $\tilde{B}_2$ und $\tilde{B}_3$ verifizieren, wobei diese Cluster-Eigenschaft mit Hilfe der *Mayer-Funktionen* $f_{jk} \equiv e^{-\beta w_{jk}} - 1$, welche offensichtlich für $|\vec{x}_j - \vec{x}_k| \to \infty$ gegen Null gehen, besonders transparent wird:

$$\tilde{B}_2 = \frac{1}{2V} \int_{\mathcal{V}} d^3x_1 \int_{\mathcal{V}} d^3x_2 \, f_{12},$$

$$\tilde{B}_3 = \frac{1}{6V} \int_{\mathcal{V}} d^3x_1 \int_{\mathcal{V}} d^3x_2 \int_{\mathcal{V}} d^3x_3 \left[f_{12}f_{13}f_{23} + f_{12}f_{13} + f_{12}f_{23} + f_{13}f_{23} \right]. \tag{6.8}$$

Dass die Cluster-Eigenschaft der $\tilde{B}_n$ für beliebige n gilt, erfordert komplizierte kombinatorische Überlegungen, welche z.B. in [16] detailliert entwickelt werden. Das schnelle Abfallverhalten von w erlaubt, den Limes

$$\lim_{V \to \infty} \tilde{B}_n \equiv B_n(T) \tag{6.9}$$

zu machen: Nach Transformation der $\vec{x}_1, \ldots, \vec{x}_n$ auf Schwerpunkts- und Relativkoordinaten, hängt der Integrand von $\tilde{B}_n$ nicht von den Schwerpunktskoordinaten $\vec{x}_s$ ab, und die Integration über $\vec{x}_s$ ergibt gerade das Volumen V, welches den Faktor $1/V$ in $\tilde{B}_n$ wegkürzt. Die Faktoren $\tilde{B}_n$ bzw. B_n haben die Dimension von $V^{(n-1)}$. Wegen

$$\frac{\partial p(T, \mu)}{\partial \mu} = -\frac{1}{V} \frac{\partial J}{\partial \mu} = \frac{N}{V} \quad \text{und} \quad \frac{\partial z}{\partial \mu} = \beta z \tag{6.10}$$

bekommen wir das Gleichungssystem

$$\frac{p}{kT} = \sum_{n=1}^{\infty} B_n(T) \left(\frac{z}{\lambda^3} \right)^n, \quad \rho = \sum_{n=1}^{\infty} n B_n(T) \left(\frac{z}{\lambda^3} \right)^n \tag{6.11}$$

mit der Teilchendichte $\rho = N/V$. Diese Entwicklung heißt *Clusterentwicklung* und beschreibt die thermische Zustandsgleichung in parametrischer Form.

Die Virialentwicklung:

Eliminiert man den Parameter z/λ^3 aus dem Gleichungssystem (6.11), erhält man eine Entwicklung des Drucks nach Potenzen der Teilchendichte, die sogenannte *Virialentwicklung*. Dazu kehrt man die zweite Relation in Gl. (6.11) um und drückt z/λ^3 als Potenzreihe in ρ aus. Wegen $B_1 = 1$ lauten die ersten Terme

$$\frac{z}{\lambda^3} = \rho - 2B_2\rho^2 + (8B_2^2 - 3B_3)\rho^3 + \cdots \tag{6.12}$$

Setzt man dieses Resultat in p von Gl. (6.11) ein, erhält man

$$\frac{p}{kT} = \rho - B_2\rho^2 + (4B_2^2 - 2B_3)\rho^3 + \cdots \tag{6.13}$$

Der Druck ist somit als Funktion von T und ρ gegeben. Der erste Term in Gl. (6.13) ergibt die Zustandsgleichung des idealen Gases. Die nächsten Terme bilden Korrekturen dazu.

Der Koeffizient $B_2(T)$:

Wir transformieren $\vec{x}_1$, $\vec{x}_2$ auf Schwerpunkts- und Relativkoordinaten:

$$\vec{x}_s = \frac{1}{2}\left(\vec{x}_1 + \vec{x}_2\right), \quad \vec{x} = \vec{x}_1 - \vec{x}_2 \quad \Rightarrow \quad d^3x_1 d^3x_2 = d^3x_s\, d^3x. \tag{6.14}$$

Damit erhalten wir

$$B_2 = \lim_{V \to \infty} \frac{1}{2V} \int_V d^3x_s \int d^3x \left[e^{-\beta w(r)} - 1 \right], \tag{6.15}$$

wobei wir $r = |\vec{x}_1 - \vec{x}_2|$ definiert haben. Damit bekommen wir eine einfache Form für B_2:

$$B_2(T) = 2\pi \int_0^\infty dr\, r^2 \left[e^{-\beta w(r)} - 1 \right]. \tag{6.16}$$

Ist das Zweiteilchen-Potential nicht rotationssymmetrisch, dann ist $w(r)$ das über alle räumlichen Richtungen gemittelte Potential. Das Bemerkenswerte am Koeffizienten B_2 ist, dass er einerseits ein Koeffizient in der Entwicklung der makroskopischen Größe $p/(kT)$ ist, andrerseits durch ein mikroskopisches Potential w bestimmt wird, das auch in Molekülstreuexperimenten gemessen werden kann.

6.2 Die van der Waals-Gleichung

Virialentwicklung und van der Waals-Gleichung:

Wir nehmen ein annähernd kugelförmiges Molekül mit Durchmesser d an. Wir machen den plausiblen phänomenologischen Ansatz, dass das Potential $w(r)$ für $r < d$ unendlich und für $r > d$ negativ ist; für $r \gg d$ geht es gegen Null. Das bewirkt eine anziehende Kraft zwischend den Molekülen innerhalb einer Distanz von einigen Molekülldurchmessern. Es ist anzunehmen, dass für $kT \sim |w(\bar{r})|$, wobei $\bar{r}$ der mittlere Molekülabstand ist, der Phasenübergang vom gasförmigen zum flüssigen Aggregatzustand eintreten wird. Weil wir ein Gas beschreiben wollen, machen wir daher die Annahme

$$\frac{|w(r)|}{kT} \ll 1 \quad \text{für} \quad r > d. \tag{6.17}$$

Aus Gl. (6.16) leiten wir damit ab, dass $B_2(T)$ durch

$$B_2(T) \simeq -2\pi \int_0^d dr\, r^2 - 2\pi\beta \int_d^\infty dr\, r^2 w(r) \tag{6.18}$$

gegeben ist. Somit erhalten wir

$$B_2(T) \simeq -b + \frac{a}{kT} \quad \text{mit} \quad b = \frac{2\pi d^3}{3}, \quad a = -2\pi \int_d^\infty dr\, r^2 w(r). \tag{6.19}$$

Beide Koeffizienten a und b sind positiv und b ist das Vierfache des Eigenvolumens des Moleküls.

Einsetzen von Gl. (6.19) in die Virialentwicklung liefert

$$p = kT \left[\rho + \left(b - \frac{a}{kT} \right) \rho^2 \right] = kT\rho(1 + b\rho) - a\rho^2. \tag{6.20}$$

Das ist fast die van der Waals-Gleichung aus Gl. (3.1), aber die Virialentwicklung liefert sie eben nicht ganz – zumindest nicht in der von uns betrachteten Ordnung der Entwicklung. Wir müssen noch die Ersetzung $1 + b\rho \to (1 - b\rho)^{-1}$ machen, um

$$p = \frac{kT\rho}{1 - b\rho} - a\rho^2 \tag{6.21}$$

zu bekommen. Wegen $\rho = N/V$ stimmt diese Gleichung genau mit van der Waals-Gleichung in Gl. (3.1) überein.

Diese „Herleitung" ist aus zwei Gründen unbefriedigend. Der eine Grund ist der willkürliche letzte Schritt. Der andere folgt aus der Tatsache (siehe nächstes Unterkapitel), dass die van der Waals-Gleichung den Phasenübergang gasförmig – flüssig zumindest qualitativ richtig beschreibt. Daher ist sowohl die die Notwendigkeit von $b\rho \ll 1$ als auch die der Näherung Gl. (6.17) fraglich.

Alternative Herleitung der van der Waals-Gleichung:

Wir betrachten die sogenannte *Molekularfeldnäherung* für den Spezialfall des realen, verdünnten Gases. Wir nehmen ein Teilchen heraus, welches sich im mittleren Potential der anderen bewegt. Damit haben wir eine effektive Einteilchen-Theorie. Wir nehmen an, die Teilchen seien kugelförmig mit Durchmesser d und unendlich hart. Dann machen wir folgenden Ansatz für dieses mittlere Potential:

$$\bar{U}(\vec{x}) = \begin{cases} \infty & \text{für } |\vec{x} - \vec{y}| \le d, \\ -\bar{U}_0 & \text{sonst.} \end{cases} \tag{6.22}$$

Dabei ist $\vec{y}$ der Ortsvektor eines beliebigen anderen Teilchens. Es ist plausibel, die Stärke von $\bar{U}_0$ als proportional zur Teilchendichte anzunehmen:

$$\bar{U}_0 = a\,\frac{N}{V}. \tag{6.23}$$

Damit erhalten wir eine effektive *kanonische* Zustandssumme in klassischer Näherung als

$$\bar{Z} = \frac{1}{N!}\left[\int \frac{\mathrm{d}^3 p}{(2\pi\hbar)^3}\,e^{-\beta\vec{p}^2/(2m)}\int \mathrm{d}^3 x\, e^{-\beta\bar{U}(\vec{x})}\right]^N = \frac{1}{N!}\left[\frac{1}{\lambda^3}\,(V-Nb')\,e^{\beta\bar{U}_0}\right]^N, \tag{6.24}$$

wobei Gl. (6.22) bewirkt, dass vom Volumen V das Volumen Nb' abgezogen wird, welches dem Ortsvektor $\vec{x}$ nicht zur Verfügung steht. Naiverweise würde man $b' = 4\pi d^3/3$ setzen, woraus $b' = 2b$ mit b aus Gl. (6.19) folgen würde. Allerdings wird in [10] argumentiert, dass das Volumen, das dem System als Ganzes nicht zur Verfügung steht, durch eine Selbstkonsistenzüberlegung bestimmt werden muss: Für jedes wechselwirkende Paar von Teilchen ist ein Volumen einer Kugel mit dem Radius d ausgeschlossen; bezeichnet man das Volumen, das im Mittel *einem* Teilchen nicht zur Verfügung steht, mit Nb', so bestimmt sich dieses durch

$$Nb' = \frac{1}{N}\binom{N}{2}\frac{4\pi d^3}{3} \simeq N\,\frac{2\pi d^3}{3} \quad\Rightarrow\quad b' = b. \tag{6.25}$$

Somit folgt aus $\bar{Z}$

$$p = kT\,\frac{\partial}{\partial V}\,\ln\bar{Z} = NkT\,\frac{\partial}{\partial V}\left[\ln(V-Nb) + \beta\bar{U}_0\right], \tag{6.26}$$

und wir erhalten

$$p = \frac{NkT}{V-Nb} - a\,\frac{N^2}{V^2}, \tag{6.27}$$

also tatsächlich die van der Waals-Gleichung.

Man kann sich fragen, inwieweit die Interpretation von b als das vierfache Eigenvolumen eines Teilchens mit den gemessenen Werten von b übereinstimmt. Mit Gl. (6.19) erhält man den Molekülradius r_0 zu $r_0 = [3b/(16\pi)]^{1/3}$ bzw.

$$r_0 \simeq \left(100 \times \frac{b_m}{1\,\mathrm{m}^3\,\mathrm{kmol}^{-1}}\right)^{1/3}\text{\AA} \tag{6.28}$$

mit $b_m = bN_A$. Mit den Werten für b aus [26] erhält man für eine Auswahl annähernd kugelförmiger Gasmoleküle folgende Tabelle:

Gas	He	Ne	Ar	Kr	Xe	CH_4	NH_3
$r_0\,[\text{\AA}]$	1.33	1.20	1.47	1.57	1.72	1.62	1.54

Diese Radien r_0 sind von der richtigen Größenordnung von Atom- bzw. Molekülradien. Allerdings ist die Definition eines Atom- bzw. Molekülradius nicht eindeutig. Jedoch sind in der Literatur angegebene Atom- bzw. Molekülradien etwas größer als die Werte von r_0 in obiger Tabelle.

6.3   Der Phasenübergang gasförmig – flüssig

Der kritische Punkt:

Es stellt sich heraus, dass die van der Waals-Gleichung den Phasenübergang gasförmig – flüssig zumindest in semiquantitativer Weise beinhaltet. Das wollen wir jetzt demonstrieren. Dazu schreiben wir die van der Waals-Gleichung in der Form

$$p(T,v) = \frac{kT}{v-b} - \frac{a}{v^2} \quad \text{mit} \quad v = \frac{V}{N} \tag{6.29}$$

an und machen eine Kurvendiskussion. Ist kT sehr groß, dominiert der erste Term auf der rechten Seite von Gl. (6.29) und der Zusammenhang von p und v bei gegebenem T ist eindeutig. Ist hingegen kT klein, dominiert für kleine v der zweite Term, außer in der Nähe von b, wo der Druck gegen unendlich geht. Die van der Waals-Gleichung geschrieben als algebraische Gleichung in v ist eine kubische Gleichung. Es muss daher eine kritische Temperatur T_c geben, so dass für $T < T_c$ der Zusammenhang zwischen p und v mehrdeutig ist, d.h., wo es für ein p drei Lösungen in v gibt. Die kritische Temperatur ist gegeben, wenn $p(T_c, v)$ als Funktion von v einen Wendepunkt mit waagrechter Tangente hat. Diesen Punkt nennt man kritischen Punkt. Mit den Ableitungen

$$\frac{\partial p}{\partial v} = -\frac{kT}{(v-b)^2} + \frac{2a}{v^3}, \tag{6.30}$$

$$\frac{\partial^2 p}{\partial v^2} = \frac{2kT}{(v-b)^3} - \frac{6a}{v^4} \tag{6.31}$$

ist der kritische Punkt durch das Geichungssystem

$$\frac{\partial p}{\partial v} = 0, \quad \frac{\partial^2 p}{\partial v^2} = 0 \tag{6.32}$$

festgelegt. Dieses nichtlineare System von zwei Gleichungen mit zwei Unbekannten lässt sich leicht lösen, indem wir mit Hilfe von Gl. (6.30) und Gl. (6.31) die Größe $kT/(v-b)^2$ durch v ausdrücken. Damit berechnen wir das Volumen v_c am kritischen Punkt durch

$$\frac{kT}{(v_c-b)^2} = \frac{2a}{v_c^3} = \frac{3a}{v_c^4}(v_c - b) \quad \Rightarrow \quad v_c = 3b \tag{6.33}$$

und daraus die Temperatur T_c und den Druck p_c. Folglich erhalten wir

$$v_c = 3b, \quad kT_c = \frac{8a}{27b}, \quad p_c = \frac{a}{27b^2} \tag{6.34}$$

am kritischen Punkt. Also haben wir die Situation, dass die van der Waals-Gleichung als algebraische Gleichung in v für $T < T_c$ einen Wendepunkt hat. Daher gibt es für gewisse p drei Volumina v mit $p = p(T, v)$.

Die Druckkurve für Temperaturen unterhalb von T_c:

Wie ist die Situation für $T < T_c$ zu interpretieren? Um das herauszufinden, studieren wir die freie Energie des van der Waals-Gases.

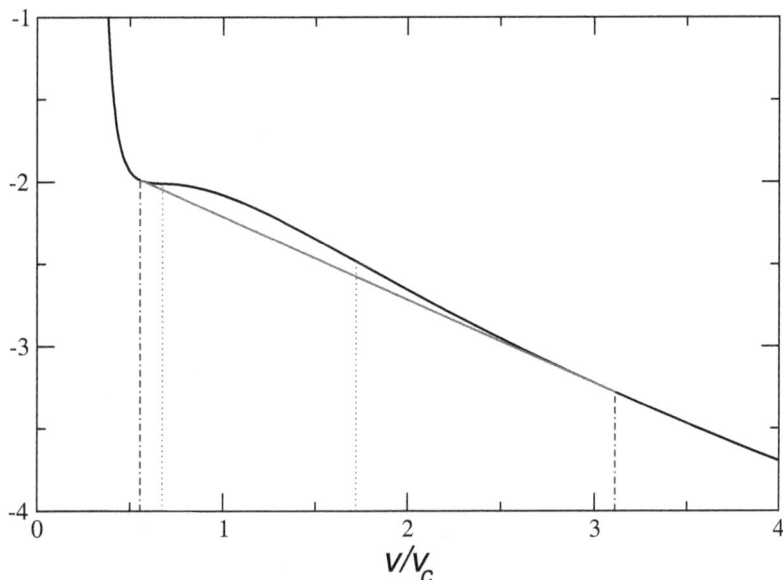

Abbildung 6.1: *Die Funktion* $(f - f_0(T))/(p_c v_c)$ *aus Gl. (6.35) für* $T/T_c = 0.85$. *Die Koordinaten* v_1, v_2 *der Tangentenpunkte sind durch die strichpunktierten Linien gekennzeichnet, die Koordinaten* v_1', v_2' *der Wendepunkte durch punktierte Linien; letztere lokalisieren auch die Extrema von* $p(T, v)$.

- Wir schreiben die freie Energie Gl. (3.7) des van der Waals-Gases um in die Form

$$f(T, v) \equiv \frac{F}{N} = f_0(T) - kT \ln \frac{v - b}{v_c} - \frac{a}{v}. \tag{6.35}$$

Der Druck hat in v zwei Extrema, ein lokales Minimum bei v_1' und ein lokales Maximum bei v_2'. Das bedeutet, dass die isotherme Kompressibilität κ_T wegen

$$\frac{1}{\kappa_T} = -v \left.\frac{\partial p}{\partial v}\right|_T = v \frac{\partial^2 f}{\partial v^2} \tag{6.36}$$

im Bereich $v_1' < v < v_2'$ negativ und das System instabil wird; kleine Volumsschwankungen schaukeln sich auf und führen zu Explosion oder Implosion.

- Anders ausgedrückt, $1/\kappa_T$ hat die Nullstellen v_1' und v_2', bzw. f hat als Funktion von v zwei Wendepunkte. Daraus folgt, dass es zwei Volumina v_1, v_2 ($v_1 < v_1' < v_2' < v_2$) mit einer gemeinsamen Tangente an f geben muss. Dieser Tangente entspricht der Druck

$$\bar{p} = - \left.\frac{\partial f}{\partial v}\right|_{v=v_1} \quad - - \left.\frac{\partial f}{\partial v}\right|_{v=v_2}. \tag{6.37}$$

Weil bei diesen Punkten der Druck gleich ist, sind *beide* Volumina Lösungen der Gleichung $\bar{p} = p(T, v)$. Die mittlere der drei Lösungen, welche zwischen v_1' und v_2'

liegt, haben wir wegen dem unphysikalischen Bereich in v schon ausgeschieden. Der v-abhängige Teil der freien Energie aus Gl. (6.35) mit der hier beschriebenen Tangentenkonstruktion ist in Abb. 6.1 illustriert, wo

$$\frac{f(T,v) - f_0(T)}{p_c v_c} = -\frac{8T}{3T_c} \ln\left(\frac{v}{v_c} - \frac{1}{3}\right) - \frac{3v_c}{v} \qquad (6.38)$$

als Funktion von v/v_c abgebildet ist.

- Also bleiben von den drei Volumina beim Druck $\bar{p}$ nur die beiden äußeren mit $\bar{p} = p(T, v_1) = p(T, v_2)$ $(v_1 < v_2)$ über. Wegen der gemeinsamen Tangente von f bei v_1 und v_2 lässt sich $\bar{p}$ schreiben als

$$\bar{p} = -\frac{f_2 - f_1}{v_2 - v_1} = -\frac{1}{v_2 - v_1} \int_{v_1}^{v_2} dv\, \frac{\partial f}{\partial v} \qquad (6.39)$$

bzw.

$$\bar{p}(T) = \frac{1}{v_2 - v_1} \int_{v_1}^{v_2} dv\, p(T, v) = p(T, v_1) = p(T, v_2). \qquad (6.40)$$

Setzt man für $p(T, v)$ im Integral die van der Waals-Gleichung ein, liefert Gl. (6.40) drei Relationen für $\bar{p}$. Daher lassen sich bei gegebener Temperatur $T < T_c$ die drei Größen $v_1(T)$, $v_2(T)$ und $\bar{p}(T)$ aus Gl. (6.40) bestimmen. Diese Vorgangsweise nennt man *Maxwell-Konstruktion* – siehe Abb. 6.2. Weil gemäß Gl. (6.40) die Fläche unter Druckkurve zwischen v_1 und v_2 einem gleich großen Rechteck mit Fläche $(v_2 - v_1)\bar{p}$ entspricht, sind die beiden grauen Flächen in Abb. 6.2 gleich groß.

- Die Frage ist nun, welcher Teil der Kurve $p = p(T, v)$ physikalisch ist und wie diese Kurve im unphysikalischen Bereich abgeändert gehört. Wir dürfen f im Bereich $v_1 < v < v_2$ nicht entlang von $f(T, v)$ laufen lassen, weil wir sonst in den unphyskalischen Bereich mit negativer Kompressiblität kommen. Ändern wir hingegen f so ab, dass die freie Energie entlang der Tangente läuft, erhalten wir

$$\bar{f}(\alpha) = \alpha f(T, v_1) + (1 - \alpha) f(T, v_2) \quad (0 \le \alpha \le 1). \qquad (6.41)$$

Dann ist

$$\bar{f}(\alpha) < f(T, \alpha v_1 + (1 - \alpha) v_2), \qquad (6.42)$$

für $0 < \alpha < 1$ und nach der Diskussion in Unterkapitel 2.4 hat das System mit $\bar{f}$ eine größere Entropie als mit $f(T, \alpha v_1 + (1 - \alpha) v_2)$.

- Man kann sich leicht überlegen, dass eine Fortsetzung von f im Bereich $v_1 < v < v_2$ unterhalb der Tangente unphysikalisch ist, weil man dann zwei Intervalle in v mit negativer Kompressibilität bekommt – siehe Gl. (6.36). Daher schließen wir, dass $\bar{f}$ die korrekte Beschreibung des Gleichgewichtszustands darstellt. Gemäß Gl. (6.36) ist die freie Energie wegen der Positivität der Kompressibilität eine *konvexe Funktion* in v. (f ist übrigens konkav in T, wie man mit Hilfe der Wärmekapazität argumentiert.)

In Abb. 6.2 sind drei Isothermen des van der Waals-Gases eingezeichnet. Anhand der Druckkurve mit $T/T_c = 0.85$ ist die Maxwell-Konstruktion illustriert: Im Mittelteil der Kurve $(v_1 < v < v_2)$ stellt die horizontale Strecke den physikalischen Verlauf dar.

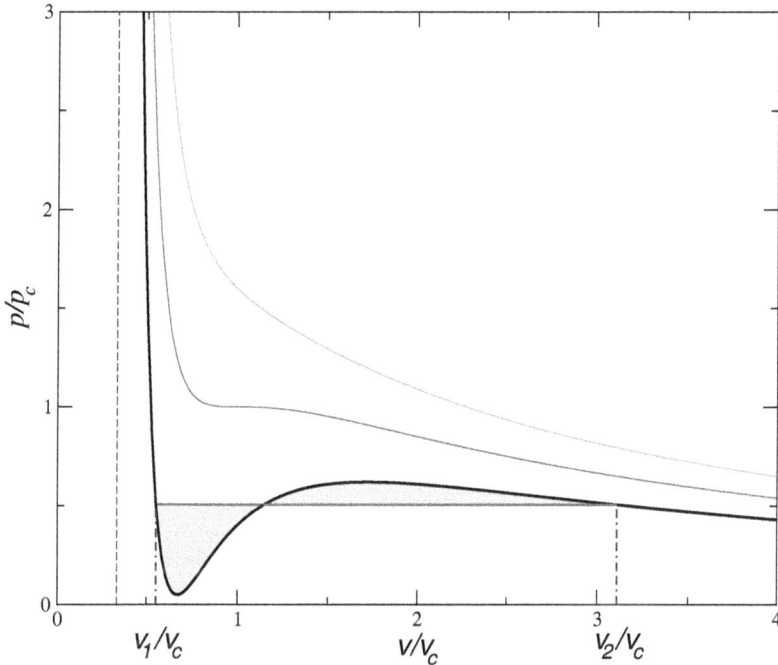

Abbildung 6.2: *Drei Isothermen des van der Waals-Gases mit $T/T_c = 1.15$, 1.00 und 0.85 (von oben nach unten). Für $T/T_c = 0.85$ ist die Maxwell-Konstruktion eingezeichnet, wobei die beiden grauen Flächen sind gleich groß ist.*

Der Phasenübergang:

Fassen wir zusammen, was wir herausgearbeitet haben. Bei $T < T_c$ sind drei Gebiete zu unterscheiden:

$v > v_2(T)$: Die Teilchen befinden sich in der reinen Gasphase.

$v < v_1(T)$: Die Teilchen befinden sich in einer reinen Phase (flüssige Phase).

$v_1(T) < v < v_2(T)$: Ein Teil der Teilchen befindet sich in der flüssigen, der Rest in der gasförmigen Phase. Die ensprechenden Anteile sind durch α und $1 - \alpha$ gegeben.

Was ist die Berechtigung, bei $v < v_1(T)$ von einer flüssigen Phase zu sprechen? Bei großem v ist man auf alle Fälle in der Gasphase. Geht man durch Druckerhöhung zu kleineren Volumina, gibt es in v einen Sprung von $v_2(T)$ zum *kleineren* Volumen $v_1(T)$ pro Teilchen, wenn der Druck den Wert $\bar{p}$ überschreitet. Die Teilchen sind aber trotzdem frei beweglich. Das ist das Kennzeichen einer Flüssigkeit.

Der Druck $\bar{p}(T)$ gegeben durch die Maxwell-Konstruktion Gl. (6.40) ist der Dampfdruck. Wir können auf die übliche Art für $v < v_1(T)$ und $v > v_2(T)$ durch Legendre-Transformation das chemische Potential $\mu(T, p)$ bekommen. An der Phasengrenze haben wir gerade

$$\mu_1(T, \bar{p}) = f_1 + \bar{p}\, v_1, \quad \mu_2(T, \bar{p}) = f_2 + \bar{p}\, v_2. \tag{6.43}$$

Die erste Relation in Gl. (6.39) garantiert uns, dass

$$\mu_1(T, \bar{p}) = \mu_2(T, \bar{p}) \tag{6.44}$$

gilt. Andrerseits macht die Ableitung nach p einen Sprung:

$$\left.\frac{\partial \mu_1(T, \bar{p})}{\partial p}\right|_{p=\bar{p}} = v_1(T) < \left.\frac{\partial \mu_2(T, \bar{p})}{\partial p}\right|_{p=\bar{p}} = v_2(T). \tag{6.45}$$

Wir haben also einen Phasenübergang erster Ordnung, der bei $T \uparrow T_c$ verschwindet, wobei auch die latente Wärme $q = T(s_2 - s_1)$ in diesem Limes gegen Null geht.

Die van der Waals-Gleichung lässt sich mit Hilfe der kritischen Größen auf eine universelle Form bringen:

$$\tilde{p} = \frac{p}{p_c}, \ \tilde{T} = \frac{T}{T_c}, \ \tilde{v} = \frac{v}{v_c} \ \Rightarrow \ \tilde{p} + \frac{3}{\tilde{v}^2} = \frac{8\tilde{T}}{3\tilde{v} - 1}. \tag{6.46}$$

Außerdem gilt

$$\frac{p_c v_c}{kT_c} = \frac{3}{8} = 0.375. \tag{6.47}$$

Diese Relation ist für viele Gase zumindest semiquantitativ erfüllt. Mit den kritischen Daten aus [37] erhält man z.B. die Werte 0.305 für ^{4}He, 0.309 für H_2, 0.308 für O_2 und 0.227 für H_2O.

Die van der Waals-Gleichung beinhaltet nur zwei Phasen, die gasförmige und die flüssige. Das Phasendiagramm hat nur eine Linie, die beim kritischen Punkt (T_c, p_c) beginnt und bei endlichem T den Druck $p = 0$ erreicht [28]. Natürlich hat die van der Waals-Gleichung bei entsprechend tiefen Temperaturen keine Gültigkeit mehr.

6.4 Oberflächeneffekte bei der Dampfkondensation

Die Diskussion des Phasenübergangs in Unterkapitel 6.3 berücksichtigt keine Oberflächeneffekte. Jedoch gibt die Änderung der Koexistenzfläche $\mathcal{F}$ zwischen Flüssigkeit und Gas einen zusätzlichen Beitrag

$$\mathrm{d}A_O = \sigma \, d\mathcal{F} \tag{6.48}$$

zu dU, der Änderung der inneren Energie, den wir bisher vernachlässigt haben. Der Koeffizent σ in Gl. (6.48) ist die Oberflächenspannung, welche in $\mathrm{J\,m}^{-2} = \mathrm{N\,m}^{-1}$ gemessen wird. Die Oberflächenspannung ist temperaturabhängig, sie verringert sich mit wachsendem T. Da sie ein makroskopisches Konzept ist, macht sie bei sehr kleinen Tropfen keinen Sinn mehr, was man auch so ausdrücken kann, dass σ schließlich abhängig vom Tropfenradius r wird. Besteht der Tropfen nur mehr aus einer kleinen Anzahl von Molekülen, muss man weniger Energie aufwenden, um ein Molekül aus dem Inneren an die Oberfläche zu bringen, als im Fall einer ebenen Oberfläche, also nimmt σ mit r ab. Für Wasser ist dieser Effekt ist allerdings für $r \gtrsim 100\,\mathrm{nm}$ praktisch zu vernachlässigen und bei $r \sim 10\,\text{nm}$ immer noch relativ klein; für kleinere Radien nimmt σ rasch ab, bzw. die Oberflächenspannung verliert ihren Sinn – für Details siehe [35].

Im Folgenden werden wir den Einfluss der Oberflächspannung auf die Dampfkondensation diskutieren und feststellen, dass sie für die Tröpfchenbildung und den damit verbundenen metastabilen Zustand des übersättigten Dampfes verantwortlich ist. Dabei werden immer annehmen, dass das betrachtete System Flüssigkeitstropfen – Dampf sich weit unterhalb des kritischen Punkts befindet, so dass wir $v_f \ll v_d$ annehmen können, wobei v_f und v_d das Flüssigkeits- bzw. Dampfvolumen pro Molekül bezeichnet. Obwohl wir die Bildung von Wassertropfen vor Augen haben, hat die Diskussion natürlich Gültigkeit für alle Stoffe, für die unsere Annahmen zutreffen.

Wir betrachten eine ideale Situation mit einem kugelförmigen Tropfen mit Radius r umgeben von Dampf. Wir stellen uns vor, dass das Gefäß mit einem Wärmereservoir mit Temperatur T verbunden ist und eine Vorrichtung mit einem Kolben besitzt, so dass wir Volumsänderungen durch Änderung der Kolbenposition durchführen und damit den Druck am Kolben bei einem vorgegebenen Druck p fixieren können. Weiters nehmen wir an, dass in guter Näherung die Oberflächenspannung σ eine Konstante ist. Wie in Abschnitt 2.4.2 besprochen, hat im Gleichgewicht die freie Enthalpie G des Systems Flüssigkeitstropfen – Dampf ein Minimum. Da wir aber das Verhältnis V_f/V_d von Flüssigkeits- zu Dampfvolumen nicht kennen, empfiehlt es sich, die freie Enthalpie in der Form hinzuschreiben, wie sie aus der freien Energie F erhältlich ist. Damit schreiben wir für unser System Flüssigkeitstropfen – Dampf

$$G = F_d + F_f + p\,(V_d + V_f) + 4\pi r^2 \sigma. \tag{6.49}$$

Hier wie im Folgenden beziehen sich die Indizes d und f immer auf Dampf- bzw. Flüssigkeitsgrößen.

Die Gesamtzahl der Teilchen im System sei N. Wegen

$$N = N_d + N_f \quad \text{und} \quad V_f = \frac{4\pi r^3}{3} \tag{6.50}$$

können wir als unabhängige Variable V_d, r und N_f wählen [31]. Um das Gleichgewicht des Systems zu finden, müssen wir $G = G(T, V_d, r, N_f)$ untersuchen. Wir suchen zuerst für jede dieser Variablen die stationären Punkte von G. Ableiten von G in Gl. (6.49) nach V_d und r und Nullsetzen der Ableitungen liefert

$$p_d = p, \quad p_f = p + \frac{2\sigma}{r}. \tag{6.51}$$

Die erste Relation ist evident, da der Druck am Kolben des Gefäßes ja nur durch den Dampfdruck verursacht wird. Die zweite Relation besagt, dass wegen der Oberflächenspannung der Druck im Tropfen größer als im Dampf ist. Nun machen wir die Umformung

$$F_f + pV_f = F_f + p_f\,V_f - \frac{4\pi r^3}{3} \times \frac{2\sigma}{r} = N_f\,\mu_f(T, p_f) - \frac{8\pi r^2 \sigma}{3} \tag{6.52}$$

und erhalten

$$G = N_d\,\mu_d(T, p) + N_f\,\mu_f\!\left(T, p + \frac{2\sigma}{r}\right) + \frac{4\pi r^2 \sigma}{3} \tag{6.53}$$

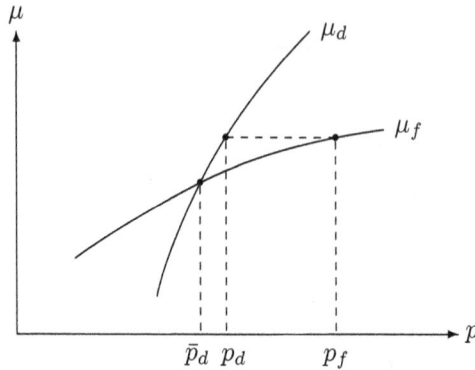

Abbildung 6.3: *Gleichheit der chemischen Potentiale des Tropfens und des übersättigten Dampfes gemäß Gl. (6.54). Eingezeichnet ist auch der Dampfdruck $\bar{p}_d$ für $r = \infty$, der durch den Schnittpunkt der Kurven bestimmt ist.*

mit den chemischen Potentialen μ_d und μ_f. Ableitung von G bezüglich N_f unter Berücksichtigung der ersten Relation von Gl. (6.50) ergibt Gleichheit der chemischen Potentiale von Dampf und Flüssigkeit:

$$\mu_f\left(T, p + \frac{2\sigma}{r}\right) = \mu_d(T, p). \tag{6.54}$$

Diese Relation ist nach Abschnitt 2.4.1 offensichtlich: Zwischen Dampf und Flüssigkeit können Teilchen ausgetauscht werden, daher hat man im Gleichgewicht $\mu_d = \mu_f$.

Gleichung (6.54) kann als Bestimmungsgleichung für r bei gegebenem T und p gelesen werden. Bezeichnen wir die Lösung von Gl. (6.54) als $r^* = r^*(T, p)$. In Abb. 6.3 sind schematisch die Kurven von μ_d und μ_f als Funktionen des Drucks eingezeichnet. Die Kurve für μ_d ist wesentlich steiler als jene für μ_f, da die Ableitungen nach p die jeweiligen molekularen Volumina ergeben. Außerdem ist die Krümmung der beiden Kurven negativ, weil diese Volumina mit dem Druck abnehmen. Allerdings ist bei Flüssigkeiten im Allgemeinen diese negative Krümmung sehr klein, da Flüssigkeiten eine sehr kleine Kompressibilität haben. Die Kurven schneiden sich beim Dampfdruck $\bar{p}_d$, der über einer ebenen Flüssigkeitsoberfläche ($r = \infty$) herrscht. Der Dampfdruck $p_d = p$, der einen Flüssigkeitstropfen umgibt, wird gemäß Gl. (6.54) bestimmt. Er muss höher als $\bar{p}_d$ sein, weil in Gl. (6.54) im Argument von μ_f nicht p, sondern der größere Druck $p + 2\sigma/r$ steht. In Abb. 6.3 ist dieser Sachverhalt illustriert: Aus den Kurven für die chemischen Potentiale lässt sich bei gegebenem Dampfdruck $p_d = p$ der Druck p_f im Flüssigkeitstropfen und damit über Gl. (6.51) der Radius r^* bestimmen.

Beim Tropfenradius $r = r^*$ ist das System jedoch in einem labilen Gleichgewicht. Um die folgende Diskussion übersichtlicher zu gestalten, benützen wir die Notation

$$\Delta\mu \equiv \mu_f(T, p_f) - \mu_d(T, p_d). \tag{6.55}$$

Damit ist die Änderung der freien Enthalpie durch Änderung dN_f der Anzahl der

Teilchen im Tropfen durch

$$d_{N_f} G = \Delta\mu \, dN_f \qquad (6.56)$$

gegeben. Wir unterscheiden nun zwischen r infinitesimal kleiner bzw. infinitesimal größer als r^* und benützen die Gleichungen (6.51), (6.54) und (6.56):

$$r < r^* \Rightarrow p_f(r) > p_f(r^*) \Rightarrow \Delta\mu > 0 \Rightarrow d_{N_f}G < 0 \text{ für } dN_f < 0,$$
$$r > r^* \Rightarrow p_f(r) < p_f(r^*) \Rightarrow \Delta\mu < 0 \Rightarrow d_{N_f}G < 0 \text{ für } dN_f > 0.$$

In dieser Zusamenstellung wurde die Positivität bzw. Negativität von $\Delta\mu$ aus Abb. 6.3 abgelesen. Die unmittelbare Konsequenz ist, dass sich für $r < r^*$ das System zu stabilisieren versucht, indem der Tropfen Moleküle an den Dampf abgibt; damit wird aber r noch kleiner und der Prozess setzt sich fort, bis der Tropfen verschwindet. Ist jedoch $r > r^*$, nimmt der Tropfen aus dem Dampf Moleküle auf; der Tropfen vergrößert sich und der Prozess führt zur vollständigen Kondensation des Dampfes.

Der Sachverhalt, dass die freie Enthalpie bei $r = r^*$ ein Maximum hat, kann näherungsweise direkter gesehen werden, falls man Inkompressibilität der Flüssigkeit annimmt. Dann ist $N_f = 4\pi r^3/(3v_f)$ und G aus Gl. (6.53) kann als Funktion $\tilde{G}$ von r allein aufgefasst werden. Aus Gl. (6.53) bekommen wir somit

$$\tilde{G}(r) = N\mu_d + \frac{4\pi r^3}{3v_f}\Delta\mu + \frac{4\pi r^2\sigma}{3}. \qquad (6.57)$$

Die zweite Ableitung von $\tilde{G}$ – bei konstantem v_f – ist gegeben durch

$$\frac{\partial^2\tilde{G}}{\partial r^2} = \frac{8\pi r}{v_f}\Delta\mu - 8\pi\sigma. \qquad (6.58)$$

Da bei $r = r^*$ die Differenz der chemischen Potentiale, also $\Delta\mu$, verschwindet, ist die zweite Ableitung von $\tilde{G}(r)$ beim Radius r^* negativ und die freie Enthalpie hat dort kein Minimum sondern ein Maximum.

Ist die Differenz $p_f - \bar{p}_d$ klein, kann man näherungsweise aus Gl. (6.54) den kritischen Radius r^* als Funktion von p bestimmen. In diesem Fall kann man nämlich nach kleinen Druckdifferenzen entwickeln:

$$\mu_d(T,p_d) \simeq \mu_d(T,\bar{p}_d) + v_d\,(p - \bar{p}_d), \quad \mu_f(T,p_f) \simeq \mu_f(T,\bar{p}_d) + v_f\left(p + \frac{2\sigma}{r} - \bar{p}_d\right). \qquad (6.59)$$

Da $\bar{p}_d$ durch $\mu_d(T,\bar{p}_d) = \mu_f(T,\bar{p}_d)$ bestimmt ist, erhält man das Resultat

$$r^* \simeq \frac{2\sigma v_f}{(v_d - v_f)(p - \bar{p}_d)}. \qquad (6.60)$$

Gleichung (6.54) erlaubt auch eine alternative Lesart. Angenommen, wir geben den Tropfenradius vor, dann bestimmt Gl. (6.54) den kritischen Dampfdruck $p_r(T)$; für $p < p_r(T)$ verdampft der Tropfen, für $p > p_r(T)$ wächst er. Zur näherungsweisen Berechnung

Tabelle 6.1: *Verhältnis vom kritischen Dampfdruck p_r zum Dampfdruck $p_\infty = \bar{p}_d$ bei $T = 20\,°C$ in Abhängigkeit vom Radius des Wassertropfens.*

r (nm)	1	10^2	10^3	10^4
$p_r/\bar{p}_d$	2.925	1.113	1.012	1.001

von $p_r(T)$ können wir wie folgt vorgehen. Durch Differentiation von Gl. (6.54) erhält man

$$v_f \left(\frac{dp_r}{dr} - \frac{2\sigma}{r^2} \right) = v_d \frac{dp_r}{dr}. \tag{6.61}$$

Für die weitere Vorgangsweise macht man die Näherungen

$$v_d = \frac{kT}{p_r}, \quad v_f = \text{konstant}, \quad v_d \gg v_f \tag{6.62}$$

in Gl. (6.61) und erhält

$$\frac{1}{p_r} \frac{dp_r}{dr} = -\frac{2\sigma v_f}{kT r^2}. \tag{6.63}$$

Diese Differentialgleichung wird durch Separation der Variablen gelöst. Die Integration erfolgt vom Tropfen mit unendlich großem Radius, also der ebenen Oberfläche, bis zu r. Bei $r = \infty$ ist p_r gleich dem Dampfdruck $\bar{p}_d(T)$. Als Ergebnis erhält man die *Kelvin-Gleichung*

$$\frac{p_r(T)}{\bar{p}_d(T)} = \exp\left(\frac{2\sigma v_f}{rkT} \right). \tag{6.64}$$

Hat man ein Dampf-Luft-Gemisch, ersetzt man in dieser Gleichung den Dampfdruck durch den Sättigungsdruck $\bar{p}_s(T)$.

In Tabelle 6.1 sind für einige Radien r der Wert von $p_r/\bar{p}_d$ für Wasser angegeben; als Temperatur wurde $20\,°C$ angenommen, wo die Oberflächenspannung $\sigma = 0.0725\,\mathrm{Nm}^{-1}$ ist. Tabelle 6.1 illustriert, warum Wolkenbildung ohne Kondensationskeime im Allgemeinen nicht zustande kommt. Bilden sich winzige Tropfen durch Zufallskollisionen, lösen sie sich sofort wieder auf, weil der Dampfdruck in der Luft zu klein ist; Tröpfchen mit einem Radius von 1 nm wären erst ab einer relativen Luftfeuchtigkeit von etwa 190% stabil. (Diese Zahl darf man aber nicht zu ernst nehmen, weil bei einem so kleinen Radius das Konzept der Oberflächenspanung nicht mehr ganz sinnvoll ist.) Die Wahrscheinlichkeit, dass sich so große Tropfen durch Zufallskollisionen bilden, so dass sie bei vernünftigen relativen Luftfeuchtigkeiten stabil sind, ist viel zu klein. Abschätzungen ergeben, dass sich in einer völlig keimfreien Luft Wassertropfen erst ab einer relativen Luftfeuchtigkeit von ungefähr 400% bilden [35]. Daher spielt die Wolkenbildung ohne Kondensationskeime in der Realität praktisch keine Rolle, da sich Tropfen, längst bevor die *homogene Nukleation* zum Tragen kommt, durch *inhomogene Nukleation* bilden, also durch Kondensation an in der Luft vorhandenen Aerosolen.

Druck in einer Dampfblase:

Hier wollen wir das Analogon zur Kelvin-Gleichung für eine Dampfblase in der Flüssigkeit herleiten. Wir betrachten eine Situation wie die am Anfang dieses Unterkapitels, aber wir vertauschen die Rolle von Flüssigkeit und Dampf. D.h., der Kolben, der den äußeren Druck herstellt, wirkt auf die Flüssigkeit, in der sich eine kugelförmige Dampfblase mit Radius r befindet. Wieder haben wir die freie Enthalpie aus Gl. (6.49), jedoch ist nun $V_d = 4\pi r^3/3$ und wir verwenden die unabhängigen Variablen V_f, r und N_f, um die stationären Punkte von G zu finden. Durch Ableiten nach V_f und r erhalten wir die Drücke

$$p_f = p, \quad p_d = p + \frac{2\sigma}{r}. \tag{6.65}$$

Dieselben Schritte wie bei der Herleitung von Gl. (6.54) liefern

$$\mu_f(T, p) = \mu_d\left(T, p + \frac{2\sigma}{r}\right), \tag{6.66}$$

also die Bedingung dafür, dass G bezüglich Teilchenaustausch zwischen Flüssigkeit und Blase stationär ist.

Jetzt wollen wir eine Formel für den kritischen Dampfdruck $p_r(T)$ in der Dampfblase herleiten; das ist der Druck p_d, bei dem beide Gleichungen (6.65) und (6.66) erfüllt sind. Dafür formen wir die zweite Gleichung um in

$$\mu_f\left(T, p_r - \frac{2\sigma}{r}\right) = \mu_d(T, p_r). \tag{6.67}$$

Der Vergleichung mit Gl. (6.54) zeigt, dass man im Fall der Dampfblase den Druck $p_r(T)$ aus der Kelvin-Gleichung einfach durch ein Minus im Exponenten bekommt:

$$\frac{p_r(T)}{\bar{p}_d(T)} = \exp\left(-\frac{2\sigma v_f}{rkT}\right). \tag{6.68}$$

Der kritische Dampfdruck in der Blase ist also kleiner als der Dampfdruck $\bar{p}_d$ bei $r = \infty$. Die Interpretation von p_r im Fall der Dampfblase wird durch Vergleich von Gl. (6.67) mit Abb. 6.3 klar. Wegen der Gleichgewichtsbedingung (6.67) gilt $p_f = p < p_r < \bar{p}_d$ und der kritische Dampfdruck in der Blase ist kleiner als der bei Temperatur T im Fall einer ebenen Phasengrenzfläche vorherrschende Dampfdruck $\bar{p}_d$. Mit $\mathrm{d}_{N_d}G = -\Delta\mu\,\mathrm{d}N_d$ und $-\Delta\mu = \mu_d - \mu_f$ gilt für die Verringerung der freien Enthalpie

$$p_d > p_r \Rightarrow -\Delta\mu > 0 \Rightarrow \mathrm{d}N_d < 0,$$
$$p_d < p_r \Rightarrow -\Delta\mu < 0 \Rightarrow \mathrm{d}N_d > 0.$$

Für kleine Blasen ist wegen Gl. (6.68) der kritische Druck p_r klein. Weil in der Blase der Dampfdruck $p_d = p + 2\sigma/r$ herrscht, wird daher für kleine Blasen $p_d > p_r$ erfüllt sein und die Blase wird kollabieren. Ist die Blase groß genug, so dass $p_d < p_r$ ist, wächst die Blase, bzw. entweicht aus der Flüssigkeit. Da die großen Blasen die stabilen sind, ist das Sieden ein unruhiger, geräuschvoller Vorgang.

Bei einem üblichen Siedevorgang herrscht an der Flüssigkeitsoberfläche Atmosphärendruck und mit der Tiefe nimmt der Flüssigkeitsdruck noch zu. Wegen Gl. (6.65) ist der Dampfdruck in der Blase sogar höher als der Druck der umgebenden Flüssigkeit und somit höher als der Atmosphärendruck. Andrerseits ist wegen Gl. (6.68) immer $p_r(T) < \bar{p}_d(T)$. D.h., um $p_d < p_r$ und somit wachsende Blasen zu erzielen, muss $\bar{p}_d(T)$ größer als der Atmosphärendruck sein. Das ist nur möglich bei einer Temperatur oberhalb des Siedepunkts T_s. Beim Sieden hat man also im Allgemeinen den Effekt des *Siedeverzugs* und T_s ist die minimale Temperatur, oberhalb der das Sieden prinzipiell möglich ist. Wie überwindet die Flüssigkeit beim Sieden das Stadium der kleinen Blasen, die einen enormen Siedeverzug benötigen würden, um stabil zu sein? Gemäß [24] ist der Grund in Luft zu suchen, die in mikroskopischen Poren und Rissen der Gefäßwand vorhanden ist. Es ist leicht zu zeigen, dass für ein Gemisch aus Dampf und Luft die zweite Relation in Gl. (6.65) durch $p_d + p_{\text{Luft}} = p + 2\sigma/r$ zu ersetzen ist, wobei p_{Luft} der Partialdruck der Luft in der Blase ist; der Grund ist, dass beide Gase dasselbe Volumen $4\pi r^3/3$ zur Verfügung haben. Eine Dampfblase beginnt ihr Leben als Luftblase, welche aus den Poren der Gefäßwand entweicht und groß genug sein kann, um $p_{\text{Luft}} = p + 2\sigma/r < p_r$ zu erfüllen. Dann wächst die Blase, indem sie Dampf aufnimmt. Luftblasen spielen also beim Sieden von Wasser dieselbe Rolle wie Kondensationskeime bei der Tropfenbildung.

Die Stabilität von Tropfen, in denen Salze gelöst sind:

Wir betrachten noch einmal das System eines Flüssigkeitstropfens mit Radius r im Gleichgewicht mit dem Dampf, wobei wir im Unterschied zu der am Beginn dieses Unterkapitels behandelten Situation annehmen, dass der Flüssigkeitstropfen N_c Moleküle eines Salzes gelöst hat. Ganz in Analogie zu Gl. (6.49) schreiben wir für die freie Enthalpie

$$G = F_d(T, V_d, N_d) + F_l(T, V_l, N_l, c) + p\left(V_d + V_l\right) + 4\pi r^2 \sigma. \qquad (6.69)$$

Den Index f haben wir durch l für Lösung ersetzt, der Tropfen enthalte N_l Flüssigkeitsmoleküle, und F_l hängt natürlich auch von der Konzentration $c = N_c/N_l$ ab, wobei wir wie in Unterkapitel 5.7 annehmen, dass die Lösung verdünnt ist. Wie am Beginn des aktuellen Unterkapitels hergeleitet, ergeben sich in den stationären Punkten von G die Drücke $p_d = p$, $p_l = p + 2\sigma/r$ und weiters

$$\mu_l\left(T, p + \frac{2\sigma}{r}, c\right) = \mu_l^{(0)}\left(T, p + \frac{2\sigma}{r}\right) - \nu c k T = \mu_d(T, p). \qquad (6.70)$$

Auf der linken Seite haben wir Gl. (5.91) verwendet und angenommen, dass das Salzmolekül vollständig in ν Ionen dissoziiert ist. Wir machen die entscheidende Annahme, dass die Flüssigkeit inkompressibel ist, daher ist die Anzahl der Flüssigkeitsmoleküle im Tropfen durch

$$N_l = \frac{4\pi r^3}{3v_l} \qquad (6.71)$$

gegeben mit dem molekularen Volumen v_l des Lösungsmittels. Einsetzen in Gl. (6.70) ergibt

$$\mu_l^{(0)}\left(T, p + \frac{2\sigma}{r}\right) - \frac{3\nu N_c v_l k T}{4\pi r^3} = \mu_d(T, p). \qquad (6.72)$$

Nun gehen wir völlig analog zur Herleitung der Kelvin-Gleichung für den kritischen Dampfdruck p_r vor; d.h., bei gegebenem T und r suchen wir den Druck $p = p_r$ als

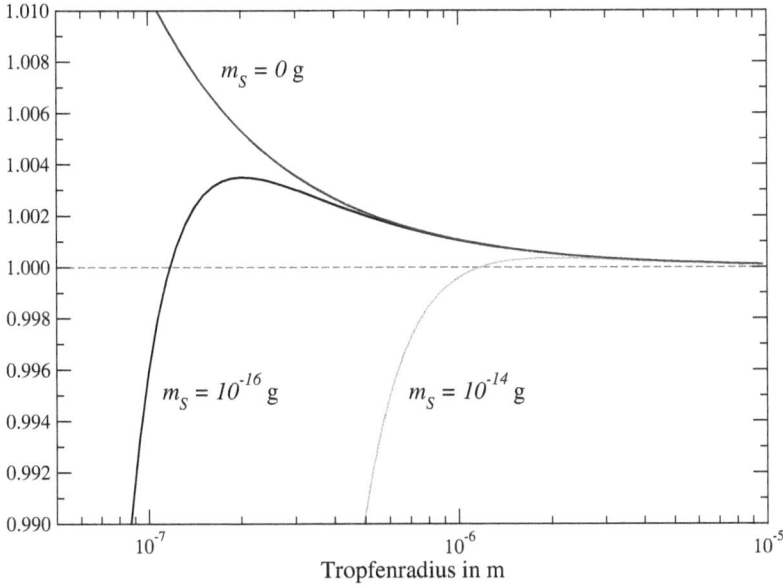

Abbildung 6.4: $p_r(T)/\bar{p}_d(T)$ *als Funktion von* r. *Die Masse des im Wassertropfen gelösten Kochsalzes ist mit* m_S *bezeichnet und in Gramm angegeben. Die Kurve mit* $m_S = 0$ *illustriert die Kelvin-Gleichung (6.64), die beiden anderen Kurven mit den Werten* $m_S = 10^{-16}$ *und* 10^{-14} g *folgen der Köhler-Gleichung (6.73).*

Lösung von Gl. (6.72). Das Resultat ist die *Köhler-Gleichung*

$$\frac{p_r(T)}{\bar{p}_d(T)} = \exp\left(\frac{2\sigma v_l}{rkT} - \frac{3\nu N_c v_l}{4\pi r^3}\right). \tag{6.73}$$

Die Kurven in Abb. 6.4 zeigen den Verlauf von $p_r(T)/\bar{p}_d(T)$ als Funktion des Tropfenradius r für drei Werte der Masse m_S des im Tropfen gelösten Kochsalzes. Um N_c zu erhalten, wurde die Masse 97.04×10^{-27} kg für ein Molekül Na Cl verwendet. Obwohl die Oberflächenspannung von Wasser leicht mit der Salzkonzentration zunimmt [35], wurde der konstante Wert $\sigma = 0.0725\,\mathrm{Nm}^{-1}$ genommen. Die Kurve mit $m_S = 0$ illustriert die Kelvin-Gleichung. Laut [35] sind Salzmassen von 10^{-16} bzw. 10^{-14} g realistische Werte in Wolkentropfen, die entsprechenden Kurven sind durch die Köhler-Gleichung mit $\nu = 2$ gegeben. Die Abbildung illustriert den qualitativen Unterschied zwischen Tropfen aus reinem Wasser ($m_S = 0$) und solchen, in denen Salz gelöst ist ($m_S \neq 0$). Im zweiten Fall gibt es ein Maximum von $p_r(T)$ bei

$$r_m = \left(\frac{9\nu N_c kT}{8\pi\sigma}\right)^{1/2} \quad \text{mit} \quad \ln\frac{p_m(T)}{\bar{p}_d(T)} = \frac{8}{9}\left(\frac{2\pi\sigma^3 v_l^2}{\nu N_c (kT)^3}\right)^{1/2}, \tag{6.74}$$

wobei $p_m(T) = p_r(T)|_{r=r_m}$ den maximalen Wert von $p_r(T)$ bezeichnet. Wie aus der Diskussion im ersten Teil dieses Unterkapitels hervorgeht, ist ein Tropfen mit $r > r_m$

instabil, während die linke Flanke der Köhler-Kurve ($r < r_m$) die Tropfengröße bei gegebenem Dampfdruck stabilisiert; der Tropfen kann sogar bei Drücken unterhalb des Dampfdruckes $\bar{p}_d(T)$ stabil sein. Ist der Dampf so weit übersättigt, dass $p > p_m(T)$ gilt, kann Gl. (6.72) nicht erfüllt werden. In diesem Fall gilt immer $\mu_l(T, p_l, c) - \mu_d(T, p) < 0$ und die freie Enthalpie des Systems nimmt mit $dN_l > 0$ ab. Daher ist die Größe des Tropfens ist instabil und das System versucht, sich durch Vergrößerung des Tropfenradius zu stabilisieren. Zusammenfassend können wir also feststellen, dass Salzpartikel in der Luft eine wichtige Funktion bei der Tropfenbildung spielen [35].

6.5   Zustandsgleichung eines Plasmas mit niedriger Dichte

Wir betrachten ein komplett ionisiertes Gas (Plasma) in einem Volumen V, welches aus r Sorten von Teilchen mit Ladung $z_a e$ besteht ($a = 1, \ldots, r$), wobei die z_a ganze Zahlen sind und e die Elementarladung bezeichnet. Von jeder Sorte seien N_a Teilchen vorhanden, daher ist $\rho_{a0} = N_a/V$ die entsprechenden Teilchendichte. Weil das Gas als Ganzes elektrisch neutral ist, haben wir

$$\sum_a z_a \rho_{a0} = 0. \tag{6.75}$$

Wir nehmen an, dass sich das betrachtete Gas nur wenig vom idealen Gas unterscheidet, also die Coulomb-Energie viel kleiner als die thermische Energie ist. Mit $N = \sum_a N_a$ lässt sich diese Forderung formulieren als

$$e^2 \left(\frac{N}{V}\right)^{1/3} \ll kT. \tag{6.76}$$

Um eine Idee der erlaubten Dichten zu bekommen, setzen wir in diese Gleichung $T = 10^4\,$K ein. Das ergibt die Schranke $N/V \ll 2 \times 10^{20}\,\text{cm}^{-3}$.

Um das elektrostatische Potential in der Nähe eines Ions zu berechnen, wenden wir die *Debye-Hückel-Methode* an [31, 34]. Das Ion habe die Ladung $z_b e$ und sitze im Koordinatenursprung. Bezeichnen wir das Potential mit Φ, dann erfüllt es die Poissongleichung [41]

$$\Delta\Phi(\vec{x}) = -4\pi e \left(z_b\, \delta(\vec{x}) + \sum_{a=1}^{r} z_a \rho_a(\vec{x})\right). \tag{6.77}$$

Der erste Term auf der rechten Seite beschreibt die Punktladung des Ions mit Hilfe der δ-Funktion und der zweite Term die Ladungsdichte in seiner Umgebung. Entsprechend der Boltzmann-Verteilung sind die konstanten Ladungsdichten ρ_{a0} in der Umgebung des Ions durch den Boltzmann-Faktor modifiziert:

$$\rho_a(\vec{x}) = \rho_{a0} \exp\left(-\frac{z_a e \Phi(\vec{x})}{kT}\right). \tag{6.78}$$

Nun benützen wir die Bedingung (6.76), welche die Näherung

$$e \sum_a z_a \rho_a \simeq e \sum_a z_a \rho_{a0} - e^2 \sum_a z_a^2 \rho_{a0} \frac{\Phi}{kT} \tag{6.79}$$

erlaubt. Da der erste Term in der Näherung Null ist, führt Einsetzen des zweiten Terms in Gl. (6.77) auf

$$\left(\Delta - \frac{1}{r_D^2} \right) \Phi(\vec{x}) = -4\pi e z_b \, \delta(\vec{x}) \tag{6.80}$$

mit dem *Debye-Radius* r_D, der durch

$$r_D = \left[\frac{kT}{4\pi e^2 \sum_a z_a^2 \rho_{a0}} \right]^{1/2} \tag{6.81}$$

gegeben ist. Aus Gl. (6.80) erhält man das Potential

$$\Phi(\vec{x}) = z_b e \, \frac{\exp(-r/r_D)}{r} \quad \text{mit} \quad r = |\vec{x}|. \tag{6.82}$$

Das Coulomb-Potential des im Ursprung sitzenden Ions ist also abgeschirmt durch die Wolke der umgebenden Ionen, und die Abschirmlänge ist durch den Debye-Radius gegeben. Da der Debye-Radius von der Größenordnung $r_D \sim [kT/(4\pi e^2 \rho)]^{1/2}$ mit $\rho = N/V$ ist, kann man kT aus der Bedingung Gl. (6.76) eliminieren und diese umformulieren in

$$\rho r_D^3 \gg \frac{1}{(4\pi)^{3/2}} \simeq 0.022. \tag{6.83}$$

Damit die Methode von Debye-Hückel Gültigkeit hat, darf daher der mittlere Teilchenabstand nicht größer als der Debye-Radius sein.

Betrachten wir als Beispiel N Ionen mit Ladungszahl Z und ZN Elektronen im Volumen V [31]. Dann ist $\rho_{I0} = N/V$, $\rho_{e0} = ZN/V$, $z_I = Z$, $z_e = -1$, und der Debye-Radius lässt sich als

$$r_D = \left[\frac{kT}{4\pi e^2 \rho_{e0}(Z+1)} \right]^{1/2} \tag{6.84}$$

schreiben. Sitzt ein Ion bei $r = 0$, sind sein Potential und die Dichten der Ladungswolken gegeben durch

$$\Phi = Ze \, \frac{e^{-r/r_D}}{r}, \quad \rho_e = \rho_{e0} \left(1 + \frac{Ze^2 \, e^{-r/r_D}}{kTr} \right), \quad \rho_I = \rho_{I0} \left(1 - \frac{Z^2 e^2 \, e^{-r/r_D}}{kTr} \right). \tag{6.85}$$

Offensichtlich machen die Dichten nur Sinn für $r \gg r_0 \equiv (Ze)^2/(kT)$. Man kann leicht überprüfen, dass aus Gl. (6.76) $r_0 \ll r_D$ folgt, also die Dichten aus Gl. (6.85) – außer in unmittelbarer Nähe des Ions – Sinn machen. Man kann aus diesen Dichten die Ladungsüberschüsse ΔQ_a in der Wolke, die das Ion umgibt, berechnen:

$$\Delta Q_a = z_a e \left(\int_V d^3 x \, \rho_a - V \rho_{a0} \right) \quad (a = I, e). \tag{6.86}$$

Da der Debye-Radius im Allgemeinen sehr viel kleiner als die Dimension des Gefäßes ist, in dem sich das Plasma befindet, können wir die Integration von $\exp(-r/r_D)/r$ über den ganzen dreidimensionalen Raum ausführen:

$$\int d^3x \frac{\exp(-r/r_D)}{r} = 4\pi r_D^2. \tag{6.87}$$

Mit Hilfe von Gl. (6.85) ergibt sich daher

$$\Delta Q_e = -\frac{Ze}{Z+1} \quad \text{und} \quad \Delta Q_I = -\frac{Z^2 e}{Z+1}. \tag{6.88}$$

Wegen $\Delta Q_e + \Delta Q_I = -Ze$ ist in einer Entfernung $r \gg r_D$ das Ion vollständig abgeschirmt.

Nun fahren wir mit der allgemeinen Diskussion des Plasmas fort. Um seine thermische Zustandsgleichung zu erhalten, wollen wir zuerst seine freie Energie berechnen. Dazu benötigen wir die Coulomb-Energie, welche für eine beliebige Ladungsverteilung $\rho_c(\vec{x})$ mit dem Potential $\phi_c(\vec{x})$ durch das Integral $U_c = \frac{1}{2}\int d^3x\,\rho_c(\vec{x})\phi_c(\vec{x})$ gegeben ist [41]. Betrachten wir wieder ein Ion der Sorte b, das sich im Koordinatenursprung $r = 0$ befindet. Um seinen Beitrag zum Integral für U_c zu finden, müssen wir das Potential Gl. (6.82) verwenden, allerdings ohne das Potential, das durch das Ion selbst erzeugt wird. D.h, die Coulomb-Energie dieses Ions ist durch

$$\lim_{r\to 0} z_b e \left(\Phi(r) - \frac{z_b e}{r} \right) = -\frac{z_b^2 e^2}{r_D} \tag{6.89}$$

gegeben. Berücksichtigen wir noch den Faktor $1/2$ aus der Formel für U_c und machen uns klar, dass mit dem Resultat (6.89) der Integration über das Volumen einfach der Summation über alle Ionen entspricht, dann bekommen wir

$$U_c = -\frac{1}{2r_D} \sum_b N_b z_b^2 e^2. \tag{6.90}$$

Einsetzen von r_D liefert das gewünschte Resultat

$$U_c = -\left(\frac{\pi}{kTV}\right)^{1/2} \left(\sum_a N_a z_a^2 e^2\right)^{3/2}. \tag{6.91}$$

Drücken wir andrerseits $\sum_a N_a z_a^2 e^2$ durch den Debye-Radius aus, ergibt sich

$$U_c = -\frac{1}{8\pi} NkT \frac{1}{\rho r_D^3}. \tag{6.92}$$

Von dieser Gleichung kann man ablesen, dass für $\rho r_D^3 \gtrsim 1$ – siehe Gl. (6.83) – die Coulomb-Energie tatsächlich nur eine kleine Korrektur zur thermischen Energie des idealen Gases darstellt.

Im Plasma setzt sich gemäß unseren Annahmen die kalorische Zustandsgleichung aus U_{id} für das ideale Gas und der Coulomb-Energie U_c zusammen. Mit der Wämekapazität C_V hat man daher

$$U(T,V,N) = U_0 + C_V\,(T-T_0) - \left(\frac{\pi}{kTV}\right)^{1/2}\left(\sum_a N_a z_a^2 e^2\right)^{3/2}, \qquad (6.93)$$

wobei U_0 und C_V proportional zu N sind und weder von V noch T abhängen. Wegen der vollständigen Ionisierung der Gasatome ist das eine vernünftige Annahme, da dann nur mehr die translatorischen Freiheitsgrade für die Wärmekapazität zur Verfügung stehen und somit $C_V = \frac{3}{2}Nk$ ist. Der Zusammenhang zwischen der kalorischen Zustandsgleichung und der freien Energie wird durch die Gibbs-Helmholtz-Gleichung (2.12) und deren Lösung Gl. (2.24) hergestellt, welche für Gl. (6.93) das Resultat

$$F(T,V,N) = (U_0 - C_V T_0)\left(1 - \frac{T}{T_0}\right) - C_V T \ln\frac{T}{T_0} - \frac{2}{3}\left(\frac{\pi}{kTV}\right)^{1/2}\left(\sum_a N_a z_a^2 e^2\right)^{3/2}$$

$$+\frac{2}{3}\frac{T}{T_0}\left(\frac{\pi}{kT_0 V}\right)^{1/2}\left(\sum_a N_a z_a^2 e^2\right)^{3/2} + \phi(V)T \qquad (6.94)$$

liefert. Dabei ist $\phi(V)$ die Funktion, die man nicht aus der kalorischen Zustandsgleichung erhalten kann. Allerdings muss im Limes $V \to \infty$ bei festgehaltener Temperatur die freie Energie aus Gl. (6.94) mit der des idealen Gases übereinstimmen, was den Ausdruck

$$\phi(V) = -Nk \ln\frac{V}{v_0 N} - \frac{2}{3}\frac{1}{T_0}\left(\frac{\pi}{kT_0 V}\right)^{1/2}\left(\sum_a N_a z_a^2 e^2\right)^{3/2} \qquad (6.95)$$

nahelegt. Das ergibt nach Umdefinierung von Konstanten die freie Energie

$$F(T,V,N) = N\left[f_0 - s_0(T-T_0) + \frac{3}{2}k\left(T - T_0 - \ln\frac{T}{T_0}\right) - NkT\ln\frac{V}{v_0 N}\right]$$

$$-\frac{2}{3}\left(\frac{\pi}{kTV}\right)^{1/2}\left(\sum_a N_a z_a^2 e^2\right)^{3/2}, \qquad (6.96)$$

wobei die erste Zeile dieser Gleichung mit der freien Energie des idealen einatomigen Gases übereinstimmt – siehe Gl. (3.50) und Gl. (3.52).

Folglich erhalten wir durch die negative Ableitung von Gl. (6.96) nach V die gesuchte thermische Zustandsgleichung

$$p = \frac{NkT}{V} - \frac{1}{3\,V^{3/2}}\left(\frac{\pi}{kT}\right)^{1/2}\left(\sum_a N_a z_a^2 e^2\right)^{3/2}. \qquad (6.97)$$

Der Druck im verdünnten Plasma ist etwas kleiner als im idealen Gas als Folge der attraktiven Coulomb-Wechselwirkung. Aus der freien Energie (6.96) bzw. aus der kalorischen Zustandsgleichung (6.93) können wir die Wärmekapazität ausrechnen:

$$C_V = \frac{3}{2}Nk + \frac{1}{2\,T^{3/2}}\left(\frac{\pi}{kV}\right)^{1/2}\left(\sum_a N_a z_a^2 e^2\right)^{3/2}. \qquad (6.98)$$

Die Wärmekapazität ist etwas höher als die des idealen Gases, da Temperaturerhöhung die Coulomb Energie vergrößert. Gleichungen (6.97) und (6.98) lassen sich mit Hilfe von r_D in

$$p = \frac{NkT}{V} \left(1 - \frac{1}{24\pi\rho r_D^3}\right) \quad \text{und} \quad C_V = \frac{3}{2}Nk\left(1 + \frac{1}{24\pi\rho r_D^3}\right) \tag{6.99}$$

umformulieren. Wiederum sieht man explizit, dass für $\rho r_D^3 \gtrsim 1$ die Korrekturen zum idealen Gas klein sind.

Ist die Temperatur des Plasmas hoch, emittieren die geladenen Teilchen viele Photonen und die Strahlungsenergie, welche wir bei der Behandlung des Plasmas nicht berücksichtigt haben, liefert einen wichtigen Beitrag zur Gesamtenergie. Als Bedingung zur Vernachlässigung der Strahlungsenergie können wir annehmen, dass der gaskinetische Druck, gegeben durch die Formel ρkT des idealen Gases, viel größer als der Strahlungsdruck ist [31]. Letzteren erhält man aus dem Stefan-Boltzmann-Gesetz (5.259) und Gl. (5.262). Berücksichtigen wir nocheinmal die Bedingung aus Gl. (6.76), erhalten wir ein Intervall in der Teilchendichte ρ, innerhalb dessen unsere Behandlung des Plasmas Gültigkeit hat:

$$\frac{\pi^2}{45}\left(\frac{kT}{\hbar c_l}\right)^3 \ll \rho \ll \left(\frac{kT}{e^2}\right)^3. \tag{6.100}$$

Mit $T_0 = 10^4\,\mathrm{K}$ als Referenztemperatur ergibt sich

$$2 \times 10^{13}\,\mathrm{cm}^{-3} \times \left(\frac{T}{T_0}\right)^3 \ll \rho \ll 2 \times 10^{20}\,\mathrm{cm}^{-3} \times \left(\frac{T}{T_0}\right)^3, \tag{6.101}$$

also ein relativ großer Bereich. Z.B. das Plasma im Zentrum der Sonne mit $T \simeq 15 \times 10^6\,\mathrm{K}$ und einer Dichte der Ionen von etwa $10^{26}\,\mathrm{cm}^{-3}$ liegt in diesem Bereich und verhält sich daher in guter Näherung wie ein ideales Gas [40].

6.6   Der Ferromagnetismus

Beim idealen paramagnetischen System ist die Magnetisierung proportional zum angelegten äußeren Magnetfeld $\vec{\mathcal{H}}$. Im Gegensatz zum idealen paramagnetischen System diskutieren wir hier Systeme, wo man die magnetische Wechselwirkung der Teilchen mit Spin $j \neq 0$ untereinander nicht vernachlässigen kann. Diese Wechselwirkung kann so stark sein, dass sich eine Magnetisierung ohne äußeres Feld einstellt. Diesen Effekt nennt man *Ferromagnetismus*.

Die Austauschwechselwirkung:

Wir betrachten Atome bzw. Ionen im Kristall, welche ungepaarte Elektronen haben. Wir nehmen die einfachste Situation an, also ein ungepaartes Elektron pro Atom. Wenn wir zwei benachbarte Elektronen mit Wellenfunktion ϕ_a bzw. ϕ_b betrachten, dann können sich deren Spins zum Gesamtspin $s = 0$ mit der Spinprojektion $s_z = 0$ auf die z-Achse oder $s = 1$ mit $s_z = \pm 1, 0$ formieren. Damit werden die beiden Elektronen näherungsweise durch die Zustände [11]

$$\psi \simeq \frac{1}{\sqrt{2(1+\mathcal{N}_s)}} \left[\phi_a(\vec{x}_1)\,\phi_b(\vec{x}_2) + (-1)^s \phi_b(\vec{x}_1)\,\phi_a(\vec{x}_2) \right] |ss_z\rangle \qquad (6.102)$$

mit $\mathcal{N}_s = (-1)^s \, |\langle \phi_a | \phi_b \rangle|^2$ beschrieben. Im Weiteren werden wir $\mathcal{N}_s$ der Einfachheit halber vernachlässigen. In Gl. (6.102) haben wir die FD-Statistik berücksichtigt, denn $|ss_z\rangle$ ist antisymmetrisch für $s = 0$ und symmetrisch für $s = 1$. Die Coulomb-Energie, die von der Abstoßung der beiden Elektronen herrührt, ist durch den Erwartungswert

$$E_c = \left\langle \psi \left| \frac{e^2}{r_{12}} \right| \psi \right\rangle \quad \text{mit} \quad r_{12} = |\vec{x}_1 - \vec{x}_2| \qquad (6.103)$$

gegeben. Einsetzen von Gl. (6.102) in E_c ergibt

$$E_c = I_0 + (-1)^s \, I/2 \qquad (6.104)$$

mit

$$I_0 = \int \mathrm{d}^3 x_1 \int \mathrm{d}^3 x_2 \, |\phi_a(\vec{x}_1)|^2 \, |\phi_b(\vec{x}_2)|^2 \, \frac{e^2}{r_{12}}, \qquad (6.105)$$

$$\frac{1}{2} I = \int \mathrm{d}^3 x_1 \int \mathrm{d}^3 x_2 \, \mathrm{Re}\left[\phi_a(\vec{x}_1)^* \phi_b(\vec{x}_2)^* \phi_b(\vec{x}_1)\, \phi_a(\vec{x}_2) \right] \frac{e^2}{r_{12}}, \qquad (6.106)$$

wobei I_0 als *direkte Coulomb-Energie* und I als *Austauschintegral* bezeichnet wird. Wir betonen, dass I keineswegs eine neue Art von Wechselwirkungsenergie („Austauschwechselwirkung") darstellt, sondern nur ein Effekt der FD-Statistik im Zusammenhang mit der Coulomb-Energie ist [36]. Mit $\varphi(\vec{x}) \equiv \phi_a(\vec{x})\,\phi_b(\vec{x})^*$ lässt sich I als

$$\frac{1}{2} I = \int \mathrm{d}^3 x_1 \int \mathrm{d}^3 x_2 \left[\mathrm{Re}\,\varphi(\vec{x}_1)\, \mathrm{Re}\,\varphi(\vec{x}_2) + \mathrm{Im}\,\varphi(\vec{x}_1)\, \mathrm{Im}\,\varphi(\vec{x}_2) \right] \frac{e^2}{r_{12}} \qquad (6.107)$$

schreiben. In dieser Form sieht man die Ähnlichkeit des Austauschintegrals mit der elektrostatischen Energie einer Ladungsverteilung. Daher ist das Austauschintegral immer positiv. Seine Größe hängt allerdings davon ab, wie stark sich die Wellenfunktionen ϕ_a und ϕ_b überlappen.

Wir wollen nun Gl. (6.104) mit Hilfe von Spinoperatoren darstellen. Die $\vec{s}_i$ ($i = 1, 2$) sollen die Spinoperatoren ohne den Faktor $\hbar$ sein. Wir erhalten das Quadrat des Gesamtspins als

$$\vec{s}^2 = (\vec{s}_1 + \vec{s}_2)^2 = \vec{s}_1^{\,2} + \vec{s}_2^{\,2} + 2\,\vec{s}_1 \cdot \vec{s}_2 \qquad (6.108)$$

und damit

$$\langle ss_z | \vec{s}_1 \cdot \vec{s}_2 | ss_z \rangle = \frac{1}{2}\, s(s+1) - \frac{3}{4} \qquad (6.109)$$

bzw.

$$\langle ss_z | \vec{s}_1 \cdot \vec{s}_2 | ss_z \rangle = \begin{cases} -3/4 & (s = 0), \\ 1/4 & (s = 1). \end{cases} \qquad (6.110)$$

Die Coulomb-Energie Gl. (6.104) können wir somit formulieren als

$$E_c = I_0 - I \left(\langle \vec{s}_1 \cdot \vec{s}_2 \rangle + 1/4 \right). \tag{6.111}$$

Wir sehen somit, dass $s = 1$ in E_c energetisch bevorzugt ist.

Da diese Energie von der Coulomb-Wechselwirkung stammt, obwohl die Spins in der Formel vorkommen, ist sie viel stärker als die magnetische Wechselwirkung zwischen den Spins. Der Ferromagnetismus kommt also nicht von der magnetischen Wechselwirkung, sondern ist ein Effekt der FD-Statistik und der Coulomb-Wechselwirkung. Dies ist im Gegensatz zum Paramagnetismus von Ionen mit $j \neq 0$, wo Effekte der FD-Statistik völlig vernachlässigbar sind. Nachdem wir allerdings nur zwei Elektronen betrachtet haben, ist die obige Überlegung rein qualitativ. Obendrein haben wir die Coulomb-Wechselwirkung der Elektronen mit den Ionen bzw. Atomen, von denen sie stammen, nicht berücksichtigt. Diese Wechselwirkung ist anziehend und liefert daher einen Austauschterm, der ein umgekehrtes Vorzeichen als der oben diskutierte Austauschterm hat [36]. Unsere Diskussion zeigt also keineswegs, dass parallele Spins immer energetisch bevorzugt sind, sondern weist nur darauf hin, dass unter günstigen Bedingungen dieser Fall eintreten kann.

Das Heisenberg-Modell:

Dieses Modell nimmt an, dass parallele Spins tatsächlich energetisch bevorzugt sind. Es berücksichtigt, ausgehend von Gl. (6.111), nur die Spin-Spin-Wechselwirkung der Elektronen mit den nächsten Nachbarn und ist gegeben durch den Hamiltonoperator

$$\widehat{H} = 2\mu_B \sum_j \vec{s}_j \cdot \vec{\mathcal{H}} - I \sum_{\{j,k\}} \vec{s}_j \cdot \vec{s}_k. \tag{6.112}$$

Dabei bdeutet $\{j, k\}$, dass $\vec{s}_j$ und $\vec{s}_k$ benachbarte Spins sind. Nachbarpaare werden nur einmal gezählt.

Die Weisssche Näherung:

Das Heisenberg-Modell ist trotz seiner Einfachheit mathematisch extrem anspruchsvoll und wir begnügen uns mit der Weissschen Näherung. Diese ist eine Molekularfeldnäherung, bei der die Spinoperatoren $\vec{s}_{k(j)}$ der nächsten Nachbarn des Elektrons j durch einen *Erwartungswert* ersetzt werden:

$$\sum_{k(j)} \vec{s}_k \rightarrow \nu \hat{s}. \tag{6.113}$$

Die Größe $\hat{s}$ enthält also keine Operatoren, sondern ist ein Vektor bestehend aus drei Zahlen. Die Anzahl der nächsten Nachbarn wird mit ν bezeichnet (z.B. $\nu = 6$ im einfachen kubischen Gitter). In der Weissschen Näherung ist der Hamiltonoperator Gl. (6.112) also gegeben durch

$$\widehat{H}_{\text{eff}} = 2 \sum_j \mu_B \vec{s}_j \cdot \left(\vec{\mathcal{H}} - \frac{\nu I}{2\mu_B} \hat{s} \right) = 2 \sum_j \mu_B \vec{s}_j \cdot \vec{\mathcal{H}}_{\text{eff}} \tag{6.114}$$

mit

$$\vec{\mathcal{H}}_{\text{eff}} = \vec{\mathcal{H}} - \frac{\nu I}{2\mu_B} \hat{s} = \vec{\mathcal{H}} + \frac{\nu I}{4\mu_B^2 \rho} (-2\mu_B \rho \hat{s}), \qquad (6.115)$$

bzw. mit der Magnetisierung $\vec{M} = -2\mu_B \rho \hat{s}$ erhalten wir

$$\vec{\mathcal{H}}_{\text{eff}} = \vec{\mathcal{H}} + W\vec{M} \quad \text{mit} \quad W = \frac{\nu I}{4\mu_B^2 \rho}. \qquad (6.116)$$

Das Interessante ist die Größenordnung von W. Mit den typischen Werten $I/2 = 1/10$ eV, $\nu = 6$ und $\rho = (2\,\text{Å})^{-3}$ erhalten wir $W \sim 10^4$. Diese Abschätzung ist nur sehr grob, jedoch illustriert sie jedenfalls, dass – wie schon vorhin erwähnt – das Austauschintegral $I \sim W\mu_B^2 \rho$ wesentlich größer als die magnetische Wechselwirkung zweier Elektronen ist, denn deren Größenordnung ist durch $\mu_B^2 \rho$ gegeben.

Die Magnetisierung in der Weissschen Näherung:
Nun berechnen wir mit dem Hamiltonoperator Gl. (6.114) den Erwartungswert M_z der Magnetisierung. Im Prinzip können wir das Resultat aus dem Unterkapitel 5.10 nehmen und die Brillouin-Funktion $B_{1/2}(\eta)$ benützten, jedoch ist es für $s = 1/2$ einfacher, M_z direkt mit Hilfe der Boltzmann-Faktoren zu ermitteln:

$$M_z = \rho \frac{\mu_B e^{\beta\mu_B \mathcal{H}_{\text{eff}}} - \mu_B e^{-\beta\mu_B \mathcal{H}_{\text{eff}}}}{e^{\beta\mu_B \mathcal{H}_{\text{eff}}} + e^{-\beta\mu_B \mathcal{H}_{\text{eff}}}} = \rho\,\mu_B \tanh\left[\beta\mu_B(\mathcal{H} + WM_z)\right]. \qquad (6.117)$$

Das ist eine *implizite* Gleichung für M_z. Wir wollen diese Gleichung noch etwas umformen. Als Abkürzung definieren wir die Sättigungsmagnetisierung $M_0 = \rho\mu_B$ und eine Temperatur T_c über

$$kT_c = \mu_B^2 \rho W = \frac{1}{4}\nu I. \qquad (6.118)$$

Benützen wir den Areatangens Hyperbolicus, die Umkehrfunktion von Tangens Hyperbolicus, können wir Gl. (6.117) umschreiben in

$$\mathcal{H} = M_0 W \left(-\frac{M_z}{M_0} + \frac{T}{T_c}\,\text{artanh}\,\frac{M_z}{M_0}\right). \qquad (6.119)$$

Wir formulieren die benötigten Eigenschaften des Areatangens Hyperbolicus als Theorem.

Theorem 9

Die Umkehrfunktion von tanh ist

$$\text{artanh}\,(x) = \frac{1}{2}\ln\frac{1+x}{1-x} = x + \frac{1}{3}x^3 + \cdots$$

Nun betrachten wir den Limes $M_z \ll M_0$. Damit erhalten wir aus Gl. (6.119) und Theorem 9

$$\mathcal{H} \simeq W\left(\frac{T}{T_c} - 1\right)M_z + \frac{kT}{3\mu_B}\left(\frac{M_z}{M_0}\right)^3, \qquad (6.120)$$

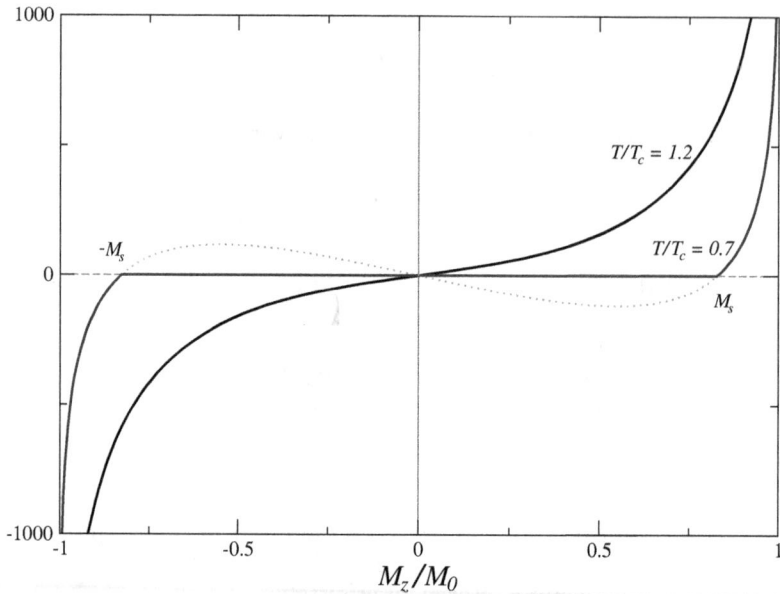

Abbildung 6.5: $\mathcal{H}/M_0$ als Funktion von M_z/M_0. Die zwei Kurven gemäß Gl. (6.119) mit $W = 1000$ illustrieren die Fälle $T > T_c$ und $T < T_c$. Die punktierte Kurve ist unphysikalisch, M_s ist die spontane Magnetisierung.

wobei wir $M_0 W/(kT_c) = 1/\mu_B$ verwendet haben.

$T > T_c$: In diesem Fall ist M_z eine monotone Funktion von $\mathcal{H}$ und wir bekommen bei Vernachlässigung des Terms mit M_z^3 das *Curie-Weiss-Gesetz*

$$M_z \simeq \frac{T_c}{W} \frac{1}{T - T_c} \mathcal{H} \equiv \chi_m \mathcal{H}, \qquad (6.121)$$

welches für kleine Magnetfelder gilt. In Abb. 6.5 ist $\mathcal{H}$ als Funktion von M_z für den Fall $T/T_c = 1.2$ aufgetragen. Dabei wurde nicht die Näherung Gl. (6.120), sondern die Weisssche Näherung Gl. (6.119) verwendet.

$T < T_c$: Für $\mathcal{H} \to 0$ gibt es drei Lösungen für M_z – siehe Abb. 6.5. Da $\vec{M} \propto \vec{\mathcal{H}}$ erfüllt sein muss, ist der punktierte Teil der Kurve unphysikalisch. Für $\mathcal{H} \to 0$ gibt es die Lösungen $M_z = \pm M_s$, es stellt sich also eine spontane Magnetisierung ein. Da die spontane Magnetisierung eine beliebige Richtung im Raum haben kann, ist die Rotationssymmetrie spontan gebrochen. Setzen wir $\mathcal{H} = 0$ in Gl. (6.120), erhalten wir für $T \uparrow T_c$ die spontane Magnetisierung

$$M_s \simeq M_0 \sqrt{\frac{3(T_c - T)}{T_c}}. \qquad (6.122)$$

Ist die Temperatur sehr niedrig, also $T \ll T_c$, ist die Magnetisierung nahe bei der

Sättigungsmagnetisierung M_0. Das erschließt man mit $\mathcal{H} = 0$ aus Gl. (6.117), was in diesem Fall die Näherung

$$M_s \simeq M_0 \left(1 - 2e^{-2T_c/T}\right). \qquad (6.123)$$

ergibt.

Der Ferromagnetismus:

Das Phänomen der spontanen Magnetisierung, der Ferromagnetismus, tritt auf bei $\mathcal{H} = 0$, wenn die Temperatur unter die kritische Temperatur T_c abgesenkt wird. Der Übergang wird als Phasenübergang zweiter Ordnung bezeichnet, da die Magnetisierung dabei stetig bleibt. Die Magnetisierung kann als *Ordnungsparameter* benützt werden, um die Phase zu kennzeichnen. Für $T > T_c$ ist $M_s = 0$, und der Stoff ist in der paramagnetischen Phase. (Allerdings ist die Wahl eines Ordnungsparameters im Allgemeinen nicht eindeutig.) Andrerseits hat man für eine fixe Temperatur $T < T_c$ beim Übergang von $\mathcal{H} > 0$ zu $\mathcal{H} < 0$ einen Phasenübergang erster Ordnung, weil beim Durchgang von $\mathcal{H}$ durch Null die Magnetisierung den Sprung $M_s \to -M_s$ macht, also z.B. die Ableitung der freien Energie nach $\mathcal{H}$ unstetig ist wegen $VM_z = -\partial F/\partial \mathcal{H}$.

Der bekannteste Ferromagnet ist Fe mit $T_c = 1043$ K und $M_0 = 1752$ Gauss. Andere metallische Ferromagnete sind Co mit $T_c = 1388$ K, $M_0 = 1446$ Gauss und Ni mit $T_c = 627$ K, $M_0 = 510$ Gauss. Viele Stoffe werden erst bei tiefen Temperaturen ferromagnetisch. Bei den Metallen gehören dazu die Lanthanoide Gd mit $T_c = 293$ K, $M_0 = 1980$ Gauss und Dy mit $T_c = 85$ K, $M_0 = 3000$ Gauss. Ferromagnetismus tritt auch bei Nichtmetallen auf: $CrBr_3$ ($T_c = 37$ K), EuO ($T_c = 77$ K), $GdCl_3$ ($T_c = 2.2$ K). Die obigen Zahlen sind alle aus [36]. Ein sehr wichtiger nichtmetallischer Ferromagnet ist Chromoxid CrO_2 mit $T_c = 390$ K, also höher als Raumtemperatur, welcher für Magnetbänder verwendet wird. Das Heisenberg-Modell des Ferromagneten ist übrigens eher als Beschreibung von nichtmetallischen Ferromagneten geeignet, wo die Elektronen ortsfest sind.

In einer ferromagnetischen Probe ($T < T_c$) stellt sich eine spontane Magnetisierung nur über kleine Bereiche von Millimetern und darunter ein. Diese Bereiche nennt man *Weisssche Bezirke*. Zwischen diesen magnetischen Domänen sind die *Bloch-Wände*, innerhalb derer die Magnetisierung die Richtung ändert. Die Probe als Ganzes ist nicht magnetisch. Beim Anlegen eines Magnetfelds beginnen die Weissschen Bezirke, sich nach $\vec{\mathcal{H}}$ auszurichten. Für kleine $\mathcal{H}$ gilt

$$\overline{M_z} \simeq \chi_{\text{ferro}} \mathcal{H}, \qquad (6.124)$$

wobei $\chi_{\text{ferro}} \gg 1$ ist. Für große Felder tritt dann Sättigung ein und χ_{ferro} wird klein. Wie kommen die magnetischen Domänen zustande? Der Effekt der FD-Statistik in der Coulomb-Energie ist nur auf kurzen Distanzen wirksam und verschwindet exponentiell mit dem Abstand, hingegen fällt die Wechselwirkungsenergie zweier magnetischer Dipole mit der dritten Potenz ab. Da in einem Weissschen Bezirk die magnetischen Momente ausgerichtet sind, akkumuliert sich magnetische Energie. Das wird kompensiert durch die kleine Größe und unterschiedliche Ausrichtung der Domänen. Allerdings erhöht sich durch die Austauschwechselwirkung die Energie an den Domänengrenzen. Die Weissschen Bezirke kommen also durch eine Optimierung der Energie zustande. Dieser Effekt ist nicht im Heisenberg-Modell enthalten. Da man Energie aufwenden muss, um Weiss-sche Bezirke umzupolen, kommt es zu Effekten wie Hysterese und Dauermagnetismus.

Die Grenzen der Weissschen Näherung:

Die magnetische Suszeptibiliät χ_m aus Gl. (6.121) und die spontane Magnetisierung M_s aus Gl. (6.122) haben ein Potenzverhalten bei Annäherung an die kritische Temperatur:

$$T \downarrow T_c : \; \chi_m(T) \propto (T - T_c)^{-\gamma}, \quad T \uparrow T_c : \; M_s(T) \propto (T_c - T)^{\beta}. \tag{6.125}$$

Die Weissschen Näherung des Heisenberg-Modells sagt $\gamma = 1$ und $\beta = 1/2$ voraus. Gemessen werden allerdings [36] $\gamma \simeq 1.3 \div 1.4$ und $\beta = 0.33 \div 0.37$. Weiters erhält man im Limes $T \to 0$ aus der Weissschen Näherung ein exponentielles Verschwinden von $(M_0 - M_s(T))/M_0$ gemäß Gl. (6.123), während man im Heisenberg-Modell übereinstimmend mit dem Experiment

$$T \to 0 : \quad \frac{M_0 - M_s(T)}{M_0} \propto T^{3/2} \tag{6.126}$$

bekommt [36]. Die Weisssche Näherung liefert also nur ein qualitatives Bild des Ferromagnetismus.

Für eine allgemeine Diskussion von Phasenübergängen zweiter Ordnung und kritischen Phänomenen verweisen wir auf die Literatur, zum Beispiel auf [11, 13, 15, 31].

6.7   Übungsaufgaben

1. Eine von der van der Waals-Gleichung verschiedene thermische Zustandsgleichung für reale Gase ist die Dieterici-Gleichung:

$$p = \frac{NkT}{V - Nb} \exp\left(-\frac{Na}{VkT}\right).$$

   Berechnen Sie die kritischen Werte v_c, T_c und p_c und den Quotienten $p_c v_c/(kT_c)$.

2. Argumentieren, dass für eine Gasblase in Wasser, die mit einem Gemisch aus Wasserdampf und Luft gefüllt ist, die kritische Bedingung für ihre Stabilität durch $p_d + p_{\text{Luft}} = p + 2\sigma/r$ gegeben ist.

3. Berechnen Sie näherungsweise den Debye-Radius für das Plasma im Zentrum der Sonne aus folgenden Daten: $T \simeq 15 \times 10^6 \, \text{K}$, $\rho_{e0} \simeq 6 \times 10^{25} \, \text{cm}^{-3}$, die Massendichte besteht zu etwa 34% aus Protonen und zu 64% aus ^{4}He. Venachlässigen Sie schwerere Kerne.

4. Berechnen Sie näherungsweise den Druck im Zentrum der Sonne mit Hilfe der Daten aus dem vorigen Beispiel. Führen Sie zuerst die Rechnung mit der Zustandsgleichung des idealen Gases aus und bestimmen Sie dann die Korrektur, die vom Plasma stammt.

7 Annäherung an das Gleichgewicht

7.1 Mastergleichungen

7.1.1 Bilanzgleichungen

Abgeschlossenes System:

Mastergleichungen sind Bilanzgleichungen, die die Zeitentwicklung eines Systems mit vielen Freiheitsgraden in der Nähe des Gleichgewichts beschreiben. Wir setzen wie in Unterkapitel 1.2 den Hamiltonoperator als $\widehat{H}_{\text{tot}} = \widehat{H} + \widehat{H}_S$ an, wobei die Mikrozustände nach $\widehat{H}$ klassifiziert werden und $\widehat{H}_S$ die Störung ist. Es gilt also $\widehat{H}\psi_r = E_r \psi_r$ und $\widehat{H}_S$ bewirkt Übergänge $\psi_r \to \psi_s$ mit der Wahrscheinlichkeitsrate w_{rs}. Dabei sind die Größen w_{rs} so definiert, dass $w_{rs}\delta t$ die Wahrscheinlichkeit ist, dass ψ_r nach einer infinitesimalen Zeit δt in ψ_s übergeht. Für diese Raten gilt selbstverständlich $w_{rs} \geq 0$. In erster Ordnung Störungstheorie in $\widehat{H}_S$ hat man [38]

$$w_{rs} \propto |\langle \psi_s | \widehat{H}_S \psi_r \rangle|^2 = |\langle \psi_r | \widehat{H}_S \psi_s \rangle|^2 \Rightarrow w_{rs} = w_{sr}, \tag{7.1}$$

wobei nur die Hermitizität von $\widehat{H}_S$ benützt wurde. In höherer Ordnung in der Störung $\widehat{H}_S$ wird diese Relation im Allgemeinen verletzt sein, wenn keine Symmetrie vorliegt, die die Gleichheit der beiden Raten erzwingt. Für die weitere Diskussion setzen wir einfach

$$w_{rs} = w_{sr} \tag{7.2}$$

und nehmen an, dass für unsere Zwecke diese Relation mit genügender Genauigkeit erfüllt ist.

Die Wahrscheinlichkeit, dass sich das System im Mikrozustand ψ_r befindet, sei ρ_r. Dann können wir folgende Bilanz aufstellen:

$$\dot{\rho}_r = \sum_{s \neq r} (\rho_s w_{sr} - \rho_r w_{rs}). \tag{7.3}$$

Dies ist die sogenannte Haupt- oder Mastergleichung für ein abgeschlossenes System. Offensichtlich verletzt diese die Zeitumkehrinvarianz. D.h., wenn $\{\rho_r(t)\}$ eine Lösung von Gl. (7.3) ist, dann ist $\{\rho_r(-t)\}$ keine Lösung, außer die Wahrscheinlichkeiten ρ_r sind zeitlich konstant. Gleichung (7.3) sorgt dafür, dass die Summe über alle ρ_r zeitlich konstant bleibt, also die richtige Normierung $\sum_r \rho_r = 1$ erhalten ist.

Das H-Theorem:
Die Größe $H[\rho]$ ist definiert als

$$H[\rho] = \sum_r \rho_r \ln \rho_r, \qquad (7.4)$$

ist also abgesehen von einem Faktor $-k$ mit der in Gl. (4.28) eingeführten Entropie identisch. Das Neue hier ist, dass wir mit Gl. (7.3) eine Zeitentwicklung von $\tilde{S}(\rho)$ bzw. $H[\rho]$ zur Verfügung haben. Die zeitliche Änderung von $H[\rho]$ ist damit gegeben durch

$$\frac{d}{dt} H[\rho] = \sum_r (\dot{\rho}_r \ln \rho_r + \dot{\rho}_r) = \sum_r \sum_{s \neq r} (\rho_s w_{sr} - \rho_r w_{rs}) \ln \rho_r =$$

$$\frac{1}{2} {\sum_{r,s}}' [w_{rs}(\rho_s - \rho_r) \ln \rho_r + w_{rs}(\rho_r - \rho_s) \ln \rho_s] =$$

$$-\frac{1}{2} {\sum_{r,s}}' w_{rs} (\rho_r - \rho_s)(\ln \rho_r - \ln \rho_s) \leq 0. \qquad (7.5)$$

Der Strich am Summenzeichen bedeutet, dass nur über $r \neq s$ summiert wird. In der mittleren Zeile haben wir Gl. (7.2) ausgenützt. Die letzte Zeile folgt daraus, dass der Logarithmus monoton wachsend ist. Damit haben wir das sogenannte H-Theorem

$$\frac{d}{dt} H[\rho] \leq 0 \qquad (7.6)$$

hergeleitet. Dieses Theorem sagt, dass mit Gl. (7.3) als Zeitentwicklung die Entropie nur wachsen kann.

Lösung der Mastergleichung:
Wir gehen von einem Anfangszustand $\{\rho_r(0)\}$ aus und nehmen an, dass es einen Index r_0 gibt, so dass jeder vorkommende Mikrozustand ψ_r von ψ_{r_0} durch eine Kette von nichtverschwindenden Wahrscheinlichkeitsraten zugänglich ist. Wäre das nicht der Fall, gäbe es entkoppelte Sektoren. Wir nehmen an, dass das für alle Mikrozustände mit $U - \Delta U \leq E_r \leq U$, wie in Unterkapitel 1.2 eingeführt, der Fall ist. Wir definieren

$$w_{rr} = -\sum_{s \neq r} w_{rs}, \qquad (7.7)$$

womit wir die Hauptgleichung einfacher als

$$\dot{\rho}_r = \sum_s \rho_s w_{sr} \qquad (7.8)$$

schreiben können. Die Matrix (w_{sr}) ist eine relle, symmetrische, negativ definite Matrix. Die letzte Eigenschaft beweisen wir, indem wir folgende quadratische Form betrachten:

$$\sum_{s,r} x_s w_{sr} x_r = \sum_r w_{rr} x_r^2 + 2 \sum_{s<r} w_{sr} x_s x_r =$$

$$-\sum_{s<r} w_{sr} \left(x_s^2 + x_r^2 \right) + 2 \sum_{s<r} w_{sr} x_s x_r = -\sum_{s<r} w_{sr} \left(x_s - x_r \right)^2 . \qquad (7.9)$$

Die Folgerung daraus ist, dass für alle Eigenwerte λ_j von (w_{sr}) $\lambda_j \leq 0$ gilt. Wegen $\sum_s w_{sr} = 0 \; \forall r$ gibt es einen Eigenwert $\lambda_0 = 0$ und der dazugehörige Eigenvektor v_0 hat die Gestalt

$$v_0 = \frac{1}{\Omega} \begin{pmatrix} 1 \\ 1 \\ \vdots \\ 1 \end{pmatrix}, \tag{7.10}$$

wobei Ω die Anzahl der Mikrozustände ist. Da es gemäß unserer Annahme keine entkoppelten Sektoren geben soll, folgt aus Gl. (7.9), dass $\lambda_0 = 0$ nicht entartet ist. Die Eigenvektoren v_j mit $\lambda_j < 0$ müssen auf v_0 orthogonal sein, woraus wir

$$\sum_r (v_j)_r = 0 \quad (j \neq 0). \tag{7.11}$$

schließen.

Damit haben wir die Lösung

$$\rho(t) = v_0 + \sum_{j=1}^{\Omega-1} v_j \, e^{\lambda_j t}, \tag{7.12}$$

wobei wir hier die Wahrscheinlichkeiten $\rho_r(t)$ als Spaltenvektor geschrieben haben. Die Normierung $\sum_r \rho_r(t) = 1$ ist durch Gl. (7.11) garantiert. Weiters folgt aus Gl. (7.12), dass

$$\lim_{t \to \infty} \rho_r(t) = \frac{1}{\Omega} \quad \forall r \tag{7.13}$$

gilt. Die Größen $1/|\lambda_j|$ sind daher als Relaxationszeiten zu interpretieren. Die Mastergleichung liefert also das Fundamentalpostulat. Allerdings können wir trotzdem nicht von einer Herleitung des FPs sprechen, da die Mastergleichung – im Gegensatz zur Schrödinger-Gleichung – keine fundamentale Gleichung ist. Das Ergebnis zeigt immerhin, dass wir erwarten können, dass Gl. (7.3) die Zeitentwicklung für große Systeme in der Nähe des Gleichgewichts richtig wiedergibt.

Eine hinreichende Bedingung für eine zeitlich konstante Lösung der Mastergleichung ist $\rho_r w_{rs} = \rho_s w_{sr} \; \forall r \neq s$, was auch *Prinzip des detaillierten Gleichgewichts* genannt wird [10]. Die Größe $\rho_r w_{rs}$ ist die Übergangsrate für $\psi_r \to \psi_s$. Für den unter der Annahme von Gl. (7.2) aus der Mastergleichung hergeleiteten Gleichgewichtszustand (7.13) gilt das detaillierte Gleichgewicht trivialerweise. D.h., im Gleichgewicht ist die Übergangsrate von ψ_r nach ψ_s gleich der Übergangsrate von ψ_s nach ψ_r ($r \neq s$).

Der Gleichgewichtszustand (7.13) hängt nicht von den Raten w_{rs}, also nicht von $\widehat{H}_S$ ab. Er ist allein durch $\widehat{H}$ bestimmt. Das weist darauf hin, dass die durch $\widehat{H}_S$ bestimmte Wechselwirkung viel kleiner als die in $\widehat{H}$ enthaltene sein muss. Das ist konsistent mit Gl. (7.2), welche umso besser erfüllt ist, je kleiner die Störung ist.

System im Kontakt mit einem Wärmebad:

Jetzt betrachten wir ein kleines System $\mathcal{A}$ im Kontakt mit einem Wärmebad $\mathcal{A}'$. Die Mikrozustände des Systems $\mathcal{A} \cup \mathcal{A}'$ sind durch $\psi_r \otimes \psi_{r'}$ gegeben, wie in Abschnitt 1.5.2 besprochen. Die Zeitentwicklung ist durch den Hamiltonoperator $\hat{H}_{\text{tot}} = \hat{H} + \hat{H}' + \hat{H}_S$ bestimmt:

$$\dot{\rho}_{rr'} = \sum_{(s,s') \neq (r,r')} \left(\rho_{ss'} \, w(ss' \to rr') - \rho_{rr'} \, w(rr' \to ss') \right). \tag{7.14}$$

Das System $\mathcal{A}$ wechselwirkt zwar mit $\mathcal{A}'$, da jedoch das Wärmebad als viel größer als $\mathcal{A}$ angenommen wird, soll diese Wechselwirkung das Gleichgewicht in $\mathcal{A}'$ nicht stören. Also können die Wahrscheinlichkeiten $\rho_{rr'}$ geschrieben werden als

$$\rho_{rr'} = \rho_r \, \rho'_{r'}(E_{\text{tot}} - E_r), \tag{7.15}$$

wobei wir die Energieabhängigkeit von $\rho'_{r'}$ notiert haben. Damit gilt

$$\rho_r = \sum_{r'} \rho_{rr'}. \tag{7.16}$$

Was uns eigentlich interessiert, ist die Zeitenwicklung der ρ_r. Daher summieren wir in Gl. (7.14) über r':

$$\dot{\rho}_r = \sum_{r'} \sum_{(s,s') \neq (r,r')} \left[\rho_s \rho'_{s'}(E_{\text{tot}} - E_s) \, w(ss' \to rr') - \rho_r \rho'_{r'}(E_{\text{tot}} - E_r) \, w(rr' \to ss') \right]. \tag{7.17}$$

Die rechte Seite trägt nichts bei für $s = r$. Das erlaubt, die Summation zu schreiben als

$$\dot{\rho}_r = \sum_{s \neq r} \left[\rho_s \sum_{r',s'} \rho'_{s'}(E_{\text{tot}} - E_s) \, w(ss' \to rr') - \rho_r \sum_{r',s'} \rho'_{r'}(E_{\text{tot}} - E_r) \, w(rr' \to ss') \right]. \tag{7.18}$$

Wir definieren

$$\bar{w}_{sr} = \sum_{r',s'} \rho'_{s'}(E_{\text{tot}} - E_s) \, w(ss' \to rr'), \quad \bar{w}_{rs} = \sum_{r',s'} \rho'_{r'}(E_{\text{tot}} - E_r) \, w(rr' \to ss'), \tag{7.19}$$

benützen das FP und gehen wie in Abschnitt 1.6.1 vor:

$$\rho'_{r'}(E_{\text{tot}} - E_r) = \frac{1}{\Omega(E_{\text{tot}} - E_r)} \simeq \frac{e^{\beta E_r}}{\Omega(E_{\text{tot}})}. \tag{7.20}$$

Damit erhalten wir schließlich

$$\bar{w}_{sr} = e^{\beta E_s} w'_{sr}, \quad \bar{w}_{rs} = e^{\beta E_r} w'_{rs} \quad \text{mit} \quad w'_{sr} = w'_{rs}. \tag{7.21}$$

Letzteres folgt aus

$$w(ss' \to rr') = w(rr' \to ss'). \tag{7.22}$$

Die Hauptgleichung eines Systems im Kontakt mit einem Wärmebad ist somit gegeben durch

$$\dot{\rho}_r = \sum_{s \neq r} \left(\rho_s \bar{w}_{sr} - \rho_r \bar{w}_{rs} \right), \tag{7.23}$$

wobei Gl. (7.21) dazugenommen werden muss [10].

Wie sieht das Gleichgewicht aus? Wegen Gl. (7.21) ist die rechte Seite dieser Gleichung Null, falls

$$\rho_r = \frac{e^{-\beta E_r}}{Z} \quad \text{mit} \quad Z = \sum_s e^{-\beta E_s} \tag{7.24}$$

erfüllt ist. Wir erhalten somit das kanonische Ensemble im Gleichgewicht.

7.1.2 Magnetische Resonanz

Als Anwendung der Mastergleichung im Wärmebad diskutieren wir die sogenannte magnetische Resonanz [10]. Wir stellen uns N Kerne mit Spin $1/2$ in einem Kristallgitter vor. Wir legen ein Magnetfeld $\mathcal{H}$ in z-Richtung an, so dass wir die Energieeigenwerte $\epsilon_\pm = \mp\mu\mathcal{H}$ haben, wobei μ das magnetische Moment eines Kerns ist. Die Spins stehen im thermischen Kontakt mit dem Kristallgitter. Wir bezeichnen mit w_{+-} die Rate für $|\uparrow\rangle \to |\downarrow\rangle$ und mit w_{-+} die Rate für den umgekehrten Prozess. Gemäß Gl. (7.21) haben wir

$$\frac{w_{+-}}{w_{-+}} = e^{\beta(\epsilon_+ - \epsilon_-)} = e^{-2\beta\mu\mathcal{H}}. \tag{7.25}$$

Außerdem nehmen wir an, dass Radiowellen mit einer Frequenz $\hbar\omega \simeq 2\mu\mathcal{H}$ eingestrahlt werden, die ebenfalls Spinumklappprozesse bewirken. Diese Rate w ist unabhängig von der Temperatur des Kristalls, daher ist sie gleich für beide Richtungen des Umklappprozesses. Wir bezeichnen die Anzahl der Kerne mit „Spin hinauf" bzw. „Spin hinunter" mit n_+ bzw. n_-. Daher ist $n_+ + n_- = N$ und die beiden Wahrscheinlichkeiten sind $\rho_\pm = n_\pm/N$. Da N konstant bleibt, können wir die Bilanz gleich mit $n_\pm$ aufstellen:

$$\frac{\mathrm{d}n_+}{\mathrm{d}t} = n_- \left(w_{-+} + w \right) - n_+ \left(w_{+-} + w \right), \tag{7.26}$$

$$\frac{\mathrm{d}n_-}{\mathrm{d}t} = n_+ \left(w_{+-} + w \right) - n_- \left(w_{-+} + w \right). \tag{7.27}$$

Nun verwenden wir die Differenz der Spineinstellungen:

$$n \equiv n_+ - n_- \quad \Rightarrow \quad n_\pm = \frac{1}{2} \left(N \pm n \right). \tag{7.28}$$

Die Gleichungen (7.26) und (7.27) sind nicht unabhängig, da N zeitlich konstant ist. Wir können daher genausogut die Differenz der beiden Gleichungen bilden und erhalten eine Differentialgleichung in n:

$$\frac{\mathrm{d}n}{\mathrm{d}t} = -(w_{+-} + w_{-+} + 2w)\, n - (w_{+-} - w_{-+})\, N \equiv -An + B. \tag{7.29}$$

Diese Gleichung hat die Lösung

$$n(t) = \left(n(0) - \frac{B}{A}\right) e^{-At} + \frac{B}{A} \qquad (7.30)$$

und strebt dem stationären Gleichgewicht

$$\lim_{t\to\infty} n(t) = \frac{B}{A} = N \frac{e^{\beta\mu\mathcal{H}} - e^{-\beta\mu\mathcal{H}}}{e^{\beta\mu\mathcal{H}} + e^{-\beta\mu\mathcal{H}} + 2w/w'} \simeq \frac{N\beta\mu\mathcal{H}}{1 + w/w'} \qquad (7.31)$$

zu, wobei w' wie in Gl. (7.21) definiert ist. Im letzten Schritt haben wir $\beta\mu\mathcal{H} \ll 1$ benützt. Die Energie der absorbierten Radiofrequenz wird an das Kristallgitter abgegeben.

Man kann sofort zwei Grenzwerte von Gl. (7.31) ablesen: Ist $w \ll w'$, also die thermische Kopplung der Spins an das Gitter viel stärker als die Kopplung an die Radiofrequenz, hat man die Situation des thermischen Gleichgewichts, also den gewöhnlichen Paramagnetismus. Im Grenzfall $w \gg w'$ geht $n(t)$ gegen Null; dann erzwingt die Radiofrequenz $n_+ = n_-$.

7.2 Die Boltzmann-Gleichung

Einleitung:

Die Boltzmann-Gleichung ist eine kinetische Geichung zur Beschreibung der Zeitentwicklung von verdünnten Gasen. Sie beschreibt die Zeitentwicklung der Verteilungsfunktion $f(\vec{x},\vec{p},t)$ im Phasenraum. Dabei ist $f(\vec{x},\vec{p},t)\,\mathrm{d}^3x\,\mathrm{d}^3p$ die Anzahl der Teilchen, die sich zur Zeit t im Volumen $\mathrm{d}^3x\,\mathrm{d}^3p$ am Punkt $(\vec{x},\vec{p})$ befinden. Die Normierung ist daher

$$\int_{\mathcal{V}} \mathrm{d}^3x \int \mathrm{d}^3p\, f(\vec{x},\vec{p},t) = N, \qquad (7.32)$$

die Gesamtzahl der Teilchen im Volumen.

Etliche Näherungen bzw. Annahmen gehen in die Herleitung ein. Die erste Annahme folgt aus dem Faktum, dass die Boltzmann-Gleichung eine klassische Gleichung ist:

Keine Energieübertragung auf innere Freiheitsgrade.

Für die weitere Diskussion brauchen wir die mittlere freie Weglänge ℓ. Wie kann man ℓ berechnen? Die Anzahl der Stöße pro Sekunde ist gegeben durch $\bar{v}_{12}\sigma\rho$, wobei $\bar{v}_{12}$ die mittlere Relativgeschwindigkeit zweier Teilchen und σ der Streuquerschnitt ist. Die mittlere Zeit zwischen zwei aufeinanderfolgenden Stößen ist daher

$$\tau_s = \frac{1}{\bar{v}_{12}\sigma\rho}. \qquad (7.33)$$

Die Maxwell-Verteilung erlaubt die Berechnung von $\bar{v}_{12}$:

$$\bar{v}_{12} = \sqrt{2}\,\bar{v} \quad \text{mit} \quad \bar{v} = \sqrt{\frac{8kT}{\pi m}}, \qquad (7.34)$$

wobei $\bar{v}$ die mittlere Geschwindigkeit *eines* Teilchens ist. Daraus erhalten wir

$$\ell = \tau_s \bar{v} = \frac{1}{\sqrt{2}\sigma\rho}. \tag{7.35}$$

Wenn die Teilchen den Durchmesser d haben, ist der Streuquerschnitt etwa $\sigma \sim \pi d^2$.

Die zweite Annahme betrifft Korrelationen. Es sei $g(\vec{x}_1, \vec{p}_1, \vec{x}_2, \vec{p}_2, t)$ die Zweiteilchen-Korrelationsfunktion, d.h.

$$g(\vec{x}_1, \vec{p}_1, \vec{x}_2, \vec{p}_2, t)\, \mathrm{d}^3 x_1\, \mathrm{d}^3 p_1\, \mathrm{d}^3 x_2\, \mathrm{d}^3 p_2$$

ist die Wahrscheinlichkeit, gleichzeitig Teilchen 1 bei $(\vec{x}_1, \vec{p}_1)$ und Teilchen 2 bei $(\vec{x}_2, \vec{p}_2)$ zu treffen. In einem verdünnten Gas ist $\ell \gg d$ und zusammenstoßende Teilchen kommen aus räumlich weit entfernten Gebieten. Das führt zur Annahme des *molekularen Chaos*:

$$g(\vec{x}_1, \vec{p}_1, \vec{x}_2, \vec{p}_2, t) = \frac{f(\vec{x}_1, \vec{p}_1, t)}{N} \times \frac{f(\vec{x}_2, \vec{p}_2, t)}{N}. \tag{7.36}$$

Als Nächstes vergleichen wir die mittlere Zeit τ_s zwischen zwei Stößen mit der Dauer eines Stoßes. Letztere ist größenordnungsmäßig gegeben durch $d/\bar{v}$. Die Wahrscheinlichkeit, dass ein Teilchen mit einem anderen zusammenstößt, ist daher proportional zu $(d/\bar{v})/\tau_s = d/\ell$. Weil wir ein verdünntes Gas zugrundelegen, soll diese Wahrscheinlichkeit klein sein. Dreierstöße werden daher um einen solchen Faktor gegenüber Zweierstößen unterdrückt sein. Damit haben wir eine weitere Annahme:

Es genügt, Zweierstöß zu berücksichtigen.

Die Annahmen des molekularen Chaos und der Vernachlässigung von Dreierstößen hat in unserer vereinfachenden Diskussion dieselbe Begründung: $d \ll \ell$ bzw. $d/\ell \ll 1$.

Betrachten wir als anschauliches Beispiel die Daten von Luft bei $T \sim 300$ K und $p = 1$ bar. Dann ist der mittlere Teilchenabstand $\rho^{-1/3} \simeq 30$ Å, $d \simeq 2$ Å $= 2 \times 10^{-8}$ cm $\ll \ell \simeq 2 \times 10^{-5}$ cm. Die mittlere Geschwindigkeit ergibt sich zu $\bar{v} \simeq 3 \times 10^4$ cm/s und $\tau_s \simeq 8 \times 10^{-10}$ sec.

Die Herleitung der Boltzmann-Gleichung:

Wir betrachten zuerst die Zeitentwicklung der Verteilungsfunktion, wenn keine Stöße vorhanden sind. Dann ist die Zahl der Teilchen in einem Phasenraumvolumen konstant. D.h., ändert sich die Zeit t um δt, erhalten wir

$$f(\vec{x} + \vec{p}\,\delta t/m, \vec{p} + \vec{F}\,\delta t, t + \delta t)\, \mathrm{d}^3 x'\, \mathrm{d}^3 p' = f(\vec{x}, \vec{p}, t)\, \mathrm{d}^3 x\, \mathrm{d}^3 p. \tag{7.37}$$

Hier ist

$$\vec{F} = -\vec{\nabla} U \tag{7.38}$$

eine äußere, konservative, impulsunabhängige Kraft. Die neuen Variablen im Impulsraum sind mit den alten durch die klassische Zeitentwicklung

$$\vec{x}' = \vec{x} + \frac{\vec{p}}{m}\,\delta t, \quad \vec{p}' = \vec{p} + \vec{F}\,\delta t \tag{7.39}$$

verbunden. Diese Zeitentwicklung kann als Variablentransformation aufgefasst werden. Das Volumenelement im Phasenraum in den neuen Variablen wird durch die alten als

$$\mathrm{d}^3 x' \, \mathrm{d}^3 p' = \begin{vmatrix} \mathbb{1} & \frac{1}{m} \delta t \mathbb{1} \\ \left(\frac{\partial F_i}{\partial x_j}\right) \delta t & \mathbb{1} \end{vmatrix} \mathrm{d}^3 x \, \mathrm{d}^3 p \tag{7.40}$$

ausgedrückt. Man kann sich leicht überzeugen, dass man in erster Ordnung in δt das δt-unabhängige Resultat

$$\mathrm{d}^3 x' \, \mathrm{d}^3 p' = \mathrm{d}^3 x \, \mathrm{d}^3 p \tag{7.41}$$

bekommt. Das ist ein Spezialfall des *Theorems von Liouville*. Sind Stöße vorhanden, hat man die Bilanz

$$\left(\frac{\partial f}{\partial t} + \frac{\vec{p}}{m} \cdot \vec{\nabla}_x f + \vec{F} \cdot \vec{\nabla}_p f\right) \mathrm{d}^3 x \, \mathrm{d}^3 p \, \delta t = \left(\frac{\partial f}{\partial t}\right)_{\mathrm{col}} \mathrm{d}^3 x \, \mathrm{d}^3 p \, \delta t = (\bar{R} - R) \, \mathrm{d}^3 x \, \mathrm{d}^3 p \, \delta t, \tag{7.42}$$

wobei der Stoßterm $(\partial f/\partial t)_{\mathrm{col}} = \bar{R} - R$ zwei Beiträge hat: Teilchen gehen dem Phasenraumvolumen Gl. (7.41) durch Stöße verloren (R), bzw. treten durch Stöße in das Volumen ein $(\bar{R})$.

Für das weitere Vorgehen betrachten wir die Kinematik des Zweiteilchenstoßes. Wir haben Impuls- und Energieerhaltung. Die Impulse der einlaufenden Teilchen bezeichnen wir mit $\vec{p}$ und $\vec{p}_1$, die der auslaufenden mit $\vec{p}'$ und $\vec{p}_1'$. Mit gleichen Massen der beteiligten Teilchen gilt

$$\vec{p} + \vec{p}_1 = \vec{p}' + \vec{p}_1', \quad (\vec{p})^2 + (\vec{p}_1)^2 = (\vec{p}')^2 + (\vec{p}_1')^2. \tag{7.43}$$

Die Impulse können in Schwerpunkts- und Relativimpulse $(\vec{p}_s, \vec{p}_r)$ umgeschrieben werden:

$$\vec{p} = \frac{1}{2}(\vec{p}_s + \vec{p}_r), \, \vec{p}_1 = \frac{1}{2}(\vec{p}_s - \vec{p}_r), \quad \vec{p}' = \frac{1}{2}(\vec{p}_s + \vec{p}_r'), \, \vec{p}_1' = \frac{1}{2}(\vec{p}_s - \vec{p}_r'). \tag{7.44}$$

Der Schwerpunktsimpuls $\vec{p}_s$ ändert sich nicht bei der Streuung, während wir für den Relativimpuls die Änderung $\vec{p}_r \to \vec{p}_r'$ haben. Dann wird die Energieerhaltung durch

$$(\vec{p}_r)^2 = (\vec{p}_r')^2 \tag{7.45}$$

durch ausgedrückt. Im Schwerpunktsystem wird der Änderung $\vec{p}_r \to \vec{p}_r'$ durch den Streuwinkel θ zwischen $\vec{p}_r$ und $\vec{p}_r'$ und den Azimutalwinkel ϕ festgelegt.

Nun gehen wir zurück zu Gl. (7.42). Die Anzahl der pro Zeiteinheit aus dem Phasenraumvolumen $\mathrm{d}^3 x \, \mathrm{d}^3 p$ hinausgestreuten Teilchen ist gegeben durch

$$R \, \mathrm{d}^3 x \, \mathrm{d}^3 p = \mathrm{d}^3 x \, \mathrm{d}^3 p \, f(\vec{x}, \vec{p}, t) \times \int \mathrm{d}^3 p_1 \frac{1}{m} |\vec{p} - \vec{p}_1| \, f(\vec{x}, \vec{p}_1, t) \times \int \mathrm{d}\Omega \frac{\mathrm{d}\sigma}{\mathrm{d}\Omega} (|\vec{p}_r|, \theta). \tag{7.46}$$

Die Bedeutung der einzelnen Faktoren und Integrale ist die Folgende:

 * Faktor 1: Anzahl der Targetteilchen im Phasenraumvolumen $\mathrm{d}^3 x \, \mathrm{d}^3 p$.

 * Faktor 2: Der mit Relativgeschwindigkeit $(\vec{p} - \vec{p}_1)/m$ einfallende Fluss von Teilchen.

* Faktor 3: Der Streuquerschnitt formuliert mit Hilfe der Schwerpunktsimpulse, also ist $\mathrm{d}\sigma/\mathrm{d}\Omega$ der Wirkungsquerschnitt im Schwerpunktsystem.

* Erstes Integral: Über alle einfallenden Flüsse wird summiert.

* Zweites Integral: Über alle mit Energie-Impulserhaltung verträglichen Streuzustände wird summiert.

Nun berechnen wir die Anzahl der pro Zeiteinheit in das Phasenraumvolumen $\mathrm{d}^3x\,\mathrm{d}^3p$ hineingestreuten Teilchen. Es ist dabei am einfachsten, die Rolle der ungestrichenen und gestrichenen Impulse in der Herleitung von Gl. (7.46) zu vertauschen. Die Anzahl der Teilchen, die aus d^3p' und d^3p_1' in d^3p und d^3p_1 gestreut werden, ist daher durch

$$\mathrm{d}^3x\,\mathrm{d}^3p'\,f(\vec{x},\vec{p}',t)\times\mathrm{d}^3p_1'\frac{1}{m}\,|\vec{p}'-\vec{p}_1'|\,f(\vec{x},\vec{p}_1',t)\times\int\mathrm{d}\Omega\,\frac{\mathrm{d}\sigma}{\mathrm{d}\Omega}\,(|\vec{p}_r'|,\theta) \qquad (7.47)$$

gegeben. Allerdings wollen wir in dieser Gleichung letzen Endes die Phasenraumvolumina $\mathrm{d}^3p\,\mathrm{d}^3p_1$ statt $\mathrm{d}^3p'\,\mathrm{d}^3p_1'$ verwenden und über d^3p_1 statt über d^3p_1' summieren. Berücksichtigen wir dabei, dass der Streuprozess so ablaufen muss, dass ein Impuls $\vec{p}$ erhalten wird, dann folgt aus Gl. (7.44), dass

$$\mathrm{d}^3p\,\mathrm{d}^3p_1=\frac{1}{8}\mathrm{d}^3p_s\mathrm{d}^3p_r,\quad \mathrm{d}^3p'\,\mathrm{d}^3p_1'=\frac{1}{8}\mathrm{d}^3p_s\mathrm{d}^3p_r' \qquad (7.48)$$

gilt. Weil bei $\vec{p}_r\to\vec{p}_r'$ der gestreute Vektor nur gedreht wird, erhalten wir für die Phasenraumvolumina

$$\mathrm{d}^3p\,\mathrm{d}^3p_1=\mathrm{d}^3p'\,\mathrm{d}^3p_1'. \qquad (7.49)$$

Weil außerdem

$$|\vec{p}'-\vec{p}_1'|=|\vec{p}_r'|=|\vec{p}-\vec{p}_1|=|\vec{p}_r| \qquad (7.50)$$

gilt, kommen wir zum Ergebnis

$$\bar{R}\mathrm{d}^3x\,\mathrm{d}^3p=\mathrm{d}^3x\,\mathrm{d}^3p\,f(\vec{x},\vec{p}',t)\times\int\mathrm{d}^3p_1\frac{1}{m}\,|\vec{p}-\vec{p}_1|\,f(\vec{x},\vec{p}_1',t)\times\int\mathrm{d}\Omega\,\frac{\mathrm{d}\sigma}{\mathrm{d}\Omega}\,(|\vec{p}_r|,\theta)\,. \qquad (7.51)$$

Dabei haben wir implizit Gleichheit des Streuquerschnitts für $(\vec{p},\vec{p}_1)\to(\vec{p}',\vec{p}_1')$ und $(\vec{p}',\vec{p}_1')\to(\vec{p},\vec{p}_1)$ angenommen, also *Zeitumkehrinvarianz* vorausgesetzt.

Nun fassen wir zusammen. Mit den Abkürzungen

$$f\equiv f(\vec{x},\vec{p},t),\quad f_1\equiv f(\vec{x},\vec{p}_1,t),\quad f'\equiv f(\vec{x},\vec{p}',t),\quad f_1'\equiv f(\vec{x},\vec{p}_1',t) \qquad (7.52)$$

können wir das Resultat so formulieren:

$$\frac{\partial f}{\partial t}+\frac{\vec{p}}{m}\cdot\vec{\nabla}_x f+\vec{F}\cdot\vec{\nabla}_p f=\int\mathrm{d}^3p_1\frac{1}{m}\,|\vec{p}-\vec{p}_1|\int\mathrm{d}\Omega\,\frac{\mathrm{d}\sigma}{\mathrm{d}\Omega}\,(|\vec{p}_r|,\theta)\,(f'f_1'-f\,f_1). \qquad (7.53)$$

Das ist die klassische Boltzmann-Gleichung. Die rechte Seite ist der Stoßterm, der im Folgenden auch mit $(\partial f/\partial t)_{\mathrm{col}}$ abgekürzt wird.

Die Boltzmann-Gleichung kann auf verschiedenste Art modifiziert werden, z.B. um BE oder FD-Statistik zu berücksichtigen. In dieser Formulierung spielt sie unter Anderem bei verschiedenen Problemen des frühen Universums eine wichtige Rolle.

Der Gleichgewichtszustand eines verdünnten Gases:

Die Boltzmann-Gleichung erlaubt, so wie für die Mastergleichung ein H-Theorem zu formulieren. Hier ist H definiert als das Funktional

$$H[f] = \int_V \mathrm{d}^3x \int \mathrm{d}^3p\, f \ln f. \tag{7.54}$$

Der Stoßterm bestimmt die zeitliche Änderung von H:

$$\frac{\mathrm{d}}{\mathrm{d}t} H[f] = \int_V \mathrm{d}^3x \int \mathrm{d}^3p \frac{\partial f}{\partial t}(1 + \ln f) = \int_V \mathrm{d}^3x \int \mathrm{d}^3p \left(\frac{\partial f}{\partial t}\right)_{\text{col}} (1 + \ln f). \tag{7.55}$$

Das zweite Gleichheitszeichen gilt deswegen, weil die beiden anderen Terme auf der linken Seite von Gl. (7.53) nichts beitragen. Der Term

$$\int_V \mathrm{d}^3x \int \mathrm{d}^3p \frac{\vec{p}}{m} \cdot (\vec{\nabla}_x f)(1 + \ln f) = \int_{\partial V} \mathrm{d}\vec{A} \cdot \int \mathrm{d}^3p \frac{\vec{p}}{m} f \ln f \tag{7.56}$$

entspricht einem „Entropiefluss" am Gefäßrand ($\mathrm{d}\vec{A}$ ist das Oberflächenelement), der dort Null sein muss. Der andere Term

$$\int_V \mathrm{d}^3x \int \mathrm{d}^3p\, \vec{F} \cdot (\vec{\nabla}_p f)(1 + \ln f) = \int_V \mathrm{d}^3x \vec{F} \cdot \int \mathrm{d}^3p\, \vec{\nabla}_p(f \ln f) \tag{7.57}$$

ist Null, weil f in den Impulskoordinaten im Unendlichen Null wird. Einsetzen des Stoßterms aus Gl. (7.53) ergibt

$$\frac{\mathrm{d}}{\mathrm{d}t} H[f] = \int_V \mathrm{d}^3x \int \mathrm{d}^3p \int \mathrm{d}^3p_1 \frac{1}{m}|\vec{p} - \vec{p}_1| \int \mathrm{d}\Omega \frac{\mathrm{d}\sigma}{\mathrm{d}\Omega} (|\vec{p}_r|, \theta) (f' f'_1 - f f_1)(1 + \ln f). \tag{7.58}$$

Machen wir die Vertauschung $\vec{p} \leftrightarrow \vec{p}_1$ und mitteln wir, geht der Integrand über in

$$\frac{1}{2} (f' f'_1 - f f_1) [2 + \ln(f f_1)]. \tag{7.59}$$

Jetzt machen wir noch eine Vertauschung und Mittelung von ungestrichenen und gestrichenen Impulsen und benützen Gl. (7.49) und Gl. (7.50). Das ergibt das Resultat

$$\frac{\mathrm{d}}{\mathrm{d}t} H[f] = -\frac{1}{4} \int_V \mathrm{d}^3x \int \mathrm{d}^3p \int \mathrm{d}^3p_1 \frac{1}{m}|\vec{p} - \vec{p}_1| \int \mathrm{d}\Omega \frac{\mathrm{d}\sigma}{\mathrm{d}\Omega} (|\vec{p}_r|, \theta)$$
$$\times (f' f'_1 - f f_1) [\ln(f' f'_1) - \ln(f f_1)]. \tag{7.60}$$

Da die zweite Zeile dieser Gleichung positiv ist, haben wir hiermit das H-Theorem für die Boltzmann-Gleichung hergeleitet:

$$\frac{\mathrm{d}}{\mathrm{d}t} H[f] \le 0. \tag{7.61}$$

Dass $\mathrm{d}H[f]/\mathrm{d}t$ etwas mit der Änderung der früher definierten Entropie $\tilde{S}$ zu tun hat, kann man sich folgendermaßen klar machen. Wir teilen den Phasenraum ein in Zellen der Größe $\Delta\Gamma = \prod_{i=1}^{3} \Delta x_i \, \Delta p_i$. Die Zellen sollen so klein sein, dass wir f in jeder Zelle als näherungsweise konstant annehmen können. Hat f den Wert f_r in der r-ten Zelle, dann ist die Wahrscheinlichkeit, dass sich ein Teilchen in dieser Zelle befindet, durch $\rho_r = \Delta\Gamma f_r / N$ gegeben und wir können damit die Entropie $\tilde{S}$ berechnen. Dann ist

$$-\frac{1}{k}\tilde{S} = \sum_r \frac{\Delta\Gamma f_r}{N} \ln \frac{\Delta\Gamma f_r}{N} = \frac{1}{N}\sum_r \Delta\Gamma f_r \left(\ln f_r + \ln \frac{\Delta\Gamma}{N} \right) \simeq \frac{1}{N}H[f] + \ln\frac{\Delta\Gamma}{N}. \quad (7.62)$$

Da der letzte Term konstant ist, entspricht die zeitliche Änderung von $H[f]$ einer Entropieänderung.

Wir bezeichnen die Gleichgewichtsverteilung als f_0. Das H-Theorem besagt, dass jede Anfangsverteilung f einer Gleichgewichtsverteilung zustrebt:

$$\lim_{t \to \infty} f = f_0. \quad (7.63)$$

Die Zeitumkehrinvarianz ist verletzt durch den Stoßterm. Wie sieht die Gleichgewichtsverteilung aus? Da der Ausdruck unter dem Integral in Gl. (7.60) positiv ist, muss er im Gleichgewicht Null sein, woraus

$$f_0 f_{01} = f_0' f_{01}' \quad \Leftrightarrow \quad \ln f_0 + \ln f_{01} = \ln f_0' + \ln f_{01}' \quad (7.64)$$

folgt. Also ist $\ln f_0$ eine Erhaltungsgröße und muss eine Linearkombination aus den beim Stoß bekannten Erhaltungsgrößen sein:

$$\ln f_0 = A + \vec{B} \cdot \vec{p} + C\frac{\vec{p}^2}{2m}. \quad (7.65)$$

Die vektorielle Konstante $\vec{B}$ würde einen Impuls des Gesamtsystems beschreiben, den wir hier Null setzen. Für die Gleichgewichtsverteilung f_0 muss die linke Seite der Boltzmann-Gleichung ebenfalls Null sein, da ja wegen Gl. (7.64) der Stoßterm Null ist. Man kann leicht überprüfen, dass das für

$$f_0(\vec{x}, \vec{p}) = \bar{\rho} \left(\frac{\beta}{2\pi m} \right)^{3/2} \exp\left(-\beta \left(\frac{\vec{p}^2}{2m} + U(\vec{x}) \right) \right) \quad \text{mit} \quad \bar{\rho} = N \Big/ \int_{\mathcal{V}} \mathrm{d}^3 x \; e^{-\beta U(\vec{x})} \quad (7.66)$$

der Fall ist, wenn wir die Kraft $\vec{F} = -\vec{\nabla}U$ einsetzen. Weiters ist für f_0 auch die Normierungsbedingung Gl. (7.32) erfüllt. Die Größe β kann als $1/(kT)$ interpretiert werden und die Gleichgewichtsverteilung (7.66) entspricht genau der Einteilchen-Verteilung in einem äußeren Potential U, die wir im Zusammenhang mit der klassischen Näherung des kanonischen Ensembles kennengelernt haben. Die Wechselwirkung im Stoßterm geht nicht in die Gleichgewichtsverteilung ein, der Stoßterm bringt jedoch das System ins Gleichgewicht.

Ein wichtiger Punkt ist, dass der Stoßterm Null ist, auch wenn die Koeffizienten in Gl. (7.65) vom Ort abhängen. Lassen wir nun ortsabhängige Koeffizienten und einen lokalen Gesamtimpuls $\vec{p}_0$ zu, dann erhalten wir eine geeignete Form einer *lokalen Gleichgewichtsverteilung*:

$$f_0^{(l)}(\vec{x}, \vec{p}, t) = \rho(\vec{x}, t) \left(\frac{\beta(\vec{x}, t)}{2\pi m} \right)^{3/2} \exp\left(-\beta(\vec{x}, t) \frac{(\vec{p} - \vec{p}_0(\vec{x}, t))^2}{2m} \right). \quad (7.67)$$

Jetzt gilt zwar

$$\left(\frac{\partial f_0^{(l)}}{\partial t}\right)_{\text{col}} = 0, \tag{7.68}$$

jedoch ist im Allgemeinen

$$\left(\frac{\partial}{\partial t} + \frac{\vec{p}}{m} \cdot \vec{\nabla}_x + \vec{F} \cdot \vec{\nabla}_p\right) f_0^{(l)} \neq 0. \tag{7.69}$$

Daher hat die Gesamtlösung die Gestalt $f = f_0^{(l)} + \delta f$, was dann Sinn macht, wenn δf klein ist.

Die Relaxationszeitnäherung:

Unter gewissen Voraussetzungen, wenn das System nahe bei einer lokalen Gleichgewichtsverteilung $f_0^{(l)}(\vec{x}, \vec{p}, t)$ ist, kann man den Stoßterm vereinfachen [16, 31]:

$$\left(\frac{\partial f}{\partial t}\right)_{\text{col}} \rightarrow -\frac{1}{\tau_r}\left(f - f_0^{(l)}\right). \tag{7.70}$$

Aus der nichtlinearen Boltzmann-Gleichung wird damit eine lineare Differentialgleichung. Die Größe τ_r ist eine Relaxationszeit. Haben wir nämlich ein homogenes System ohne äußere Krafteinwirkung und ist $f_0^{(l)}$ zeitunabhängig, dann gilt

$$\dot{f} = -\frac{1}{\tau_r}\left(f - f_0^{(l)}\right) \quad \Rightarrow \quad f(t) = \left(f(0) - f_0^{(l)}\right) e^{-t/\tau_r} + f_0^{(l)}. \tag{7.71}$$

Die Relaxationszeit τ_r ist im Allgemeinen eine Funktion von $\vec{x}$ und $\vec{p}$ und ihre Größenordnung entspricht etwa einem kleinen Vielfachen der mittleren Stoßzeit, da einige Stöße für die Relaxation zum Gleichgewicht notwendig sind.

Die Relaxationszeitnäherung wird allerdings auch angewendet, wenn das System nicht homogen ist und äußere Kräfte vorhanden sind. Dann ist die Form der lokalen Gleichgewichtsverteilung $f_0^{(l)}$ durch Gl. (7.67) vorgegeben und mit dem Ansatz $f = f_0^{(l)} + \delta f$ erhält man

$$\left(\frac{\partial}{\partial t} + \frac{\vec{p}}{m} \cdot \vec{\nabla}_x + \vec{F} \cdot \vec{\nabla}_p\right)(f_0^{(l)} + \delta f) = -\frac{1}{\tau_r}\delta f. \tag{7.72}$$

Bei langsamer zeitlicher Änderung, schwacher Inhomogenität des Systems und kleinen äußeren Kräften kann diese Gleichung als Ausgangspunkt für Näherungslösungen genommen werden – siehe nächstes Unterkapitel.

7.3 Transportphänomene in Metallen

Annahmen und Voraussetzungen:

Wir verwenden die Relaxationszeitnäherung, um Transportphänomene von Leitungselektronen in Metallen zu diskutieren [36]. Wir betrachten folgende Situation:

i. Um die Diskussion zu vereinfachen, nehmen wir an, dass das Metall isotrop ist.

ii. Die Relaxationszeit τ_r hängt nur von der Elektronenenergie ε ab.

iii. Das System ist stationär.

iv. Es ist ein Temperaturgradient vorhanden.

v. Es ist ein schwaches elektrisches Feld angelegt.

Im hier betrachteten Fall kommt der Stoßterm kommt von der Wechselwirkung der Elektronen mit dem Gitter (Fremdatome, Fehlstellen, Schwingungen) und die Relaxationszeitnäherung kann in so einem Fall rigoroser aus der Boltzmann-Gleichung begründet werden [31]. Für e^-e^-- Wechselwirkung wären n-Teilchenstöße ($n \geq 3$) nicht zu vernachlässigen, weil die Elektronen im Leitungsband sehr dicht sind. Wir nehmen an, dass die Zustandsdichte $g(\varepsilon)$ der Leitungselektronen bekannt ist und die e^-e^--Wechselwirkung in hinreichender Weise berücksichtigt. Dieses $g(\varepsilon)$ ist daher verschieden von der Zustandsdichte des freien Elektrongases. Weil wir für die Leitungselektronen die FD-Statistik berücksichtigen müssen, setzen wir eine lokale Verteilungsfunktion der Gestalt

$$f_0^{(l)}(\vec{x}, \vec{p}) = \frac{1}{e^{\beta(\vec{x})[\varepsilon - \mu(\vec{x})]} + 1} \qquad (7.73)$$

an. Diese hängt sowohl über die Temperatur $T = 1/(k\beta)$ als auch über das chemische Potential μ vom Ort ab. Wegen der Isotropieannahme geht in die Elektronenenergie ε der Impuls $\vec{p}$ nur über den Betrag $|\vec{p}|$ ein.

Wie im vorigen Unterkapitel angedeutet, erhalten wir aus Gl. (7.72) die Näherungslösung

$$f \simeq f_0^{(l)} - \tau_r \left(\vec{v} \cdot \vec{\nabla}_x - e\vec{E} \cdot \vec{\nabla}_p \right) f_0^{(l)}. \qquad (7.74)$$

Dabei haben wir $\vec{F} = -e\vec{E}$ und $\vec{p}/m = \vec{v}$ gesetzt. Die Geschwindigkeit $\vec{v}$ ist jetzt allerdings als die Gruppengeschwindigkeit

$$\vec{v} = \vec{\nabla}_p \, \varepsilon(\vec{p}) \qquad (7.75)$$

aufzufassen, da diese der Transportgeschwindigkeit der Elektronen im Leitungsband entspricht. Wir summieren über die Impulse im Leitungsband wie in Unterkapitel 5.15. Die Isotropieannahme erlaubt in den weiteren Rechnungen die Ersetzung

$$\int \frac{2 \, \mathrm{d}^3 p}{(2\pi\hbar)^3} \rightarrow \int \mathrm{d}\varepsilon g(\varepsilon) \quad \text{mit} \quad g(\varepsilon) = \frac{1}{\pi^2 \hbar^3} \, p^2 \, \frac{\mathrm{d}p}{\mathrm{d}\varepsilon}. \qquad (7.76)$$

Der Faktor 2 berücksichtigt die Anzahl der Spineinstellungen. Die hier betrachtete Näherung ist semiklassisch [36], da sie zwar die Quantenstatistik berücksichtigt, jedoch von der klassischen Boltzmann-Gleichung ausgeht.

Transportphänomene:

Die Verteilung $f(\vec{x}, \vec{p})$ aus Gl. (7.74) führt auf nichtverschwindende Ladungs- und Wärmestromdichten

$$\vec{j}(\vec{x}) = -e \int \frac{2\,\mathrm{d}^3 p}{(2\pi\hbar)^3} f(\vec{x}, \vec{p})\, \vec{v}(\vec{p}), \tag{7.77}$$

$$\vec{i}_Q(\vec{x}) = \int \frac{2\,\mathrm{d}^3 p}{(2\pi\hbar)^3} f(\vec{x}, \vec{p})\, [\varepsilon(\vec{p}) - \mu(\vec{x})]\, \vec{v}(\vec{p}). \tag{7.78}$$

Die Form der Wärmestromdichte ist durch $T\,\mathrm{d}S = \mathrm{d}U - \mu\,\mathrm{d}N$ begründet. Es liefert nur δf einen Beitrag zu den Stromdichten.

Um die Gleichungen (7.77) and (7.78) auszuwerten, berechnen wir zuerst die Ableitungen

$$\vec{\nabla}_x f_0^{(l)} = -\frac{\partial f_0^{(l)}}{\partial \varepsilon} \left[(\varepsilon - \mu) \frac{\vec{\nabla} T}{T} + \vec{\nabla}\mu \right], \tag{7.79}$$

$$\vec{\nabla}_p f_0^{(l)} = \frac{\partial f_0^{(l)}}{\partial \varepsilon}\, \vec{v}. \tag{7.80}$$

Aus diesen Ableitungen und aus Gl. (7.74) folgt, dass in den Strömen nur die Kombination $e\vec{E} + \vec{\nabla}\mu$ vorkommt. Das erlaubt die Ansätze [36]

$$\vec{j} = L_{11} \left(\vec{E} + \frac{1}{e}\vec{\nabla}\mu \right) + L_{12} \left(-\vec{\nabla}T \right), \tag{7.81}$$

$$\vec{i}_Q = L_{21} \left(\vec{E} + \frac{1}{e}\vec{\nabla}\mu \right) + L_{22} \left(-\vec{\nabla}T \right). \tag{7.82}$$

Im Weiteren werden wir die Koeffizienten L_{11}, L_{12}, etc. bestimmen.

Die Form der lokalen Gleichgewichtsverteilung $f_0^{(l)}$ ist mit jener der Funktion $\bar{\nu}(\varepsilon)$ aus Gl. (5.301) identisch. Daher können wir die Sommerfeld-Technik aus dem Unterkapitel 5.15 anwenden, wobei jetzt die gerade Funktion $\eta(x)$ durch die ebenfalls gerade Funktion $e^x/(e^x + 1)^2$ ersetzt wird, welche von der Ableitung von $f_0^{(l)}$ nach ε stammt. Dieselben Schritte wie dort liefern zur Ordnung T^2

$$\int_0^\infty \mathrm{d}\varepsilon\, h(\varepsilon) \left(-\frac{\partial \bar{\nu}(\varepsilon)}{\partial \varepsilon} \right) \simeq h(\mu) + \frac{\pi^2}{6} h''(\mu)(kT)^2. \tag{7.83}$$

Die Ableitungen Gl. (7.79) und Gl. (7.80) und die Form der Ströme Gl. (7.81) und Gl. (7.82) bestimmen die Funktionen, die mit Gl. (7.83) integriert werden:

$$\begin{aligned}
h_{11} &= \tfrac{1}{3} e^2 \tau_r v^2 g(\varepsilon), & h_{12} &= -\tfrac{1}{3} e \tau_r v^2 g(\varepsilon)(\varepsilon - \mu)/T, \\
h_{21} &= -\tfrac{1}{3} e \tau_r v^2 g(\varepsilon)(\varepsilon - \mu), & h_{22} &= \tfrac{1}{3} \tau_r v^2 g(\varepsilon)(\varepsilon - \mu)^2/T.
\end{aligned} \tag{7.84}$$

Der Faktor $v^2/3$ kommt durch die Isotropie zustande. Schließlich erhalten wir folgendes

Resultat:

$$L_{11} = \frac{1}{3} e^2 \left. (\tau_r v^2 g(\varepsilon)) \right|_{\varepsilon = \varepsilon_F}, \tag{7.85}$$

$$L_{12} = -\frac{\pi^2}{9} e\, k^2 T\, \left. \frac{\mathrm{d}(\tau_r v^2 g(\varepsilon))}{\mathrm{d}\varepsilon} \right|_{\varepsilon = \varepsilon_F}, \tag{7.86}$$

$$L_{21} = -\frac{\pi^2}{9} e\, (kT)^2\, \left. \frac{\mathrm{d}(\tau_r v^2 g(\varepsilon))}{\mathrm{d}\varepsilon} \right|_{\varepsilon = \varepsilon_F}, \tag{7.87}$$

$$L_{22} = \frac{\pi^2}{9} k^2 T\, \left. (\tau_r v^2 g(\varepsilon)) \right|_{\varepsilon = \varepsilon_F}. \tag{7.88}$$

Für den Koeffizienten L_{11} haben wir nur den T-unabhängigen Term in Gl. (7.83) berücksichtigt. Weiters haben wir benützt, dass μ in guter Näherung mit der Fermi-Energie ε_F übereinstimmt.

Physikalische Interpretation der Resultate:

Wir können mehrere Fälle unterscheiden. Zuerst betrachten wir

$$\vec{\nabla} T = \vec{0}, \ \vec{\nabla}\mu = \vec{0} \quad \Rightarrow \quad \vec{j} = \sigma \vec{E} \quad \text{mit} \quad L_{11} \equiv \sigma = \frac{1}{3} e^2 \left. (\tau_r v^2 g(\varepsilon)) \right|_{\varepsilon = \varepsilon_F}. \tag{7.89}$$

Das ist das *Ohmsche Gesetz* und σ ist die elektrische Leitfähigkeit.

Definieren wir noch

$$\sigma' = \frac{1}{3} e^2 \left. \frac{\mathrm{d}(\tau_r v^2 g(\varepsilon))}{\mathrm{d}\varepsilon} \right|_{\varepsilon = \varepsilon_F}, \tag{7.90}$$

dann lassen sich die Koeffizienten in einfacher Weise zusammenfassen [36]:

$$L_{11} = \sigma, \quad L_{21} = T L_{12} = -\frac{\pi^2}{3e} (kT)^2 \sigma', \quad L_{22} = \frac{\pi^2}{3e^2} k^2 T \sigma. \tag{7.91}$$

Für $\vec{\nabla} T = \vec{0}$ gilt

$$\vec{j} = \sigma \left(\vec{E} + \frac{1}{e} \vec{\nabla}\mu \right) \equiv \sigma \vec{\mathcal{E}}. \tag{7.92}$$

D.h., auch ein Gradient des chemischen Potentials, wie er zum Beispiel bei einer Verbindungsstelle zweier verschiedener Metalle vorkommt, verursacht einen Strom, der *Diffusionsstrom* genannt wird. Misst man eine Spannungsdifferenz mit einem Voltmeter, wird die Spannungsmessung eigentlich durch die Messung eines kleinen Stromes durchgeführt, welcher über den Widerstand des Messgerätes in eine Spannung umgerechnet wird. Daher misst man mit einem Voltmeter nicht $-\int \mathrm{d}\vec{x} \cdot \vec{E}$ sondern $-\int \mathrm{d}\vec{x} \cdot \vec{\mathcal{E}}$.

Fließt kein Strom, dann gibt Gl. (7.81) Folgendes:

$$\vec{j} = \vec{0} \quad \Rightarrow \quad \vec{E} + \frac{1}{e} \vec{\nabla}\mu = \frac{L_{12}}{\sigma} \vec{\nabla} T. \tag{7.93}$$

Wir erhalten also ein elektrisches Feld, wenn ein Temperaturgradient vorliegt. Dieser Effekt heißt *Thermoelektrizität*. Auch der Gradient des chemischen Potetials erzeugt ein elektrisches Feld.

Aus den Gleichungen (7.81) und (7.82) schließen wir

$$\vec{j} = \vec{0} \quad \Rightarrow \quad \vec{i}_Q = -K\,\vec{\nabla}T \quad \text{mit} \quad K = L_{22} - \frac{L_{12}L_{21}}{L_{11}}. \tag{7.94}$$

Wir erhalten also einen *Wärmestrom*. Der Koeffizient K heißt *Wärmeleitfähigkeit*. Wegen

$$\frac{L_{12}L_{21}}{L_{11}L_{22}} \propto (kT)^2 \left(\frac{\sigma'}{\sigma}\right)^2 \sim \left(\frac{kT}{\varepsilon_F}\right)^2, \tag{7.95}$$

weil σ' typischerweise von der Größenordnung σ/ε_F ist, haben wir in guter Näherung $K = L_{22}$ bzw.

$$\frac{K}{\sigma T} = \frac{\pi^2 k^2}{3e^2}. \tag{7.96}$$

Diese Relation ist das *Gesetz von Wiedemann-Franz*. Das Bemerkenswerte ist, dass im Verhältnis von K zu σ alle Materialkonstanten herausfallen.

7.4 Temperaturausgleich

Den Wärmestrom aus Gl. (7.94) kann man als allgemeines phänomenologisches Gesetz auffassen, das nicht auf Leitungselektronen beschränkt ist. Natürlich macht dieser Wärmestrom nur Sinn, wenn keine Konvektion im Spiel ist. Ist das System abgeschlossen, hat man lokale Energieerhaltung:

$$\dot{\eta} + \vec{\nabla} \cdot \vec{i}_Q = 0, \tag{7.97}$$

wobei η die Energiedichte ist. Wir bezeichnen die Wärmekapazität pro Teilchen mit c und ρ sei wie üblich die Teilchendichte. Ist c konstant, dann ist $\eta = \rho c T$ und aus Gl. (7.97) folgt *Wärmeleitungsgleichung*

$$\frac{\partial T}{\partial t} = \lambda \Delta T \quad \text{mit} \quad \lambda = \frac{K}{\rho c}. \tag{7.98}$$

Die Größe λ heißt *Temperaturleitfähigkeit* und ist näherungsweise konstant. Die Wärmeleitungsgleichung ist eine der klassischen partiellen Differentialgleichungen der Physik.

Als einfache Anwendung betrachten wir einen unendlich ausgedehnten Stab und geben zur Zeit $t = 0$ eine Temperaturverteilung $T_0(x)$ vor, welche beschränkt und stetig sein soll. Dann ist die Lösung von Gl. (7.98) mit der Anfangsbedingung

$$\lim_{t \downarrow 0} T(t, x) = T_0(x) \tag{7.99}$$

gegeben durch

$$T(t, x) = \int_{-\infty}^{\infty} dx'\, D(t, x - x')\, T_0(x') \quad \text{mit} \quad D(t, x) = \frac{1}{\sqrt{4\lambda \pi t}} \exp\left(-\frac{x^2}{4\lambda t}\right). \tag{7.100}$$

Dies folgt aus den Eigenschaften des Integralkerns D:

$$\dot{D} = \lambda D'', \quad \int dx\, D = 1, \quad \lim_{t \downarrow 0} D = \delta(x). \tag{7.101}$$

Die ersten beiden Eigenschaften können leicht durch Nachrechnen bestätigt werden. Die dritte folgt aus

$$D(t,x) = \frac{1}{\sqrt{t}} D(1, x/\sqrt{t}), \tag{7.102}$$

d.h., im Limes $t \downarrow 0$ erhält man eine δ-Folge.

Die Lösung Gl. (7.100) hat folgende Eigenschaften, die aus Gl. (7.101) bzw. Gl. (7.100) folgen:

$$\begin{aligned} T_0(x) = T_0 = \text{konstant} &\Rightarrow T(t,x) = T_0 \;\forall\, t; \\ \lim_{x \to \pm\infty} T_0(x) = 0 \quad &\Rightarrow \lim_{t \to \infty} T(t,x) = 0. \end{aligned} \tag{7.103}$$

Während die erste Aussage unmittelbar aus der Normierung des Integralkerns folgt, ist die zweite Aussage erst durch eine mathematischen Überlegung zu erhalten.

Ein etwas komplizierteres Problem stellt ein einseitig begrenzter Stab dar. Wir nehmen an, der Stab erstreckt sich über $x \geq 0$. Damit hat man als Randbedingung, dass bei $x = 0$ der Wärmestrom Null ist:

$$\left. \frac{\partial T}{\partial x} \right|_{x=0} = 0. \tag{7.104}$$

Die Lösung erhält man nun als

$$T(t,x) = \int_0^\infty dx'\, \bar{D}(t,x,x')\, T_0(x') \quad \text{mit} \quad \bar{D}(t,x,x') = D(t, x - x') + D(t, x + x'). \tag{7.105}$$

Dass das eine Lösung darstellt, ist offensichtlich. Im Limes $t \downarrow 0$ trägt der zweite Term nicht bei, weil die x'-Integration bei Null beginnt und x positiv ist. Die Randbedingung Gl. (7.104) ist erfüllt wegen

$$\frac{\partial \bar{D}(t,x,x')}{\partial x} = -\frac{x - x'}{2\lambda t} D(t, x - x') - \frac{x + x'}{2\lambda t} D(t, x + x') \;\Rightarrow\; \left. \frac{\partial \bar{D}(t,x,x')}{\partial x} \right|_{x=0} = 0. \tag{7.106}$$

7.5 Übungsaufgaben

1. Nehmen Sie an, ein isoliertes System habe nur zwei Mikrozustände ψ_r ($r = 1, 2$). Lösen Sie die dazugehörige Mastergleichung und bestimmen Sie die Relaxationszeit aus der Wahrscheinlichkeitsrate w_{12}.

2. Berechnen Sie mit Hilfe der Maxwell-Verteilung die mittlere Relativgeschwingkeit $\bar{v}_{12}$ zweier Gasmoleküle.

3. Berechnen Sie die Dichte der Leitungselektronen $\rho(\vec{x})$ als Funktion von $\mu(\vec{x})$ und $T(\vec{x})$ bis zur Ordnung T^2. Berechnen Sie weiters $\vec{\nabla}\rho(\vec{x})$ in der Näherung, die wir in unserer Diskussion der Transportphänomene in Metallen verwendet haben.

4. Beweisen Sie Gl. (7.83) mit Hilfe der Sommerfeld-Technik.

5. In einem Draht sei die Temperatur konstant. Argumentieren Sie, dass trotzdem ein Wärmestrom $\vec{i}_Q$ vorhanden ist, wenn ein elektrischer Strom $\vec{j}$ fließt, und stellen Sie den Zusammenhang zwischen $\vec{i}_Q$ und $\vec{j}$ her.

6. Ein Draht sei aus zwei Teilen zusammengestückelt, welche aus verschiedenen Metallen bestehen. Beide Teilstücke haben dieselbe Temperatur und es sei kein Temperaturgradient vorhanden. Argumentieren Sie mit Hilfe des vorigen Beispiels, dass – beim Fließen eines elektrischen Stromes durch den Draht – an der Verbindungsstelle der beiden Metalle Wärme entweder abgegeben oder aufgenommen wird (Peltier-Effekt).

Lösungen der Übungsaufgaben

Kapitel 1

1. Wir kürzen die Erwartungswerte von Operatoren O durch $\langle O \rangle$ ab:

$$\langle S_1 \rangle = \langle S_2 \rangle = 0, \quad \langle S_3 \rangle = \frac{\hbar}{2}(a - b), \quad \langle S_k^2 \rangle = \frac{\hbar^2}{4} \ (k = 1, 2, 3),$$

$$\Delta S_1 = \Delta S_2 = \frac{\hbar}{2}, \quad \Delta S_3 = \frac{\hbar}{2}\sqrt{1 - (a - b)^2},$$

$$\langle S_3 \rangle = 0 \Leftrightarrow a = b = 1/2.$$

2. Wir verwenden die Bezeichnung $e_1 \equiv |\uparrow\rangle$, $e_2 \equiv |\downarrow\rangle$:

$$(A \otimes \mathbb{1})\psi = \frac{1}{\sqrt{2}}\left[(Ae_1) \otimes e_2 + e^{i\alpha}(Ae_2) \otimes e_1\right]$$

$$\Rightarrow \langle A \rangle = \frac{1}{2}\left(\langle e_1|Ae_1\rangle + \langle e_2|Ae_2\rangle\right).$$

Effektiv erhält man $\rho = \frac{1}{2}\mathbb{1}$.

3. Der Erwartungswert vom $A \otimes B$ ist gegeben durch

$$\langle A \otimes B \rangle = \frac{1}{2}\left(A_{11}B_{22} + A_{22}B_{11} + e^{i\alpha}A_{12}B_{21} + e^{-i\alpha}A_{21}B_{12}\right)$$

$$= -a_3 b_3 + \mathrm{Re}\left(e^{i\alpha}a_- b_+\right)$$

mit $a_- = a_1 - ia_2$, $b_+ = b_1 + ib_2$. Um einen Effekt von α zu bemerken, muss $a_- b_+ \neq 0$ erfüllt sein.

4. Es ist der Erwartungswert eines Operators der Form $A \otimes \mathbb{1}$ zu bestimmen:

$$\langle A \otimes \mathbb{1} \rangle = \frac{1}{3}\left(\langle e_1|Ae_1\rangle + 2\langle e_2|Ae_2\rangle + \langle e_1|Ae_2\rangle + \langle e_2|Ae_1\rangle\right).$$

Effektive erhält man daher die Dichtematrix

$$\rho = \frac{1}{3}\left(|\uparrow\rangle\langle\uparrow| + 2|\downarrow\rangle\langle\downarrow| + |\uparrow\rangle\langle\downarrow| + |\downarrow\rangle\langle\uparrow|\right).$$

5. Mit den relativen Atommassen $A_r(X)$ und der atomaren Masseneinheit u bekommt man

$$N(N_2) = 0.78 \times \frac{1.29\,\mathrm{kg}}{[0.78 \times 2A_r(N) + 0.21 \times 2A_r(O) + 0.01 A_r(Ar)]u} \simeq 2.7 \times 10^{25}.$$

6.   Aus Gl. (1.61) folgt

$$U(S, V, N) = \frac{3\pi\hbar^2}{m} \frac{N^{5/3}}{V^{2/3}} \exp\left(\frac{2S}{3kN} - \frac{5}{3}\right) \quad \text{und} \quad p = -\frac{\partial U}{\partial V} = \frac{2}{3}\frac{U}{V}.$$

7.   Die Entropie eines monoatomaren idealen Gases hat die Form $S = kN \ln(V/N) + Nr(T)$. Für die gestellte Aufgabe ist nur der erste Teil relevant. Die Entropiebilanz für verschiedene Gassorten ist

$$\Delta S_{1\neq 2} = kN_1 \ln\frac{V_1 + V_2}{N_1} + kN_2 \ln\frac{V_1 + V_2}{N_2} - kN_1 \ln\frac{V_1}{N_1} - kN_2 \ln\frac{V_2}{N_2}$$

$$= kN_1 \ln\frac{V_1 + V_2}{V_1} + kN_2 \ln\frac{V_1 + V_2}{V_2} > 0.$$

Für gleiche Gassorten erhält man

$$\Delta S_{1=2} = k(N_1 + N_2) \ln\frac{V_1 + V_2}{N_1 + N_2} - kN_1 \ln\frac{V_1}{N_1} - kN_2 \ln\frac{V_2}{N_2}.$$

Wegen $V_1/N_1 = V_2/N_2 \Rightarrow (V_1 + V_2)/(N_1 + N_2) = V_1/N_1$ erhält man $\Delta S_{1=2} = 0$ in Übereinstimmung damit, dass sich beim Herausziehen der Trennwand die extensive Größe Entropie für gleiche Gase nicht ändern darf.

8.   Wenn die Teilchen unterscheidbar sind, lässt man bei der Abzählung der Zustände den Faktor $1/N!$ weg. Das führt zu einer Entropie $S' = kN \ln V + N(r(T) + \mathcal{K}_0)$ mit einer Konstanten $\mathcal{K}_0$ – vergleiche voriges Beispiel. Die Rechnung ergibt $\Delta S'_{1\neq 2} = \Delta S_{1\neq 2}$ und weiters

$$\Delta S'_{1=2} = (N_1 + N_2) \ln(V_1 + V_2) - N_1 \ln V_1 - N_2 \ln V_2 = \Delta S_{1\neq 2} > 0,$$

im Widerspruch zur Extensivität der Entropie.

9.   Das Gesamtsystem habe das Volumen V_0, die Teilchenzahl sei konstant. Daher wird nur die Abhängigkeit von V angegeben. Man geht vor wie bei der Herleitung der großkanonischen Zustandssumme:

$$\ln \tilde{\Omega}(U_0 - E_r(V), V_0 - V) \simeq \tilde{\Omega}(U_0, V_0) - \beta E_r(V) - \gamma V.$$

Aus Gl. (1.57) erhält man $\gamma = \beta p$. Damit ist die Wahrscheinlichkeit, dass sich das System im Mikrozustand ψ_r befindet und dass V im Intervall $[V, V + \mathrm{d}V]$ liegt, gegeben durch

$$\rho_r\,\mathrm{d}V = \frac{e^{-\beta E_r(V) - \gamma V}\mathrm{d}V}{X}.$$

Der Normierungsfaktor X stellt somit die gesuchte Zustandssumme dar:

$$X = \sum_r \int_0^\infty \mathrm{d}V e^{-\beta E_r(V) - \gamma V} = \int_0^\infty \mathrm{d}V\, e^{-\gamma V} Z(T, V)$$

mit der kanonischen Zustandssumme Z.

Kapitel 2

1. Die Energiebilanz ergibt

$$\int_{T_0}^{T} dT' \, (C_1 + C_2) - \int_{T_0}^{T_1} dT' \, C_1 - \int_{T_0}^{T_2} dT' \, C_2 = \int_{T_1}^{T} dT' \, C_1 + \int_{T_2}^{T} dT' \, C_2 = 0.$$

Aus dieser Gleichung lässt sich T bestimmen. Sind die Wärmekapazitäten konstant, erhält man daraus

$$T = \frac{T_1 C_1 + T_2 C_2}{C_1 + C_2}.$$

2. Ohne Beschränkung der Allgemeinheit nehmen wir $T_1 < T_2$ an, woraus $T_1 < T < T_2$ folgt. Die Entropieänderung ist

$$\Delta S = \int_{T_1}^{T} dT' \, \frac{C_1}{T'} + \int_{T_2}^{T} dT' \, \frac{C_2}{T'} = \int_{T_1}^{T} dT' \, \frac{C_1}{T'} - \int_{T}^{T_2} dT' \, \frac{C_2}{T'}$$

$$\geq \int_{T_1}^{T} dT' \, \frac{C_1}{T} - \int_{T}^{T_2} dT' \, \frac{C_2}{T} = \frac{1}{T} \left(\int_{T_1}^{T} dT' \, C_1 + \int_{T_2}^{T} dT' \, C_2 \right) = 0.$$

3. Aus Gl. (1.57) und aus der zweiten Maxwell-Relation in Tabelle 2.2 folgen

$$\left. \frac{\partial S}{\partial V} \right|_{U} = \frac{p}{T} \quad \text{und} \quad \left. \frac{\partial S}{\partial V} \right|_{T} = \left. \frac{\partial p}{\partial T} \right|_{V}.$$

Für die thermische Zustandsgleichung des idealen Gases sind beide Ausdrücke gleich.

4. Aus der Extensivität von F, V, N folgt

$$F(T,V,N) = N f(T,v) \quad \text{mit} \quad v = \frac{V}{N}, \quad S = N \frac{\partial f}{\partial T}, \quad p = -\frac{\partial f}{\partial v}$$

mit einer geeigneten Funktion f. Weil der Druck in beiden Volumina gleich ist und außerdem $p(T,v)$ eine streng monoton fallende Funktion in v ist, schließen wir $V_1/N_1 = V_2/N_2 = (V_1 + V_2)/(N_1 + N_2) \equiv v$ und

$$\Delta S = (N_1 + N_2) f(T,v) - N_1 F(T,v) - N_2 f(T,v) = 0.$$

5. Die Herleitung benützt die vierte Relation aus Tabelle 2.2 und Gl. (2.40):

$$- \left. \frac{\partial V}{\partial T} \right|_{p} = \left. \frac{\partial S}{\partial p} \right|_{T} = \frac{\partial}{\partial p} \int_{0}^{T} dT' \, \frac{C_p(T',p)}{T'} =$$

$$- \int_{0}^{T} dT' \left. \frac{\partial^2 V}{\partial T'^2} \right|_{p} = - \left. \frac{\partial V}{\partial T} \right|_{p} + \left(\left. \frac{\partial V}{\partial T} \right|_{p} \right)_{T=0}.$$

Daraus folgt die Behauptung.

6.   Da das Gesamtsystem abgeschlossen ist, gilt $dU_1 + dU_2 = 0$ und $dV_1 + dV_2 = 0$. Im Gleichgewicht hat man $dS = 0$. Daher ist die Entropiebilanz

$$dS = \frac{dU_1 + p_1 dV_1}{T_1} + \frac{dU_2 + p_2 dV_2}{T_2} = \frac{dU_1 + p_1 dV_1}{T_1} + \frac{-dU_1 - p_2 dV_1}{T_2} = 0.$$

Die Koeffizienten von dU_1 und dV_1 müssen Null sein. Daraus schließt man $T_1 = T_2$ und $p_1 = p_2$.

Kapitel 3

1.   Für die van der Waals-Gleichung gilt

$$T \left. \frac{\partial p}{\partial T} \right|_V - p = \frac{aN^2}{V^2}.$$

Mit Gl. (2.18) finden wir das Differential

$$dU(T, V) = N c_V(T) dT + \frac{aN^2}{V^2} dV$$

und damit Gl. (3.11).

2.   Wir spezialisieren Gl. (3.7) auf das ideale Gas:

$$F(T, V, N) = N f_0 + N f_0'(T - T_0) - N \int_{T_0}^{T} dT' \int_{T_0}^{T'} dT'' \frac{c_V(T'')}{T''} - NkT \ln \frac{V}{N v_0}.$$

Ist c_V konstant, ergibt die Integration

$$F(T, V, N) = N f_0 + N f_0'(T - T_0) + N c_V \left(T - T_0 - T \ln \frac{T}{T_0} \right) - NkT \ln \frac{V}{N v_0},$$

woraus

$$S = -\frac{\partial S}{\partial T} = -N f_0' + N c_V \ln \frac{T}{T_0} + Nk \ln \frac{V}{N v_0}$$

folgt. Die freie Enthalpie bekommen wir durch Legendre-Transformation:

$$G(T, p, N) = F(T, V(T, p, N), N) + pV(T, p, N) \quad \text{mit} \quad V(T, p, N) = \frac{NkT}{p},$$

was

$$G = N f_0 + N f_0'(T - T_0) + N c_V \left(T - T_0 - T \ln \frac{T}{T_0} \right) - NkT \ln \frac{kT}{p v_0} + NkT$$

ergibt. Es macht Sinn, folgende Konstante einzuführen: $p_0 = kT_0/v_0$, $\mu_0 = f_0 + kT_0$, $s_0 = -f_0'$, $c_p = c_V + k$. Damit lässt sich die freie Enthalpie auf die Form

$$G(T, p, N) = N \left\{ \mu_0 - s_0(T - T_0) + c_p \left(T - T_0 - T \ln \frac{T}{T_0} \right) + kT \ln \frac{p}{p_0} \right\}$$

bringen. Dabei ist μ_0 das chemische Potential und s_0 die Entropie am Referenzpunkt (p_0, T_0).

3. Der Prozess werde im Uhrzeigersinn durchlaufen: $1 \to 2$ isotherm, $2 \to 3$ adiaba-
    tisch, $3 \to 4$ isotherm, $4 \to 1$ adiabatisch. Für die Punkte 2 und 4 erhalten wir
    somit die Bedingungen

    $$p_1 V_1 = p_2 V_2, \quad p_2 V_2^\gamma = p_3 V_3^\gamma, \quad p_3 V_3 = p_4 V_4, \quad p_4 V_4^\gamma = p_1 V_1^\gamma.$$

    Die Lösung dieser Gleichungssysteme für die Punkte 2 und 4 ist

    $$p_2 = \left(\frac{p_1^\gamma V_1^\gamma}{p_3 V_3^\gamma} \right)^{\frac{1}{\gamma - 1}}, \quad V_2 = \left(\frac{p_3 V_3^\gamma}{p_1 V_1} \right)^{\frac{1}{\gamma - 1}},$$

    $$p_4 = \left(\frac{p_3^\gamma V_3^\gamma}{p_1 V_1^\gamma}, \right)^{\frac{1}{\gamma - 1}}, \quad V_4 = \left(\frac{p_1 V_1^\gamma}{p_3 V_3} \right)^{\frac{1}{\gamma - 1}}.$$

    Die aus dem Wärmereservoir aufgenommene Wärmemenge berechnet man durch

    $$Q_a = \int_{V_1}^{V_2} dV\, p = Nk T_a \ln \frac{V_2}{V_1} = \frac{Nk T_a}{\gamma - 1} \ln \frac{p_3 V_3^\gamma}{p_1 V_1^\gamma}.$$

    Genauso erhält man

    $$Q_b = \frac{Nk T_b}{\gamma - 1} \ln \frac{p_3 V_3^\gamma}{p_1 V_1^\gamma}.$$

    Die geleistete Arbeit ist daher $A = Q_a - Q_b$, und der Wirkungsgrad ist gegeben
    durch $\eta = A/Q_a = 1 - T_b/T_a$.

4. Um die Temperaturänderungen zu bestimmen, verwendet man die Konstanz von
    $T V^{\gamma - 1}$ für die adiabatischen Schritte und $Q = C_V \Delta T$ bei Wärmezufuhr oder
    Abgabe:

    $$\frac{T_2}{T_1} = \frac{T_3}{T_4} = \left(\frac{V_1}{V_2} \right)^{\gamma - 1}, \quad Q_a = C_V(T_3 - T_2), \quad Q_b = C_V(T_4 - T_1).$$

    Damit erhält man die Temperaturen an den Eckpunkten des Kreisprozesses in der
    p–V-Ebene als

    $$T_2 = T_1 \left(\frac{V_1}{V_2} \right)^{\gamma - 1}, \quad T_3 = \frac{Q_a}{C_V} + T_1 \left(\frac{V_1}{V_2} \right)^{\gamma - 1}, \quad T_4 = \frac{Q_a}{C_V} \left(\frac{V_2}{V_1} \right)^{\gamma - 1} + T_1$$

    und

    $$Q_b = Q_a \left(\frac{V_2}{V_1} \right)^{\gamma - 1}, \quad \eta = \frac{Q_a - Q_b}{Q_a} = 1 - \left(\frac{V_2}{V_1} \right)^{\gamma - 1}.$$

5. Die Temperaturänderung ist durch Gl. (3.24) gegeben. Für das N_2-Molekül ist
    $c_V = \frac{5}{2} k$. Wir schreiben Gl. (3.24) auf molare Größen um:

    $$\Delta T = -\frac{a_m}{\frac{5}{2} R V_{mn}} \left(1 - \frac{V_1}{V_2} \right).$$

    In dieser Formel ist R die Gaskonstante und V_{mn} das molare Volumen bei Norm-
    bedingungen; Letzteres berücksichtigt die Anfangsbedingung. Einsetzen der Kon-
    stanten und $V_2/V_1 = 2$ liefert $\Delta T = -0.146\,\mathrm{K}$.

6. Gemäß Gl. (3.30) ist die Inversionskurve in der ρ–T-Ebene durch

$$(1 - \rho b)^2 = \frac{T}{T_{\text{inv}}}$$

gegeben. Einsetzen von ρ aus dieser Gleichung in die van der Waals-Gleichung ergibt die Inversionskurve in der p–T-Ebene:

$$\tilde{p}(T) = \tilde{p}_0 \left(4 \sqrt{\frac{T}{T_{\text{inv}}}} - 3 \frac{T}{T_{\text{inv}}} - 1 \right) \quad \text{mit} \quad \tilde{p}_0 = \frac{a}{b^2}.$$

Die Nullstellen von $\tilde{p}(T)$ sind bei $T = T_{\text{inv}}/9$ und T_{inv}, das Maximum ist bei $T = 4T_{\text{inv}}/9$.

7. Für diese Reaktion gilt $\nu = -1 + 2 = 1$, daher ist die Druckabhängigkeit der Reaktionskonstante K durch $K \propto 1/p$ gegeben.

8. Das Massenwirkungsgesetz für diese Reaktion lautet

$$\frac{c_{\text{HI}}^2}{c_{\text{H}_2} c_{\text{I}_2}} = K.$$

Die Moleküle sind in folgender Anzahl vorhanden:

$$N_{\text{HI}} = N_1 (1 - \alpha), \quad N_{\text{H}_2} = N_2 + \frac{1}{2} N_1 \alpha, \quad N_{\text{I}_2} = \frac{1}{2} N_1 \alpha.$$

Die Gesamtanzahl der Moleküle ist $N_{\text{tot}} = N_1 + N_2$. Mit $r \equiv N_2 / N_1$ erhält man somit

$$c_{\text{HI}} = \frac{1 - \alpha}{1 + r}, \quad c_{\text{H}_2} = \frac{\frac{1}{2}\alpha + r}{1 + r}, \quad c_{\text{I}_2} = \frac{\frac{1}{2}\alpha}{1 + r}$$

und

$$\frac{4(1 - \alpha)^2}{\alpha(\alpha + 2r)} = K.$$

Man kann zeigen, dass – bei festem K – der Dissoziationsgrad α monoton fallend als Funktion von r ist. Wegen $\nu = -1 - 1 + 2 = 0$ ist K unabhängig vom Druck.

9. Wegen $\nu = -2 + 2 + 1 = 1$ ist $K \propto 1/p$. Das Massenwirkungsgesetz für die Dissoziation von H_2O lautet

$$\frac{c_{\text{H}_2}^2 c_{\text{O}_2}}{c_{\text{H}_2\text{O}}^2} = K.$$

Wir nehmen an, dass ursprünglich N Wassermoleküle vorhanden waren. Wir gehen vor wie beim vorigen Beispiel:

$$N_{\text{H}_2\text{O}} = N(1 - \alpha), \quad N_{\text{H}_2} = N\alpha, \quad N_{\text{O}_2} = \frac{1}{2} N\alpha, \quad N_{\text{tot}} = N \left(1 + \frac{1}{2}\alpha \right).$$

Daraus erhalten wir das Massenwirkungsgesetz in der Form

$$\frac{\alpha^3}{(1 - \alpha)^2 (\alpha + 2)} = K.$$

Kapitel 4

1. Aus der Zustandssumme X berechnet man Erwartungswert und Schwankung des Volumens durch

$$\bar{V} = -\frac{\partial}{\partial\gamma}\ln X \quad \text{und} \quad (\Delta V)^2 = \frac{\partial^2}{\partial\gamma^2}\ln X,$$

und somit

$$(\Delta V)^2 = -\frac{\partial \bar{V}}{\partial\gamma} = -kT\left.\frac{\partial \bar{V}}{\partial p}\right|_T$$

wegen $\gamma = p/(kT)$.

2. Es genügt, die Translationsfreiheitsgrade bei der Berechnung von X zu berücksichtigen:

$$X = \frac{1}{N!}\int_0^\infty dV e^{-\gamma V}\frac{V^N}{\lambda^{3N}} = \frac{1}{\lambda^{3N}\gamma^{N+1}} \quad \Rightarrow \quad -\ln X = 3N\ln\lambda + (N+1)\ln\gamma.$$

Wegen $N+1 \simeq N$ erhält man mit dem Resultat des vorigen Beispiels

$$\bar{V} = \frac{NkT}{p}, \quad (\Delta V)^2 = \frac{N(kT)^2}{p^2} \quad \Rightarrow \quad \frac{\Delta V}{\bar{V}} = \frac{1}{\sqrt{N}}.$$

3. Die Dichtematrix habe die Eigenwerte ρ_r ($r = 1,\ldots,n$). Um das Maximum von $\tilde{S}(\rho)$ zu eruieren, muss man das Maximum von $-\sum_r \rho_r \ln \rho_r$ unter der Nebenbedingung $\sum_r \rho_r = 1$ ausrechnen. Das wurde schon in Unterkapitel 4.3 durchgeführt mit dem Resultat $\rho_r = 1/n$ für alle r.

4. Das angegebene ρ ist hermitisch mit $\mathrm{Sp}\,\rho = 1$. Es ist auch positiv, weil die Diagonalelemente und die Determinante positiv sind. Daher ist es eine Dichtematrix. Mit den Eigenwerten $1/6$ und $5/6$ von ρ erhalten wir

$$\tilde{S}(\rho) = k\left(\frac{1}{6}\ln 6 + \frac{5}{6}\ln\frac{6}{5}\right).$$

5. Gleichung (4.39) lässt sich größenordnungsmäßig in

$$kT \gg kT_0 \equiv \frac{\hbar^2\pi^2}{2mL^2}$$

umformen. Die numerische Auswertung ergibt $T_0 \simeq 5 \times 10^{-14}\,\mathrm{K}$.

6. Mit J aus Gl. (4.63) berechnet man

$$S(T,V,\mu) = -\frac{\partial J}{\partial T} = k\frac{Ve^{\beta\mu}}{\lambda^3}\left(\frac{5}{2} - \beta\mu\right).$$

Die Energie als Funktion von T, V, μ ist gegeben durch

$$U = J + TS + \mu N \quad \text{mit} \quad N = -\frac{\partial J}{\partial T} = \frac{V e^{\beta\mu}}{\lambda^3} \quad \Rightarrow \quad U = \frac{3}{2} kT \frac{V e^{\beta\mu}}{\lambda^3}.$$

Der Zusammenhang zwischen Druck und Energie ist wie erwartet

$$p = -\frac{J}{V} = \frac{2}{3} U.$$

Aus $N = N(T, V, \mu)$ erhält man $\mu(T, V, N)$. Einsetzen in $S(T, V, \mu)$ liefert die Entropie $S(T, V, N)$ aus Gl. (1.67).

Kapitel 5

1. Die mittlere Geschwindigkeit ist gegeben durch

$$\bar{v} = 4\pi \left(\frac{m}{2\pi kT}\right)^{3/2} \int_0^\infty \mathrm{d}v\, v^3 \exp\left(-\frac{mv^2}{2kT}\right).$$

Mit der Variablentransformation $u = mv^2/(2kT)$ erhält man $\mathrm{d}v\, v = \frac{kT}{m}\, \mathrm{d}u$ und

$$\bar{v} = 8\pi \left(\frac{m}{2\pi kT}\right)^{3/2} \left(\frac{kT}{m}\right)^2 \int_0^\infty \mathrm{d}u\, u\, e^{-u} = \left(\frac{8kT}{\pi m}\right)^{1/2}.$$

2. Der Gleichverteilungssatz mit $H_{\mathrm{kl}} = c_l|\vec{p}|$ liefert

$$\sum_{i=1}^3 \left\langle p_i \frac{\partial H_{\mathrm{kl}}}{\partial p_i} \right\rangle = \sum_{i=1}^3 \left\langle p_i \frac{c_l p_i}{|\vec{p}|} \right\rangle = \langle H_{\mathrm{kl}} \rangle = 3kT,$$

somit ist $U = NkT$ die Energie des Systems.

3. Die Teilchen sind nichtwechselwirkend, daher berechnen wir zuerst die kanonische Zustandssumme für ein Teilchen:

$$Z_1 = V \int \frac{\mathrm{d}^3 p}{(2\pi\hbar)^3} e^{-\beta c_l|\vec{p}|} = \frac{1}{\pi^2} V \left(\frac{kT}{\hbar c}\right)^3.$$

Damit erhalten wir die freie Energie

$$F = -kT \ln \frac{Z_1^N}{N!} = -NkT \left\{ \ln\left[\frac{V}{N}\left(\frac{kT}{\hbar c}\right)^3\right] + 1 - \ln\pi^2 \right\}$$

und durch Ableiten von F die Entropie und die thermische Zustandsgleichung:

$$S = -\frac{\partial F}{\partial T} = Nk \left\{ \ln\left[\frac{V}{N}\left(\frac{kT}{\hbar c}\right)^3\right] + 4 - \ln\pi^2 \right\}, \quad p = -\frac{\partial F}{\partial T} = \frac{NkT}{V}.$$

4. Der Beitrag der kinetischen Energie zu $\langle H_{\mathrm{kl}} \rangle$ ist $\frac{3}{2}kT$, während Anwendung des Gleichverteilungssatzes auf die potentielle Energie

$$\sum_{i=1}^{3} \left\langle x_i \frac{\partial V}{\partial x_i} \right\rangle = \sum_{i=1}^{3} \left\langle x_i \times \alpha \xi r^{\alpha-1} \frac{x_i}{r} \right\rangle = \alpha \langle V \rangle = 3kT$$

liefert. Somit erhalten wir das Resultat

$$\langle H_{\mathrm{kl}} \rangle = \left(\frac{3}{2} + \frac{\alpha}{2} \right) kT.$$

5. Die kinetische Energie gibt den Beitrag $\frac{1}{2}kT$ zu $\langle H_{\mathrm{kl}} \rangle$. Aus dem Gleichverteilungssatz folgt

$$\langle x \times 4\xi x^3 \rangle = 4 \langle \xi x^4 \rangle = kT \quad \Rightarrow \quad \langle H_{\mathrm{kl}} \rangle = \left(\frac{1}{2} + \frac{1}{4} \right) kT = \frac{3}{4} kT.$$

6. Der Erwartungswert der kinetischen Energie ist $\frac{3}{2}kT$. Die Gaußsche Fehlerfunktion ist definiert durch

$$\mathrm{erf}\,(y) = \frac{2}{\sqrt{\pi}} \int_0^y \mathrm{d}u\, e^{-u^2}.$$

Es gilt $\mathrm{erf}\,(\infty) = 1$ und die Taylor-Reihe um $y = 0$ beginnt mit

$$\mathrm{erf}\,(y) = \frac{2}{\sqrt{\pi}} y \left(1 - \frac{y^2}{3} + - \cdots \right).$$

Wir definieren

$$Z_x = \frac{1}{L} \int_{-L}^{L} \mathrm{d}x \, \exp\left(-\frac{1}{2}\beta\lambda x^2 \right) \quad \text{mit} \quad \langle V \rangle = -\frac{\partial}{\partial\beta} \ln Z_x.$$

Wir erhalten

$$Z_x = \frac{2}{\sqrt{\beta V_0}} \mathrm{erf}\left(\sqrt{\beta V_0} \right) \quad \text{und} \quad \langle V \rangle = \frac{1}{2}kT \left(1 - \frac{2}{\sqrt{\pi}} \frac{\sqrt{\beta V_0}\, e^{-\beta V_0}}{\mathrm{erf}\left(\sqrt{\beta V_0} \right)} \right).$$

Die Eigenschaften von $\mathrm{erf}\,(y)$ liefern die gewünschten Limiten:

$$kT \ll V_0 : \langle V \rangle \simeq \frac{1}{2}kT, \quad kT \gg V_0 : \langle V \rangle \simeq 0.$$

7. Das CO_2-Molekül ist linear, daher gibt der Gleichverteilungssatz die Wärmekapazität $C_V/(Nk) = (6 \times 3 - 5)/2 = 13/2$. Das Wassermolekül ist gewinkelt und es gilt $C_V/(Nk) = (6 \times 3 - 6)/2 = 6$. Bei nicht zu hohen Temperaturen sind allerdings die Molekülschwingungsmoden nicht angeregt und die entsprechenden Werte sind $3/2 + 2 = 5/2$ bzw. $3/2 + 3/2 = 3$ für Translationen plus Rotationen.

8. Der ^{16}O-Kern ist ein Boson mit Spin 0, daher darf in Z_{rot} nur über gerade ℓ summiert werden:

$$Z_{\text{rot}} = \sum_{\ell=0,2,\ldots} (2\ell + 1) \exp\left(-\frac{T_r \ell(\ell+1)}{2T}\right).$$

9. Den dominanten Term von Z_{para} und Z_{ortho} für $T \gg T_r$ bekommt man mit dem Integralterm in der Eulerschen Summenformel. Um in Z_{para} über gerade ℓ zu summieren, schreiben wir $\ell = 2k$:

$$
\begin{aligned}
Z_{\text{para}} &= \sum_{k=0}^{\infty} (4k + 1) \exp\left(-\frac{2k(2k+1)T_r}{2T}\right) \\
&\simeq \int_0^{\infty} dk\, (4k + 1) \exp\left(-\frac{2k(2k+1)T_r}{2T}\right) \\
&= \frac{1}{2} \int_0^{\infty} du\, \exp\left(-\frac{uT_r}{2T}\right) = \frac{T}{T_r}.
\end{aligned}
$$

Bei der Integration haben wir $u = 2k(2k+1)$ benützt. Das Verfahren für Z_{ortho} ist völlig analog mit $\ell = 2k+1$ und liefert dasselbe Resultat. Die Wärmekapazität ist daher

$$-\frac{\partial}{\partial T}\frac{\partial}{\partial \beta} \ln Z_{\text{para, ortho}} = \frac{\partial}{\partial T}\frac{\partial}{\partial \beta} \ln \beta = k.$$

10. Die relative Atommasse von Tellur ist 127.6. Mit der atomaren Masseneinheit u ist die Anzahl der Atome im Kristall

$$N = 3 \times \frac{0.75\,\text{kg}}{(A_r(\text{Te}) + 2A_r(\text{O}))\, u} \simeq 8.49 \times 10^{24}.$$

Die Temperaturänderung des Kristalls berechnet man aus der Energieerhaltung:

$$\Delta E = \int_T^{T+\Delta T} dT'\, C_V(T') \simeq C_V(T)\, \Delta T = \frac{12\pi^4 N}{5}\left(\frac{T}{T_D}\right)^3 k\Delta T,$$

wobei ΔE die dem Kristall durch den Zerfall zugeführte Energie ist und wir das Debye-Modell bei $T \ll T_D$ verwendet haben. Weiters wurde $\Delta T \ll T$ benützt, was durch die numerische Rechnung bestätigt wird:

$$\Delta T = \frac{\Delta E}{k}\frac{1}{C_V/k} = \frac{1\,\text{MeV}}{8.617 \times 10^{-5}\,\text{eV}} \times \frac{1}{1.59 \times 10^{14}} = 0.073\,\text{mK}.$$

11. Bei unserer Rechnung betrachten wir als innere Energie U nur die Normalschwingungen des Kristalls. Die Schwankung der inneren Energie wird berechnet mit der Formel

$$\Delta U = kT\sqrt{\frac{C_V}{k}} \simeq 10.9\,\text{eV},$$

wobei wir für T und C_V/k die Zahlenwerte vom vorigen Beispiel eingesetzt haben. Die innere Energie selbst setzt sich aus der Nullpunktsenergie U_0 und der Energie U_1 der angeregten Schwingungsmoden zusammen, wobei man U_0 aus der Debye-Verteilung und U_1 aus der Wärmekapazität bekommt:

$$U_0 = \frac{1}{2}\int_0^{\omega_D} d\omega\, \sigma_D(\omega) \times \hbar\omega = \frac{9}{8}NkT_D, \quad U_1 = \int_0^T dT'\, C_V(T') = \frac{1}{4}kT\,\frac{C_V(T)}{k}.$$

Für U_1 haben wir wiederum $T \ll T_D$ angenommen. Wegen $T \ll T_D$ und daher $C_V/k \ll N$ ist U_1 gegenüber U_0 völlig vernachlässigbar. Numerisch erhält man $U_0 \simeq 19 \times 10^{22}$ eV. Da wir bei der Berechnung von U_0 keine optischen Phononen berücksichtigt haben, ist in Wirklichkeit U_0 noch größer. Auf alle Fälle ist $\Delta U/U < 10^{-22}$. Betrachtet man ΔU relativ zu U_1, ergibt sich ein größeres Verhältnis:

$$\frac{\Delta U}{U_1} = 4\left(\frac{C_V}{k}\right)^{-1/2} \simeq 3.2 \times 10^{-7}.$$

12. Die Wahrscheinlichkeit, dass der Protonspin in Richtung des Magnetfelds zeigt, ist durch

$$P_+ = \frac{e^{\beta\mu_p\mathcal{H}}}{e^{\beta\mu_p\mathcal{H}} + e^{-\beta\mu_p\mathcal{H}}} \simeq \frac{1}{2}\left(1 + \frac{\mu_p\mathcal{H}}{kT}\right)$$

gegeben. Dabei haben benützt, dass $\mu_p\mathcal{H} \ll kT$ für realistische Magnetfelder bei Raumtemperatur gilt. Die numerische Auswertung ergibt $P_+ \simeq 50.0017\%$.

13. Ein Photonengas mit Temperatur T in einem Volumen V hat die innere Energie $U = V\eta = \sigma_{SB}VT^4$ und den Druck $p = \eta/3$. Das Differential der Entropie ist daher gegeben durch

$$dS(T,V) = \frac{dU + p\,dV}{T} = \sigma_{SB}\left(4VT^2dT + \frac{4}{3}T^3dV\right).$$

Integration dieser Gleichung mit der Randbedingung $S(0,V) = 0$ ergibt $S(T,V)$ aus Gl. (5.265).

14. Wir betrachten zuerst Bosonen. Der Erwartungswert des Teilchenzahloperators wird berechnet durch

$$\bar{\nu}_j \equiv \langle\hat{\nu}_j\rangle = \frac{\sum_{j=0}^\infty \nu_j e^{-\nu_j(\beta\varepsilon_j + \alpha)}}{\sum_{j=0}^\infty e^{-\nu_j(\beta\varepsilon_j + \alpha)}} = -\frac{\partial}{\partial\alpha}\ln Z_j \quad \text{mit} \quad Z_j = \ln\frac{1}{1 - e^{-(\beta\varepsilon_j + \alpha)}}.$$

Damit lässt sich leicht eine Formel für die Schwankung von $\hat{\nu}_j$ herleiten:

$$(\Delta\hat{\nu}_j)^2 = \frac{\partial^2}{\partial\alpha^2}\ln Z_j = -\frac{\partial\bar{\nu}_j}{\partial\alpha} = kT\frac{\partial\bar{\nu}_j}{\partial\mu}.$$

Dieselbe Formel erhält man auch für Fermionen. Einsetzen von $\bar{\nu}_j$ ergibt schließlich

$$(\Delta\hat{\nu}_j)^2 = \bar{\nu}_j \pm (\bar{\nu}_j)^2,$$

wobei das obere Vorzeichen für Bosonen und das untere für Fermionen gilt.

15. Die Energieniveaus des dreidimensionalen harmonischen Oszillators sind gegeben durch

$$E(n_1, n_2, n_3) = \varepsilon_0 + \hbar(\omega_1 n_1 + \omega_2 n_2 + \omega_3 n_3) \quad \text{mit} \quad \varepsilon_0 = \frac{1}{2}\hbar(\omega_1 + \omega_2 + \omega_3)$$

und n_1, n_2, $n_3 = 0, 1, 2, \ldots$ Wir ersetzen die Summation über n_1, n_2, n_3 durch eine Integration über diese Variablen. Damit lässt sich die Teilchenzahl folgendermaßen schreiben:

$$N = \int_0^\infty d\varepsilon \int_0^\infty dn_1 \int_0^\infty dn_2 \int_0^\infty dn_3 \, \delta\big(\varepsilon - \hbar(\omega_1 n_1 + \omega_2 n_2 + \omega_3 n_3)\big) \frac{z}{e^{\beta\varepsilon} - z},$$

wobei die Fugazität hier durch $z = e^{\beta(\mu - \varepsilon_0)}$ gegeben ist. Durch den Trick mit der δ-Funktion lässt sich N leicht erhalten. Wir berechnen zuerst

$$\int_0^\infty dn_1 \int_0^\infty dn_2 \int_0^\infty dn_3 \, \delta\big(\varepsilon - \hbar(\omega_1 n_1 + \omega_2 n_2 + \omega_3 n_3)\big) = \frac{\varepsilon^2}{2\hbar^3 \omega_1 \omega_2 \omega_3}.$$

Es bleibt die Integration über ε:

$$N = \frac{1}{2(\hbar\omega)^3} \int_0^\infty d\varepsilon\, \varepsilon^2 \frac{z}{e^{\beta\varepsilon} - z} = \frac{1}{2(\hbar\omega)^3} \sum_{\ell=1}^\infty z^\ell \int_0^\infty d\varepsilon\, \varepsilon^2 e^{-\beta\varepsilon\ell}.$$

Das Endresultat ist somit

$$N(T, \mu) = \left(\frac{kT}{\hbar\omega}\right)^3 g_3(z),$$

wobei die Funktion $g_3(z)$ in Gl. (5.237) definiert ist. Diese Formel gilt oberhalb der kritischen Temperatur, welche bei $z = 1$ erreicht wird. In diesem Fall ist $g_3(1) = \zeta(3)$.

16. Mit $\zeta(3) \simeq 1.202$, den Angaben dieses Beispiels und durch Benützung des Resultats des vorigen Beispiels erhält man

$$T_c = \frac{\hbar\omega}{k}\left(\frac{N}{\zeta(3)}\right)^{1/3} \simeq 1.5 \times 10^{-7}\,\text{K}.$$

17. Wir machen in Gl. (5.354) die identische Umformung

$$J(T, \mathcal{H}, \mu) =$$

$$-kTg_{xy} \sum_{s=\pm 1} \sum_{\nu=0}^\infty \int \frac{L_z dp_z}{2\pi\hbar} \int_0^\infty d\varepsilon\, \delta\left(\varepsilon - \epsilon_z - \epsilon_{\nu s}\right) \ln\left(1 + e^{-\beta(\epsilon_z + \epsilon_{\nu s} - \mu)}\right),$$

wobei wir $E(p_z, \nu, s)$ aus Gl. (5.335) in $E(p_z, \nu, s) = \epsilon_z + \epsilon_{\nu s}$ aufgeteilt haben mit $\epsilon_z = p_z^2/(2m)$. Nun berücksichtigen wir, dass für kleine Magnetfelder näherungsweise $\epsilon_{\nu s} \simeq \hbar\omega_c \nu$ gilt. Damit liefert die Summation über die Spineinstellungen einfach einen Faktor 2 und wir können die Summation über die Landau-Niveaus durch eine Integration über die kontinuierliche Variable ν ersetzen. Nach Einsetzen von g_{xy} erhalten wir also im Limes kleiner Magnetfelder

$$J(T, \mathcal{H}, \mu) \simeq$$
$$-kT \frac{4Vm\omega_c}{(2\pi\hbar)^2} \int_0^\infty d\varepsilon \int_0^\infty d\nu \int_0^\infty dp_z \, \delta\left(\varepsilon - \epsilon_z - \hbar\omega_c\nu\right) \ln\left(1 + e^{-\beta(\varepsilon-\mu)}\right) =$$
$$-kT \frac{Vm^{3/2}}{\sqrt{2}\pi^2\hbar^3} \int_0^\infty d\varepsilon \int_0^\infty d\epsilon_c \int_0^\infty \frac{d\epsilon_z}{\sqrt{\epsilon_z}} \, \delta\left(\varepsilon - \epsilon_z - \epsilon_c\right) \ln\left(1 + e^{-\beta(\varepsilon-\mu)}\right),$$

wobei wir $\epsilon_c = \hbar\omega_c\nu$ gesetzt haben. Nach Ausführung der Integration nach ϵ_z und ϵ_c erhalten wir schlussendlich

$$\lim_{\mathcal{H} \to 0} J(T, \mathcal{H}, \mu) = -kTV \int_0^\infty d\varepsilon \, g(\varepsilon) \ln\left(1 + e^{-\beta(\varepsilon-\mu)}\right)$$

mit $g(\varepsilon)$ aus Gl. (5.286), also die großkanonische Zustandssumme für das freie ideale Fermi-Gas.

Kapitel 6

1. Aus $\partial p/\partial V = 0$ erhält man

$$kT = \frac{a(v - b)}{v^2}.$$

Dieses kT setzt man in $\partial^2 p/\partial V^2 = 0$ ein, womit man das kritische Volumen $v_c = 2b$ bekommt. Mit obiger Gleichung für kT bestimmt man dadurch $kT_c = a/(4b)$. Einsetzen von v_c und kT_c in den Druck ergibt schließlich $p_c = a/(4b^2e^2)$ mit der Eulerschen Zahl e. Am kritischen Punkt hat man daher

$$\frac{p_c v_c}{kT_c} = \frac{2}{e^2} \simeq 0.271,$$

was besser für reale Gase stimmt als das van der Waals-Resultat 0.375.

2. Wir gehen vor wie bei der Bestimmung des kritischen Drucks in der Dampfblase und schreiben die freie Enthalpie als

$$G = F_{\text{Luft}} + F_d + F_f + p(V_g + V_f) + 4\pi r^2 \sigma.$$

Dabei ist $V_g = 4\pi r^3/3$ das Volumen, das von Dampf und Luft gemeinsam eingenommen wird. Wir suchen das Extremum von G bezüglich r:

$$\frac{\partial G}{\partial r} = \left(\frac{\partial F_{\text{Luft}}}{\partial V_g} + \frac{\partial F_d}{\partial V_g} + p\right) \frac{dV_g}{dr} + 8\pi r\sigma = (-p_{\text{Luft}} - p_d + p) \times 4\pi r^2 + 8\pi r\sigma = 0.$$

Daraus folgt sofort die zu beweisende Relation.

3. Der Debye-Radius ist durch Gl. (6.81) gegeben. Wir berechnen zuerst die Teilchendichten ρ_{p0} und $\rho_{\text{He}\,0}$ im Zentrum der Sonne aus

$$\rho_{p0} + 2\rho_{\text{He}\,0} = \rho_{e0} \quad \text{und} \quad \frac{\rho_{p0}}{\rho_{\text{He}\,0}} \simeq 4 \times \frac{0.34}{0.64} \simeq 2.13.$$

Daraus erhält man

$$\rho_{p0} \simeq 0.52\,\rho_{e0}, \quad \rho_{\text{He}\,0} \simeq 0.24\,\rho_{e0} \quad \Rightarrow \quad \sum_a z_a^2 \rho_{a0} \simeq 2.5\,\rho_{e0}.$$

Das Quadrat der Elementarladung in Gaußschen Einheiten ersetzt man am besten durch $e^2 = \alpha \hbar c_l$ mit der dimensionslosen Feinstrukturkonstante $\alpha \simeq 1/137.036$. Nun können wir in Gl. (6.81) einsetzen und erhalten $r_D \simeq 2.2 \times 10^{-11}$ m.

4. Um den Druck p_{ideal} mit der idealen Gasgleichung zu berechnen, brauchen wir die Teilchendichte

$$\rho = \rho_{e0} + \rho_{p0} + \rho_{\text{He}\,0} \simeq 1.76\,\rho_{e0}.$$

Daraus folgt $p_{\text{ideal}} \simeq 2.2 \times 10^{16}$ Pa. Die Plasmakorrektur p_{corr} zu p_{ideal} bekommt aus Gl. (6.99). Wegen $\rho r_D^3 \simeq 1.1$ ist offensichtlich, dass diese klein ist: $p_{\text{corr}} \simeq -0.012 \times p_{\text{ideal}}$.

Kapitel 7

1. Die Bilanzgleichungen lauten

$$\dot{\rho}_1 = \rho_2 w_{21} - \rho_1 w_{12}, \quad \dot{\rho}_2 = \rho_1 w_{12} - \rho_2 w_{21},$$

wobei $w_{12} = w_{21}$ zu berücksichtigen ist. Umgeschrieben in Matrixform erhält man

$$\frac{\mathrm{d}}{\mathrm{d}t} \begin{pmatrix} \rho_1 \\ \rho_2 \end{pmatrix} = -w_{12} \begin{pmatrix} 1 & -1 \\ -1 & 1 \end{pmatrix} \begin{pmatrix} \rho_1 \\ \rho_2 \end{pmatrix}.$$

Die Lösung dieser Gleichung ist

$$\begin{pmatrix} \rho_1(t) \\ \rho_2(t) \end{pmatrix} = \frac{1}{2} \begin{pmatrix} 1 \\ 1 \end{pmatrix} + a \begin{pmatrix} 1 \\ -1 \end{pmatrix} e^{-2w_{12}t}$$

mit einer freien Konstanten a und der Relaxationszeit $\tau_r = 1/(2w_{12})$.

2. Die mittlere Relativgeschwindigkeit wird durch den Erwartungswert

$$\bar{v}_{12} = \left(\frac{m}{2\pi kT}\right)^3 \int \mathrm{d}^3 v_1 \int \mathrm{d}^3 v_2 \exp\left(-\frac{m\vec{v}_1^2}{2kT} - \frac{m\vec{v}_2^2}{2kT}\right) |\vec{v}_1 - \vec{v}_2|$$

erhalten. Um das Integral auszurechnen, machen wir die Variablentransformation

$$v_r = \vec{v}_1 - \vec{v}_2, \quad \vec{v}_s = \frac{1}{2}(\vec{v}_1 + \vec{v}_2) \quad \text{mit} \quad \mathrm{d}^3 v_1 \mathrm{d}^3 v_2 = \mathrm{d}^3 v_s \mathrm{d}^3 v_r.$$

Diese Transformation führt auf

$$\bar{v}_{12} = \left(\frac{m}{2\pi kT}\right)^3 \int d^3 v_s \int d^3 v_r \exp\left(-\frac{(2m)\vec{v}_s^2}{2kT} - \frac{(m/2)\vec{v}_r^2}{2kT}\right) |\vec{v}_r|$$

$$= \left(\frac{m_s}{2\pi kT}\right)^{3/2} \left(\frac{m_r}{2\pi kT}\right)^{3/2} \int d^3 v_s \int d^3 v_r \exp\left(-\frac{m_s \vec{v}_s^2}{2kT} - \frac{m_r \vec{v}_r^2}{2kT}\right) |\vec{v}_r|$$

mit $m_s = 2m$ und $m_r = m/2$. Die Integration über $d^3 v_s$ ergibt 1, während die Integration über $d^3 v_r$ gerade die mittlere Geschwindigkeit $\bar{v}$ mit m_r anstelle von m liefert – siehe Aufgabe 1 aus Kapitel 5:

$$\bar{v}_{12} = \left(\frac{8kT}{\pi m_r}\right)^{1/2} = \sqrt{2}\bar{v}.$$

3. In unserer Näherung für Transportphänomene in Metallen trägt nur $f_0^{(l)}$ bei. Daher ist die Dichte der Leitungselektronen durch

$$\rho(\vec{x}) = \int_0^\infty d\varepsilon\, g(\varepsilon) \frac{1}{e^{\beta(\vec{x})[\varepsilon - \mu(\vec{x})]} + 1}$$

gegeben. Da wir nur bis zur Ordnung T^2 rechnen, verwenden wir Gl. (5.308). Daraus folgt

$$\rho(\vec{x}) \simeq \int_0^{\mu(\vec{x})} d\varepsilon\, g(\varepsilon) + \frac{\pi^2}{6} g'(\mu(\vec{x})) (kT(\vec{x}))^2.$$

Mit $\mu \simeq \varepsilon_F$ bekommen wir die führenden Terme im Dichtegradienten:

$$\vec{\nabla}\rho(\vec{x}) \simeq g(\varepsilon_F) \vec{\nabla}\mu(\vec{x}) + \frac{\pi^2}{3} g'(\varepsilon_F) k^2 T(\vec{x}) \vec{\nabla}T(\vec{x}).$$

4. Wir führen zuerst eine Variablentransformation mit $x = \beta(\varepsilon - \mu)$ durch:

$$\int_0^\infty d\varepsilon\, h(\varepsilon) \left(-\frac{\partial \bar{\nu}(\varepsilon)}{\partial \varepsilon}\right) = \int_{-\beta\mu}^\infty dx\, \frac{e^x}{(e^x + 1)^2} h\left(\frac{x}{\beta} + \mu\right).$$

Wegen $kT \ll \mu$ ersetzen wir die untere Grenze des Integrals durch $-\infty$. Weiters berücksichtigen wir, dass $e^x/(e^x + 1)^2$ eine gerade Funktion ist. Somit erhalten wir näherungsweise

$$\int_{-\infty}^\infty dx\, \frac{e^x}{(e^x + 1)^2} h\left(\frac{x}{\beta} + \mu\right) \simeq$$

$$\int_{-\infty}^\infty dx\, \frac{e^x}{(e^x + 1)^2} h(\mu) + \frac{1}{2} \int_{-\infty}^\infty dx\, \frac{x^2 e^x}{(e^x + 1)^2} h''(\mu)(kT)^2.$$

Die Werte der in dieser Relation vorkommenden Integrale sind

$$\int_{-\infty}^\infty dx\, \frac{e^x}{(e^x + 1)^2} = 1, \qquad \int_{-\infty}^\infty dx\, \frac{x^2 e^x}{(e^x + 1)^2} = \frac{\pi^2}{3}.$$

Für das zweite Integral haben wir Theorem 6 verwendet. Damit ist Gl. (7.83) bewiesen.

5. Ist $\vec{\nabla}T = \vec{0}$, können wir einen Zusammenhang zwischen dem Wärmestrom und dem elektrischen Strom herstellen:

$$\vec{i}_Q = \frac{L_{21}}{L_{11}}\,\vec{j}.$$

D.h., ein elektrischer Strom bewirkt einen Wärmestrom, auch wenn kein Temperaturgradient vorhanden ist.

6. Der elektrische Strom I in beiden Drahtstücken muss gleich sein. Ist aber das Verhältnis L_{21}/L_{11} verschieden, dann ist der Wärmestrom in den beiden Teilstücken verschieden und an der Verbindungsstelle wird Wärme abgegeben oder aufgenommen. Fließt der Strom vom Teilstück a zum Teilstück b, dann ist

$$\dot{Q} = \Pi_{a \to b}\, I \quad \text{mit} \quad \Pi_{a \to b} = \left.\frac{L_{21}}{L_{11}}\right|_b - \left.\frac{L_{21}}{L_{11}}\right|_a$$

die an der Verbindungsstelle pro Zeiteinheit aufgenommene Wärme. D.h., wenn $\Pi_{a \to b} > 0$ gilt, ist der Wärmestrom in b größer als in a und Wärme muss aus der Umgebung aufgenommen werden (Peltier-Kühlung). Ist $\Pi_{a \to b} < 0$, wird Wärme abgegeben.

Liste der wichtigsten verwendeten Symbole und Abkürzungen

q_s .... Schmelzwärme
q_v .... Verdampfungswärme
$\vec{p}$ .... Impuls
$\vec{p}(T)$ .... Koexistenzkurve zweier Phasen
$\vec{p}_d(T)$ .... Dampfdruckkurve
S .... Entropie
s .... Entropie pro Teilchen
s .... Spin
T .... Temperatur
T_D .... Debye-Temperatur
T_F .... Fermi-Temperatur
T_s .... Siedepunkt
U .... innere Energie
V .... Volumen
$\mathcal{V}$ .... Raumgebiet mit Volumen V
$\vec{v}, v$ .... Geschwindigkeit
v .... Volumen pro Teilchen
Y .... großkanonische Zustandssumme
Z .... kanonische Zustandssumme
Z_{kl} .... kanonische Zustandssumme in klassischer Näherung
z .... Fugazität

α .... isobarer Ausdehnungskoeffizient
α .... Ionisierungsgrad
β .... Abkürzung für $1/(kT)$
β .... isochorer Spannungskoeffizient
ϵ .... Photonenergie
ε .... kinetische Energie eines Teilchens
ε_F .... Fermi-Energie
η .... Energiedichte
Θ .... Heaviside-Funktion
κ_T .... isotherme Kompressibilität
κ_S .... adiabatische Kompressibilität
λ .... thermische de Broglie-Wellenlänge
μ .... chemisches Potential
$\vec{\mu}, \mu_M$ .... magnetisches Moment
μ_B .... Bohrsches Magneton
ρ .... Dichtematrix
ρ .... Teilchendichte
ρ_m .... Massendichte
σ .... elektrische Leitfähigkeit
σ .... Oberflächenspannung
$\vec{\sigma}$ .... Pauli-Matrizen
$\sigma(\omega)$ .... Frequenzverteilung
$\sigma_D(\omega)$ .... Debye-Verteilung

Tabellen

Werte aus [9]. Für die angegebenen Stellen der Konstanten ist der Messfehler irrelevant, die Lichtgeschwindigkeit ist per Definition exakt.

Definition der Temperaturskala

Temperatur am Tripelpunkt des Wassers:	$T_t - 273.16\,\text{K}$
Definition Celsius-Skala:	$0\,°\text{C} = 273.15\,\text{K}$
kT bei 300 K:	$kT = [38.682]^{-1}\,\text{eV}$

Der Wert von kT bei 300 K ist aus [9].

Definition des Normzustands

Temperatur:	$T_n = 273.15\,\text{K}$
Druck:	$p_n = 1.01325\,\text{bar}$
Ideales Gas bei T_n, p_n:	
Molares Volumen:	$V_{mn} = 22.4140\,\text{dm}^3/\text{mol}$
Volumen pro Teilchen:	$v_n = 37219\,\text{Å}^3$

Der Wert von V_{mn} ist aus [9], der von v_n aus V_{mn} berechnet.

Daten von Wasser

Masse des Wassermoleküls:	$M = 18.0106\,u$
Massendichte bei 20 °C:	$\rho_m = 0.998205\,\text{g cm}^{-3}$
Molekulares Volumen bei 20 °C:	$v_f = 29.96\,\text{Å}^3$
Oberflächenspannung bei 20 °C:	$\sigma = 0.0725\,\text{N m}^{-1}$
Molare Verdampfungswärme:	$q_v = 40.63\,\text{kJ mol}^{-1}$
Molare Schmelzwärme:	$q_s = 6.010\,\text{kJ mol}^{-1}$
Isobarer Ausdehnungskoeffizient bei 20 °C:	$\alpha = 2.1 \times 10^{-4}\,\text{K}^{-1}$
Isotherme Kompressibilität[*)] bei 20 °C:	$\kappa_T = 0.50 \times 10^{-4}\,\text{bar}^{-1}$

[*)]in einem Druckbereich von $1 \div 25\,\text{bar}$

Werte aus [26] bzw. mit Werten aus [26] berechnet.

Relative Atommassen einiger Isotope

X	$A_r(X)$	Häufigkeit
^{1}H	1.0078	
^{4}He	4.0026	
^{12}C	12.0000	98.9%
^{13}C	13.0034	1.1%
^{14}N	14.0031	
^{16}O	15.9949	
^{23}Na	22.9898	
^{27}Al	26.9815	
^{35}Cl	34.9689	75.5%
^{37}Cl	36.9659	24.5%
^{28}Si	27.9769	92.2%
^{29}Si	28.9765	4.7%
^{30}Si	29.9738	3.1%
^{40}Ar	39.9624	
^{63}Cu	62.9296	69.1%
^{65}Cu	64.9278	30.9%

Werte aus [26]. Wo keine Häufigkeit angegeben ist, ist die Gesamthäufigkeit möglicher anderer stabiler Isotope des Elements unter 0.5%.

Literaturverzeichnis

[1] L. Boltzmann, *Über die Beziehung zwischen dem zweiten Hauptsatze der mechanischen Wärmetheorie und der Wahrscheinlichkeitsrechnung respektive den Sätzen über das Wärmegleichgewicht*, Wiener Berichte 76 (1877) 373

[2] M. Planck, *Ueber eine Verbesserung der Wien'schen Spectralgleichung*, Verhandlungen der Deutschen Physikalischen Gesellschaft 2 (1900) 202

[3] M. Planck, *Zur Theorie des Gesetzes der Energieverteilung im Normalspectrum*, Verhandlungen der Deutschen Physikalischen Gesellschaft 2 (1900) 237

[4] M. Planck, *Ueber das Gesetz der Energieverteilung im Normalspectrum*, Annalen der Physik 4 (1901) 553

[5] W. Nernst, *Über die Berechnung chemischer Gleichgewichte aus thermischen Messungen*, Nachrichten von der Königlichen Akademie der Wissenschaften zu Göttingen 1 (1906) 1

[6] H. Tetrode, *Die chemische Konstante der Gase und das elementare Wirkungsquantum*, Annalen der Physik 38 (1912) 434; Berichtigung *ibid.* 39 (1912) 255

[7] O. Sackur, *Die universelle Bedeutung des sog. elementaren Wirkungsquantums*, Annalen der Physik 40 (1913) 67

[8] W. Thirring, *Lehrbuch der Mathematischen Physik, Band 3: Quantenmechanik von Atomen und Molekülen* (Springer-Verlag, Wien, 1994)

[9] P.J. Mohr, B.N. Taylor and D.B. Newell, *CODATA recommended values of the fundamental constants: 2006*, Rev. Mod. Phys. 80 (2008) 633

[10] F. Reif, *Statistische Physik und Theorie der Wärme* (Walter de Gruyter, Berlin, 1987)

[11] T. Fließbach, *Statistische Physik* (Elsevier - Spektrum Akademischer Verlag, Heidelberg, 2006)

[12] B. Diu, C. Guthmann, D. Lederer und B. Roulet, *Grundlagen der statistischen Physik* (Walter de Gruyter, Berlin, 1994)

[13] W. Nolting, *Grundkurs: Theoretische Physik, Band 6, Statistische Physik* (Zimmermann-Neufang, Ulmen, 1994)

[14] P. Hertel, *Theoretische Physik* (Springer-Verlag, Berlin, 2007)

[15] H. Römer und T. Filk, *Statistische Mechanik* (VCH, Weinheim, 1994)

[16] K. Huang, *Statistical Mechanics* (John Wiley & Sons, New York, 1987)

[17] J. Schnakenberg, *Thermodynamik und Statistische Physik* (Carl Grossmann, Tübingen, 2000)

[18] W.F. Giauque and J.W. Stout, *Molecular Rotation in Ice at $10°K$. Free Energy of Formation and the Entropie of Water*, Phys. Rev. 43 (1933) 81

[19] W.F. Giauque and J.W. Stout, *The Entropy of Water and the Third Law of Thermodynamics. The Heat Capacitiy of Ice from 15 to $273°K$*, J. Am. Chem. Soc. 58 (1936) 1144

[20] L. Pauling, *The Structure and Entropie of Ice and of Other Crystals with Some Randomness of Atomic Arrangement*, J. Am. Chem. Soc. 57 (1935) 2680

[21] E.H. Lieb, *Residual Entropy of Square Ice*, Phys. Rev. 162 (1967) 162

[22] J. Honerkamp und H. Römer, *Klassische Theoretische Physik* (Springer-Verlag, Berlin, 1989)

[23] U.S. Government Printing Office, 1976: *U.S. Standard Atmosphere*

[24] C.F. Bohren and B.A. Albrecht, *Atmospheric Thermodynamics* (Oxford University Press, New York, Oxford, 1998)

[25] H.D. Baehr, *Thermodynamik* (Springer-Verlag, Berlin, 1992)

[26] D. Mende und G. Simon, *Physik, Gleichungen und Tabellen* (Fachbuchverlag Leipzig – Köln, 1994)

[27] M. Bailyn, *A Survey of Thermodynamics* (AIP Press, New York, 1994)

[28] S.J. Blundell and K.M. Blundell, *Concepts in Thermal Physics* (Oxford University Press, Oxford, New York, 2006)

[29] W. Thirring, *Lehrbuch der Mathematischen Physik, Band 4: Quantenmechanik großer Systeme* (Springer-Verlag, Wien, 1980)

[30] A.S. Dawydov, *Quantenmechanik* (Wiley-VCH, Weinheim, 1999)

[31] Yu.B. Rumer and M.Sh. Ryvkin, *Thermodynamics, Statistical Physics, and Kinetics* (Mir Publishers, Moscow, 1980)

[32] G. Falk und W. Ruppel, *Energie und Entropie* (Springer-Verlag, Berlin, 1976)

[33] P.W. Atkins und J. de Paula, *Physikalische Chemie* (Wiley-VCH, Weinheim, 2006)

[34] L.D. Landau und E.M. Lifschitz, *Lehrbuch der Theoretischen Physik, Band 5, Statistische Physik* (Harri Deutsch, Frankfurt/Main, 1991)

[35] H.R. Pruppacher and J.D. Klett, *Microphysics of Clouds and Precipitation* (D. Reidel Publishing Company, Dordrecht, Boston, London, 1978)

[36] N.W. Ashcroft und N.D. Mermin, *Festkörperphysik* (Oldenbourg, München, 2005)

[37] *American Institute of Physics Handbook*, Third Edition, D.E. Gray, Editor (McGraw-Hill, New York, 1972)

[38] A. Messiah, *Quantum Mechanics* (North-Holland, Amsterdam, 1991)

[39] M.W. Zemansky und R.H. Dittman, *Heat and Thermodynamics* (McGraw-Hill, New York, 1997)

[40] R. Belušević, *Relativity, Astrophysics and Cosmology* (Wiley-VCH, Weinheim, 2008)

[41] T. Fließbach, *Elektrodynamik* (Spektrum Akademischer Verlag, Heidelberg, 2008)

[42] T. Fließbach, *Allgemeine Relativitätstheorie* (Elsevier - Spektrum Akademischer Verlag, Heidelberg, 2006)

[43] E. Cornell, *Very cold indeed: the nanokelvin physics of Bose-Einstein condensation*, J. Res. Natl. Inst. Stand. Technol. 101 (1996) 419

[44] W. Ketterle, *When atoms behave as waves: Bose-Einstein condensation and the atom laser*, Rev. Mod. Phys. 74 (2002) 1131

[45] J.D. Jackson, *Klassische Elektrodynamik* (Walter de Gruyter, Berlin, 2006)

Register